数学基礎コース＝K 1

基礎課程 線形代数

吉野 雄二　著

サイエンス社

サイエンス社のホームページのご案内
http://www.saiensu.co.jp
ご意見・ご要望は　rikei@saiensu.co.jp　まで.

まえがき

線形代数学は大学の初年級において，微分積分学と並行して履修する数学科目である．現象の分析的手法（これを数学では解析と呼ぶ）を微分積分学で学ぶのに対して，線形代数学では統合的手法（代数）を学ぶといってよいであろう．これら二つの数学が大学に入ってまず教えられる理由は，これらが理系の自然科学はもちろんのこと文系の社会科学などにおいても広範に利用されることによる．本書はおもに将来線形代数を必要とするこれらの専門分野を志す学生に向けて書かれた線形代数の入門書である．

本書は 3 部に分かれている．各部が大学における半年間の講義の内容を想定して書かれている．従って，本書を講義に利用する場合には，これを全て消化するには 1 年半を要することになるが，第 III 部の一部分を省略して 1 年間で終えることも可能である．また，本書の随所につけられた ♣ 印は，さしあたっては省略してもかまわない箇所を表わしているので，この部分をとばして 1 年間で修了することもできる．

本書を書くにあたっては，永年の京都大学における著者の講義経験から次の 2 点に留意した．

(1) 大学での授業は高校までのそれとは異なり，先生が理論の細部に渡り全てを事細かに教えることはあまりない．また，時間的制約のために十分な演習を学生に課することもできないのが実状である．これを考慮して，学生にとって講義の指標となり，授業での不足点を補うことのできる教科書としたつもりである．従って，場合によっては自習書として本書を利用することも可能である．

(2) 多くの線形代数学の教科書がすでに出版されているが，特に最近出版されたものの多くは抽象的議論を避けて，数値計算に重きを置くものが多い．

これは最近の学生が抽象論を嫌う傾向にあるので，掃き出し法などの数値計算を通して理論の背景を理解させようという配慮からであると思う．しかし，学生の中には，行列の計算は全部掃き出し法で計算すればよいと勘違いする者が多いのも事実である．大学の学期末試験では行列の問題といえば，せいぜい3次，4次の行列の逆行列やランクを計算させることが多いので，そのような勘違いが起こるのであろう．しかしながら，将来専門分野に進んだときに生じる問題でそのようにして計算ができるような場合はごく稀であるとしかいいようがない．本当に必要なのはベクトル空間や線形写像といった抽象的なものの考え方自体である．そこで，本書では掃き出し法については第6章で簡単に触れるにとどめて，むしろ線形代数そのものの考え方の理解に重点を置いたつもりである．

最後に，本書の執筆を勧めてくださった藤家龍雄先生と，サイエンス社の田島伸彦氏，鈴木綾子氏には心から謝意を表したい．さらに，原稿を読んで貴重なご意見を寄せて頂いた下記の方々にも感謝したいと思う．

秋葉知温氏，宮崎充弘氏，加藤希理子氏，荒谷督司氏，高橋亮氏

本書の執筆期間中にくじけそうになる著者を励まし続けてくれた妻由美子に本書を捧げる．

平成11年4月

京都岩倉にて

吉野雄二

目　　次

第II部　ベクトル空間と線形写像

記　号　表

$\mathbf{N}$	自然数の集合	$\mathbf{R}$	実数の集合 (実数体)
$\mathbf{Z}$	整数の集合	$\mathbf{C}$	複素数の集合 (複素数体)
$\mathbf{Q}$	有理数の集合 (有理数体)	$\square$	証明終わり
$x \in A\,(x \notin A)$	x は A の要素である (でない).		
$A \subseteq B\,(A \nsubseteq B)$	A は B の部分集合である (でない).		
$A \cap B$	集合の共通部分		
$A \cup B$	集合の和		
$\mathbf{0}$	零ベクトル	${}^tA$	転置行列
O	零行列	A^{-1}	逆行列
E_n	n 次単位行列	A^-	一般逆行列
$\mathrm{tr}\,(A)$	行列 A のトレース	A^*	随伴行列
$\mathrm{Cof}\,(A)$	行列 A の余因子行列		
rank	(行列の，線形写像の) ランク		
$\det A$	行列式		
dim	(ベクトル空間の) 次元		
$\mathrm{sgn}\,(\sigma)$	置換 σ の符号		
$\Delta(A)_{ij}$	行列 A の (i,j) 余因子		
$\mathbf{L}\,(\boldsymbol{a}_1, \cdots, \boldsymbol{a}_r)$	ベクトル $\boldsymbol{a}_1, \cdots, \boldsymbol{a}_r$ で生成された部分空間		
f_A	行列 A によって定義された線形写像		
$\mathrm{Ker}\,(f)$	線形写像 f の核		
$\mathrm{Im}\,(f)$	線形写像 f の像		
$V \cong U$	ベクトル空間 V と U は同型		
$\mathbb{R}[x]$	実係数の多項式全体のなす $\mathbb{R}$ ベクトル空間		
$\mathbb{C}[x]$	複素数係数の多項式全体のなす $\mathbb{C}$ ベクトル空間		
$\mathbb{R}[x]_{\leqq n}$	n 次以下の実係数の多項式全体のなす $\mathbb{R}$ ベクトル空間		
$\mathbb{C}[x]_{\leqq n}$	n 次以下の複素数係数の多項式全体のなす $\mathbb{C}$ ベクトル空間		
$\lVert\boldsymbol{a}\rVert$	(ベクトルの) 長さ		
$V^\perp$	直交補空間		
$U + V$	ベクトル空間の和		
$U \times V$	ベクトル空間の直積		
$U \oplus V$	ベクトル空間の直和		
V_λ	固有値 λ に属する固有空間		
W_λ	固有値 λ に属する一般固有空間		
$\mu_A(x)$	行列 A の最小多項式		
$\chi_A(x)$	行列 A の固有多項式		
$J_r(\alpha)$	ジョルダン・セル		

第 I 部

行列と行列式

第1章

数ベクトル空間

高校では空間または平面内のベクトルを学んだ．そこではベクトルとは，大きさと向きを合わせもった概念であった．それらは自然に高次元のベクトルへと拡張される．それを行うのが本章の目的である．

たった一つのベクトルについて議論することはあまり意味がないということを理解する必要がある．すなわち，どのベクトルもそれ一つだけの存在というのでなく，いつも他のベクトルとの関係において論ぜられるべきであるということである．その意味で，ベクトル全体の集合を考えて，その構造について議論することが重要になってくる．それがこの章のタイトルでもある数ベクトル空間について学ぶことなのである．

1.1 集合の話

数ベクトル空間について議論をする前に「集合」の話から始めよう．というのも，本書に限らず一般的な数学の話をする場合には，集合に関する記号や概念を使って述べる方が，そうでない場合よりも，物事を正確にかつ手短に述べることができる場合が多いからである．

集合　まず，本書では**集合**とは，考えている「もの」の集まりと理解する[1)]．集合を表わすのには，その要素となる「もの」を全て書き下す方法がある．たとえば，

$$A = \{2,\ 4,\ 6,\ 8\}$$

という具合である．このように，中括弧 $\{\quad\}$ でくくって表わす．しかし，たとえば無数にあるものの集まりを正確に記述することはこれでは困難なので，そ

1)「もの」とは何か，というようなことにはこだわらないことにする．

の集合の要素たるべき条件によって表わす方法を用いる場合が多い．たとえば，先の例では $A = \{x \mid x \text{ は偶数で } 1 \leqq x < 10\}$ と書いても同じ集合を表わす．集合の構成員となる「もの」をその集合の**要素**（または**元**）という．x が集合 A の要素の一つであるとき $x \in A$ という記号で表わす．

一方，二つの集合 A と B があって，A の要素は全て B の要素でもあるとき，

$$A \subseteqq B$$

と書いて「A は B の**部分集合**である」という．たとえば，上の例で

$$2 \in A \quad \text{と} \quad \{2\} \subseteqq A$$

の意味の違いをよく理解しておく必要がある．また，集合 A と B が等しい $A = B$ とは，

$$A \subseteqq B \quad \text{かつ} \quad B \subseteqq A$$

となることである．

一般的な記号の使用法として，$x \in A$ とか $A \subseteqq B$ の否定を表わすときには，これに斜線を引いて表現する．たとえば，$x \notin A$ は「$x \in A$ でない」，$A \nsubseteqq B$ は「$A \subseteqq B$ でない」，$A \neq B$ は「$A = B$ でない」ことをそれぞれ表わす．

次に数学において基本的な「数」の集合について考えてみよう．人間の知恵の拡大とともに数の概念も拡大してきたといってよい．最初に自然数，次に整数，そして有理数，実数，複素数，と次々と数の概念が大きなものとなっていったのである．一般に，全ての自然数の集合を $\mathbb{N}$，全ての整数の集合を $\mathbb{Z}$，全ての有理数の集合を $\mathbb{Q}$，全ての実数の集合を $\mathbb{R}$，全ての複素数の集合を $\mathbb{C}$ と書き表わす．これらは，おおよそどの数学書においても使われる一般的な記号である[2]．「x は実数である」[3]というところを「$x \in \mathbb{R}$」という記号で表わすことがしばしばある．

---

[2] 自然数は natural numbers なので $\mathbb{N}$ という記号を使う．同様に，実数は real numbers，複素数は complex numbers なので，それぞれ $\mathbb{R}$, $\mathbb{C}$ で表わす．一方，整数は integers だが，ドイツ語の Zahlen から $\mathbb{Z}$ を使うことになったようである．また，有理数 rational numbers は整数の商 quotients で表わされる数だから $\mathbb{Q}$ で表わす．

[3] 実数の正確な定義については，「微分積分学」の講義で学ぶ．

$$\mathbb{N} = \{1,\ 2,\ 3,\ \cdots\}$$
$$\mathbb{Z} = \{0,\ \pm 1,\ \pm 2,\ \pm 3, \cdots\}$$
$$\mathbb{Q} = \left\{ \frac{q}{p} \;\middle|\; p, q \in \mathbb{Z},\ p \neq 0 \right\}$$
$$\mathbb{R} = \{x |\ x \text{ は実数である }\}$$
$$\mathbb{C} = \{x + iy \mid x, y \in \mathbb{R}\}$$

$\mathbb{Q}$, $\mathbb{R}$, $\mathbb{C}$ のように，四則演算（和差積商）によって閉じている数の集合[4)]のことを高等代数学では，体（たい）ということばで呼ぶので，本書でもそれに準じて，$\mathbb{Q}$ を**有理数体**，$\mathbb{R}$ を**実数体**，$\mathbb{C}$ を**複素数体**と呼ぶことにする．

集合 A と B の共通部分を $A \cap B$，また，その和集合を $A \cup B$ で表わす．すなわち，

$$A \cap B = \{x |\ x \in A \quad \text{かつ} \quad x \in B\},$$
$$A \cup B = \{x |\ x \in A \quad \text{または} \quad x \in B\}$$

である．

写像　集合 A から集合 B への**写像** f とは，集合 A の任意の要素 x に対して集合 B の要素 y をただ一つ対応付ける「規則」のことである．このとき，

$$f : A \to B \quad \text{とか} \quad y = f(x)$$

と表わす．$f : A \to B$ であるとき，集合 A を写像 f の**定義域**，B を f の**値域**という．A, B が数の集合のときには，この規則が数式で表わされている場合が多い．たとえば，

$$f : \mathbb{R} \to \mathbb{R}, \quad f(x) = x^2$$

と書けば，f は与えられた実数を 2 乗するという規則で与えられる写像である．しかし，場合によっては数式で写像が与えられているとは限らないことに注意しておく．また，数の集合に値をもつ写像を一般的に**関数**という．

写像 $f : A \to B$ が，条件

---

4) $\mathbb{N}$ や $\mathbb{Z}$ は体ではない．たとえば，二つの自然数の差はもはや自然数でないかもしれないし，二つの整数の比も整数とは限らないからである．

$$「x \neq y \text{ ならば } f(x) \neq f(y)」$$

を満たすとき，f を**単射**（または一対一写像）という．対偶をとって，「$f(x) = f(y)$ ならば $x = y$」といっても同じことである．また，写像 $f : A \to B$ が条件

$$「\text{任意の } y \in B \text{ に対して } y = f(x) \text{ となる } x \in A \text{ が存在する}」$$

を満たすとき，f を**全射**（または上への写像）という．

f が単射かつ全射であるとき，これを**全単射**（または一対一上への写像）という．f が全単射であるときには，集合 A の要素と集合 B の要素が f によって過不足なく対応しているのだから，逆の対応 $g : B \to A$ が，$y = f(x)$ のとき $x = g(y)$ と定義することによって一通りに定まる．この g を f の**逆写像**といって，f^{-1} という記号で表わす．

二つの写像 $f : A \to B$ と $g : B \to C$ があるとき,それらの**合成** $g \cdot f : A \to C$ が

$$g \cdot f(x) = g(f(x))$$

と定めることによって定義される．

集合 A 上には，**恒等写像**と呼ばれる写像 $id_A : A \to A$ がある[5]．これは，任意の $x \in A$ 対して $id_A(x) = x$ として与えられる写像である．上記の逆写像の定義は，$f : A \to B$ が全単射のとき，

$$f \cdot f^{-1} = id_B, \quad f^{-1} \cdot f = id_A$$

を満たす $f^{-1} : B \to A$ であるといってもよい．

写像 $f : A \to B$ とその定義域 A の部分集合 A' があるとき，写像 f の定義域を A' に制限して考えた写像

$$f|_{A'} : A' \to B$$

が，$x \in A'$ に対して $f|_{A'}(x) = f(x)$ として定義される．$f|_{A'}$ を f の A' への**制限写像**という．たとえば，$f : \mathbb{Z} \to \mathbb{N} \cup \{0\}$ が絶対値によって $f(x) = |x|$ と与えられているとき，この f の $\mathbb{N} \cup \{0\}$ への制限写像を考えると，

$$f|_{\mathbb{N} \cup \{0\}} = id_{\mathbb{N} \cup \{0\}}$$

である．

---

[5] id は identity の意味．

1.2 $\mathbb{R}$ 上の数ベクトル空間

実ベクトル　一般に，自然数 n を固定して，n 個の実数を縦に並べた列

$$\boldsymbol{a} = \begin{bmatrix} a_1 \\ a_2 \\ \vdots \\ a_n \end{bmatrix}$$

を実数体 $\mathbb{R}$ 上の **n 次元数ベクトル**，または**実ベクトル**という．二つの n 次元数ベクトル

$$\boldsymbol{a} = \begin{bmatrix} a_1 \\ a_2 \\ \vdots \\ a_n \end{bmatrix} \quad と \quad \boldsymbol{b} = \begin{bmatrix} b_1 \\ b_2 \\ \vdots \\ b_n \end{bmatrix}$$

について対応する要素が全て等しいとき（すなわち $a_i = b_i$ が全ての $i = 1, 2, \cdots, n$ について成立するとき），これら二つの数ベクトル $\boldsymbol{a}$ と $\boldsymbol{b}$ は等しいといって，

$$\boldsymbol{a} = \boldsymbol{b}$$

と表わす．

そして $\mathbb{R}$ 上の n 次元数ベクトル全体の集合を $\mathbb{R}^n$ と書いて，これを $\mathbb{R}$ 上の **n 次元数ベクトル空間**という．また，このとき $\mathbb{R}$ の要素（実数）のことを**スカラー**という．本書では，ベクトルを表記するのに $\boldsymbol{a}, \boldsymbol{b}, \boldsymbol{x}, \boldsymbol{y}$ 等のように太文字で表わし，スカラーは通常の a, b, x, y のように斜体で書く．

$\mathbb{R}$ 上の n 次元数ベクトル空間というかわりに，$\mathbb{R}^n$ を n 次元実ベクトル空間ということも多い．また，$\mathbb{R}^2$ のベクトルのことを**平面ベクトル**，$\mathbb{R}^3$ のベクトルのことを**空間ベクトル**などと呼ぶ．

定義 1.2.1 二つの n 次元数ベクトル $\boldsymbol{a} = \begin{bmatrix} a_1 \\ a_2 \\ \vdots \\ a_n \end{bmatrix}$ と $\boldsymbol{b} = \begin{bmatrix} b_1 \\ b_2 \\ \vdots \\ b_n \end{bmatrix}$ について，その和が次のように定義される．

$$\boldsymbol{a} + \boldsymbol{b} = \begin{bmatrix} a_1 + b_1 \\ a_2 + b_2 \\ \vdots \\ a_n + b_n \end{bmatrix}$$

また $c \in \mathbb{R}$ による n 次元数ベクトル $\boldsymbol{a} = \begin{bmatrix} a_1 \\ a_2 \\ \vdots \\ a_n \end{bmatrix}$ のスカラー倍が，

$$c\boldsymbol{a} = \begin{bmatrix} ca_1 \\ ca_2 \\ \vdots \\ ca_n \end{bmatrix}$$

と定義される．$\boldsymbol{0} = \begin{bmatrix} 0 \\ 0 \\ \vdots \\ 0 \end{bmatrix}$ は**零ベクトル**，$\boldsymbol{e}_1 = \begin{bmatrix} 1 \\ 0 \\ \vdots \\ 0 \end{bmatrix}$，$\boldsymbol{e}_2 = \begin{bmatrix} 0 \\ 1 \\ \vdots \\ 0 \end{bmatrix}$，$\cdots$，$\boldsymbol{e}_n = \begin{bmatrix} 0 \\ \vdots \\ 0 \\ 1 \end{bmatrix}$ は n 次元**基本ベクトル**などと呼ばれる．

次の例題は容易だから，読者自ら解いてみること．

例題 1.2.2 数ベクトル $\boldsymbol{a}, \boldsymbol{b}$ とスカラー c, d について，次の等式が常に成立することを確かめよ．

$$\boldsymbol{a}+\boldsymbol{b}=\boldsymbol{b}+\boldsymbol{a}, \quad (cd)\boldsymbol{a}=c(d\boldsymbol{a}),$$
$$c(\boldsymbol{a}+\boldsymbol{b})=c\boldsymbol{a}+c\boldsymbol{b}, \quad (c+d)\boldsymbol{a}=c\boldsymbol{a}+d\boldsymbol{a}$$

幾何ベクトル 実ベクトル $\boldsymbol{a}=\begin{bmatrix} a_1 \\ a_2 \\ \vdots \\ a_n \end{bmatrix}$ に対しては，（n 次元ユークリッド空間において）原点から座標が $(a_1, a_2, \cdots, a_n)$ で表わされる点に至る矢印をもって，この $\boldsymbol{a}$ を表わすことが多い．この矢印を $\boldsymbol{a}$ に対応する**幾何ベクトル**という．実ベクトルの和は，対応する幾何ベクトルでは平行四辺形を作図することで得られる．

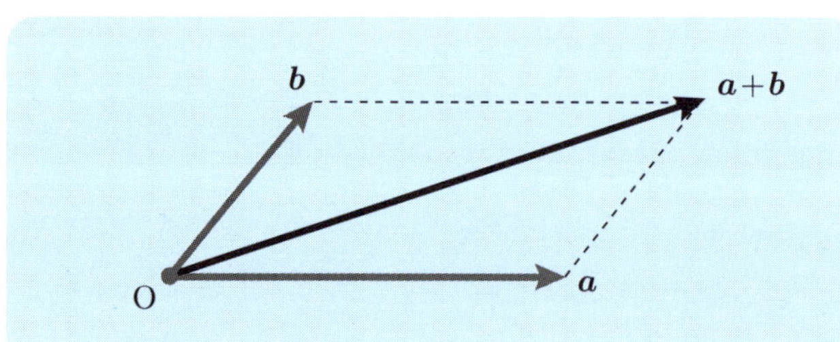

$\mathbb{R}^2$ のベクトルに対応する幾何ベクトルは座標平面上のベクトルである．この意味で，2次元の実ベクトル空間 $\mathbb{R}^2$ と座標平面を同一視することが多い．同様に，$\mathbb{R}^3$ のベクトルは空間内の点と同一視できる．一般の $\mathbb{R}^n$ についても同様の仕組みがあるはずである．それを直観できるようになるまで，一度じっくりと $\mathbb{R}^4, \mathbb{R}^5, \cdots$ のベクトルについて想像をめぐらしてみるとよい．

1.3　一次独立性

一次結合

定義 1.3.1　いくつかのベクトル $\boldsymbol{a}_1, \boldsymbol{a}_2, \cdots, \boldsymbol{a}_m$ と同じ個数のスカラー c_1，$c_2, \cdots, c_m$ があるとき，次のようにして与えられるベクトルを $\boldsymbol{a}_1$，$\boldsymbol{a}_2$，$\cdots, \boldsymbol{a}_m$ の**一次結合**という．

$$c_1\boldsymbol{a}_1 + c_2\boldsymbol{a}_2 + \cdots + c_m\boldsymbol{a}_m \tag{1.1}$$

このベクトルを $\sum$ という記号を使って[6]，次のように書いたりもする．

$$\sum_{i=1}^{m} c_i\boldsymbol{a}_i \tag{1.2}$$

一つのベクトル $\boldsymbol{a}$ の一次結合とは，そのスカラー倍 $x\boldsymbol{a}$ という形のベクトルである．$\boldsymbol{a} \neq \boldsymbol{0}$ の場合に，これを幾何ベクトルで考えると，$\boldsymbol{a}$ 方向の直線の上にあるベクトルのことである．

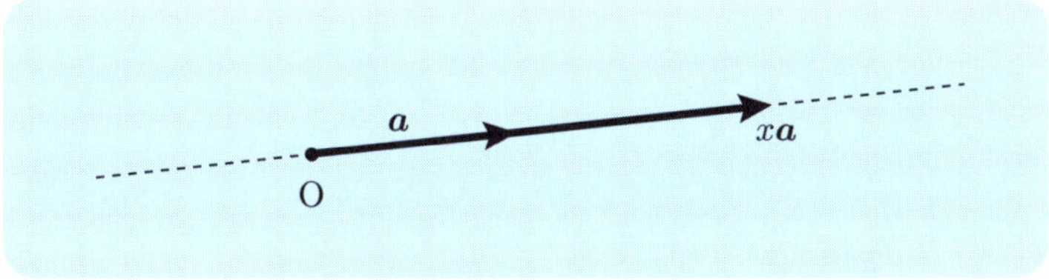

次に二つのベクトル $\boldsymbol{a}, \boldsymbol{b}$ の一次結合とは，$x\boldsymbol{a} + y\boldsymbol{b}$ という形のベクトルである．$\boldsymbol{a}$ と $\boldsymbol{b}$ が同一直線上にない場合には，この幾何ベクトルは $\boldsymbol{a}$ と $\boldsymbol{b}$ で張られる平面上のベクトルということである．

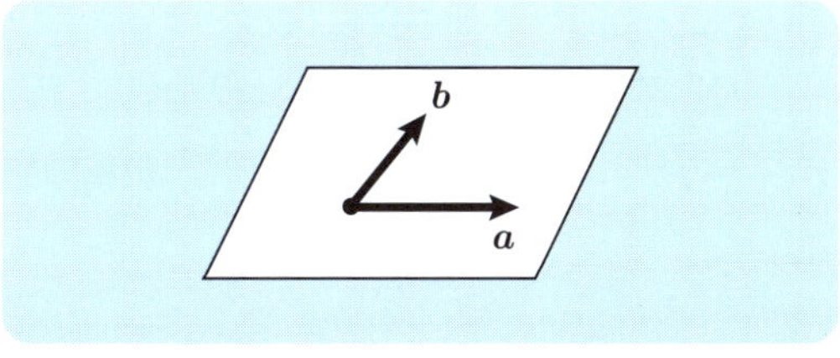

---

[6] $\sum$ は「シグマ」と読む．

一次独立　一般に $\mathbb{R}^n$ の中の m 個のベクトルについても同様の直観に従うべきである．ただ，ここで問題となるのは，たとえば二つのベクトルが同一直線上にあるのか，あるいは平面を張るのかをどのように見極めたらよいかということであろう．

例題 1.3.2　二つの空間ベクトル $\boldsymbol{a}, \boldsymbol{b} \in \mathbb{R}^3$ について，それが平面を張るための必要十分条件は，

$$\text{「一次結合 } x\boldsymbol{a} + y\boldsymbol{b} \text{ が } \boldsymbol{0} \text{ となるときには } x = y = 0 \text{ でなくてはならない」} \tag{1.3}$$

ということである．このことを証明せよ．

解　まず，条件 (1.3) が成り立つと仮定しよう．$\boldsymbol{a} = \boldsymbol{0}$ であるときには，

$$1\boldsymbol{a} + 0\boldsymbol{b} = \boldsymbol{0}$$

であるから，条件 (1.3) は成立しないので，$\boldsymbol{a} \neq \boldsymbol{0}$ である．同様に，$\boldsymbol{b} \neq \boldsymbol{0}$ でなくてはならない．そこで，もし $\boldsymbol{a}$ と $\boldsymbol{b}$ が一直線上にあれば，

$$\boldsymbol{a} = c\boldsymbol{b}$$

と表わされるはずだから，

$$x = 1, \quad y = -c$$

として条件 (1.3) は成立しないことになり仮定に矛盾する．従って，$\boldsymbol{a}$ と $\boldsymbol{b}$ は一直線上にあってはいけないので，平面を張る．逆に，$\boldsymbol{a}$ と $\boldsymbol{b}$ が平面を張ると仮定しよう．もし，条件 (1.3) が成り立たないなら，x, y のどちらかが 0 でないスカラーで

$$x\boldsymbol{a} + y\boldsymbol{b} = \boldsymbol{0}$$

となるものがある．$x \neq 0$ なら $\boldsymbol{a} = -(y/x)\boldsymbol{b}$，$y \neq 0$ なら $\boldsymbol{b} = -(x/y)\boldsymbol{a}$ となり，いずれも $\boldsymbol{a}$ と $\boldsymbol{b}$ は一直線上にあり，平面を張ると仮定したことに矛盾する．これは，条件 (1.3) が成り立たないと仮定したからで，結局，条件 (1.3) は成立する．□[7]

一般の $\mathbb{R}^n$ のいくつかのベクトルについても，この例題と同様のことを考えることができる．

---

[7] □は，これで証明が終わったということを表わす記号．

定義 1.3.3　n 次元数ベクトル空間 $\mathbb{R}^n$ の m 個のベクトル $\boldsymbol{a}_1, \boldsymbol{a}_2, \cdots, \boldsymbol{a}_m$ について，それが次の条件を満たすとき，これらのベクトルは**一次独立**であるという．

$$「\sum_{i=1}^{m} c_i \boldsymbol{a}_i = \boldsymbol{0} \text{となるときには} \\ c_1 = c_2 = \cdots = c_m = 0 \text{ でなくてはならない}」 \tag{1.4}$$

また，ベクトル $\boldsymbol{a}_1$，$\boldsymbol{a}_2$，$\cdots, \boldsymbol{a}_m$ が一次独立でないときに，これらのベクトルは**一次従属**であるという．

ベクトル $\boldsymbol{a}_1$，$\boldsymbol{a}_2$，$\cdots, \boldsymbol{a}_m$ が一次従属のときには，定義より，

$$\sum_{i=1}^{m} c_i \boldsymbol{a}_i = \boldsymbol{0} \quad (\text{ただし，} c_1, c_2, \cdots, c_m \text{ の中に } 0 \text{ でないものがある．}) \tag{1.5}$$

が成立する．この等式を $\boldsymbol{a}_1, \boldsymbol{a}_2, \cdots, \boldsymbol{a}_m$ の**自明でない一次関係式**と呼ぶ[8)]．

たとえば，一つのベクトル $\boldsymbol{a}$ は，$\boldsymbol{a} = \boldsymbol{0}$ のとき一次従属，$\boldsymbol{a} \neq \boldsymbol{0}$ のとき一次独立である．また，二つのベクトルについては，それらが平面を張るときに一次独立で，そうでないとき一次従属である．

例題 1.3.4　次の 3 個の 3 次元数ベクトルを考える．

$$\boldsymbol{a} = \begin{bmatrix} 1 \\ 1 \\ 1 \end{bmatrix}, \quad \boldsymbol{b} = \begin{bmatrix} 1 \\ 2 \\ 3 \end{bmatrix}, \quad \boldsymbol{c} = \begin{bmatrix} -1 \\ 0 \\ 1 \end{bmatrix}$$

このとき，$\boldsymbol{a}, \boldsymbol{b}$ は一次独立であるが，$\boldsymbol{a}, \boldsymbol{b}, \boldsymbol{c}$ は一次従属であることを示せ．

解　$x\boldsymbol{a} + y\boldsymbol{b} = \boldsymbol{0}$ とすると，連立一次方程式

$$\begin{cases} x + y = 0 \\ x + 2y = 0 \\ x + 3y = 0 \end{cases}$$

---

8) これに対して，$c_1 = c_2 = \cdots = c_n = 0$ のときには**自明な一次関係式**という．

が成立し，これから $x = y = 0$ が出るから，この $\boldsymbol{a}, \boldsymbol{b}$ は一次独立である．ところが，これに $\boldsymbol{c}$ を加えると，

$$(-2)\boldsymbol{a} + \boldsymbol{b} + (-1)\boldsymbol{c} = \boldsymbol{0}$$

が成立するから， $\boldsymbol{a}, \boldsymbol{b}, \boldsymbol{c}$ は一次従属である．□

この例題のように，実際に与えられたいくつかの数ベクトルが一次独立かどうかを判定するには，連立一次方程式を解いて 0 以外の解が存在するかどうかをチェックすればよい．

例題 1.3.5 空間内のベクトル $\boldsymbol{a}, \boldsymbol{b}, \boldsymbol{c} \in \mathbb{R}^3$ が一次従属であるための必要十分条件は，この三つのベクトルが同一平面上にあることである．これを証明せよ．

解 もし $\boldsymbol{a}, \boldsymbol{b}, \boldsymbol{c}$ が一次従属と仮定すると，自明でない一次関係式

$$x\boldsymbol{a} + y\boldsymbol{b} + z\boldsymbol{c} = \boldsymbol{0}$$

がある．ここで，$x \neq 0$ の場合には

$$\boldsymbol{a} = -\frac{y}{x}\boldsymbol{b} - \frac{z}{x}\boldsymbol{c}$$

となるので，$\boldsymbol{a}$ は $\boldsymbol{b}$ と $\boldsymbol{c}$ で張られる平面（$\boldsymbol{b}$ と $\boldsymbol{c}$ が平行のときには直線）上にある．$y \neq 0$ や $z \neq 0$ の場合も同様．逆に，$\boldsymbol{a}, \boldsymbol{b}, \boldsymbol{c}$ が一つの平面上にあるとする．$\boldsymbol{a}, \boldsymbol{b}, \boldsymbol{c}$ の中に $\boldsymbol{0}$ ベクトルがあれば一次従属性は明らかなので，これらは $\boldsymbol{0}$ でないとする．$\boldsymbol{a}, \boldsymbol{b}$ が一直線上にあるときには，$\boldsymbol{a} = x\boldsymbol{b}$ と書けるから，

$$\boldsymbol{a} - x\boldsymbol{b} + 0\boldsymbol{c} = \boldsymbol{0}$$

を考えて一次独立性の条件 (1.4) が成り立たないので一次従属となる．次に $\boldsymbol{a}, \boldsymbol{b}$ が一直線上にないときには，これらの張る平面上に $\boldsymbol{c}$ があるのだから，

$$\boldsymbol{c} = x\boldsymbol{a} + y\boldsymbol{b}$$

と書けるはずである．そこで，

$$x\boldsymbol{a} + y\boldsymbol{b} - \boldsymbol{c} = \boldsymbol{0}$$

を考えて，条件 (1.4) は成立しないので，やはり一次従属になる．□

1.4 実ベクトルの内積

二つの実ベクトル $\boldsymbol{a} = \begin{bmatrix} a_1 \\ a_2 \\ \vdots \\ a_n \end{bmatrix}$, $\boldsymbol{b} = \begin{bmatrix} b_1 \\ b_2 \\ \vdots \\ b_n \end{bmatrix} \in \mathbb{R}^n$ について，その**標準内積** $(\boldsymbol{a}, \boldsymbol{b})$ が

$$(\boldsymbol{a}, \boldsymbol{b}) = a_1b_1 + a_2b_2 + \cdots + a_nb_n \tag{1.6}$$

と定義される.

この内積について次の性質が成立することは明らかであろう.

補題 1.4.1 ベクトル $\boldsymbol{a}_1, \boldsymbol{a}_2, \boldsymbol{a}, \boldsymbol{b} \in \mathbb{R}^n$ とスカラー $x_1, x_2 \in R$ について，

（双線形性） $\begin{cases} (x_1\boldsymbol{a}_1 + x_2\boldsymbol{a}_2, \boldsymbol{b}) = x_1(\boldsymbol{a}_1, \boldsymbol{b}) + x_2(\boldsymbol{a}_2, \boldsymbol{b}) \\ (\boldsymbol{a}, x_1\boldsymbol{b}_1 + x_2\boldsymbol{b}_2) = x_1(\boldsymbol{a}, \boldsymbol{b}_1) + x_2(\boldsymbol{a}, \boldsymbol{b}_2) \end{cases}$

（対称性） $(\boldsymbol{a}, \boldsymbol{b}) = (\boldsymbol{b}, \boldsymbol{a})$

（正定値性） $(\boldsymbol{a}, \boldsymbol{a}) \geqq 0$ であって，等号が成立するのは $\boldsymbol{a} = \boldsymbol{0}$ であるときに限る.

このとき，$\sqrt{(\boldsymbol{a}, \boldsymbol{a})}$ を $|\boldsymbol{a}|$ と書いてベクトル $\boldsymbol{a}$ の**長さ**という．また，二つのベクトル $\boldsymbol{a}, \boldsymbol{b}$ について $(\boldsymbol{a}, \boldsymbol{b}) = 0$ となるときに，この二つのベクトルは**直交する**という.

例題 1.4.2 次の等式を証明せよ.

(1) $(\boldsymbol{a}, \boldsymbol{b}) = \frac{1}{2}(|\boldsymbol{a}|^2 + |\boldsymbol{b}|^2 - |\boldsymbol{a} - \boldsymbol{b}|^2)$

(2) $|\boldsymbol{a} + \boldsymbol{b}|^2 + |\boldsymbol{a} - \boldsymbol{b}|^2 = 2(|\boldsymbol{a}|^2 + |\boldsymbol{b}|^2)$ （**中線定理**）

解 (1) 補題 1.4.1 より，$|\boldsymbol{a} - \boldsymbol{b}|^2 = (\boldsymbol{a} - \boldsymbol{b}, \boldsymbol{a} - \boldsymbol{b}) = (\boldsymbol{a}, \boldsymbol{a}) - 2(\boldsymbol{a}, \boldsymbol{b}) + (\boldsymbol{b}, \boldsymbol{b}) = |\boldsymbol{a}|^2 - 2(\boldsymbol{a}, \boldsymbol{b}) + |\boldsymbol{b}|^2$ となるから，これを整理して (1) を得る.

(2) (1) で $\boldsymbol{b}$ のところに $-\boldsymbol{b}$ を代入して，$|-\boldsymbol{b}| = |\boldsymbol{b}|$ に注意すれば，$-(\boldsymbol{a}, \boldsymbol{b}) = \frac{1}{2}(|\boldsymbol{a}|^2 + |\boldsymbol{b}|^2 - |\boldsymbol{a} + \boldsymbol{b}|^2)$ となる．これと (1) の等式を加えて，(2) の等式が得られる.
□

補題 1.4.3　二つのベクトル $\boldsymbol{a}, \boldsymbol{b}$ について，それらに対応する幾何ベクトルのなす角度を θ とするとき，内積は

$$(\boldsymbol{a}, \boldsymbol{b}) = |\boldsymbol{a}||\boldsymbol{b}| \cos\theta$$

で与えられる．

証明　三角形の余弦定理より

$$|\boldsymbol{a} - \boldsymbol{b}|^2 = |\boldsymbol{a}|^2 + |\boldsymbol{b}|^2 - 2|\boldsymbol{a}||\boldsymbol{b}| \cos\theta$$

である．これと例題 1.4.2(1) より求める等式を得る．□

補題 1.4.4

(1)（シュヴァルツの不等式 [9]）$|(\boldsymbol{a}, \boldsymbol{b})| \leqq |\boldsymbol{a}||\boldsymbol{b}|$

(2)（三角不等式）$|\boldsymbol{a} + \boldsymbol{b}| \leqq |\boldsymbol{a}| + |\boldsymbol{b}|$

証明　(1) $(x\boldsymbol{a}+\boldsymbol{b}, x\boldsymbol{a}+\boldsymbol{b}) \geqq 0$ なので，$|\boldsymbol{a}|^2x^2+2(\boldsymbol{a}, \boldsymbol{b})x+|\boldsymbol{b}|^2 \geqq 0$ が任意の $x \in \mathbb{R}$ について成立する．よって，x の 2 次式として左辺の整式の判別式は負または 0 であるので，$|(\boldsymbol{a}, \boldsymbol{b})| \leqq |\boldsymbol{a}||\boldsymbol{b}|$ を得る．

(2) シュヴァルツの不等式を使って，

$$\begin{aligned}(|\boldsymbol{a}| + |\boldsymbol{b}|)^2 &= |\boldsymbol{a}|^2 + 2|\boldsymbol{a}||\boldsymbol{b}| + |\boldsymbol{b}|^2 \\ &\geqq |\boldsymbol{a}|^2 + 2|(\boldsymbol{a}, \boldsymbol{b})| + |\boldsymbol{b}|^2 \\ &\geqq |\boldsymbol{a}|^2 + 2(\boldsymbol{a}, \boldsymbol{b}) + |\boldsymbol{b}|^2 = |\boldsymbol{a} + \boldsymbol{b}|^2\end{aligned}$$

となる．□

標準でない内積についてはまた第 10 章で触れることにして，ここでは次のことを注意しておこう．

補題 1.4.5　$\boldsymbol{a}_1, \boldsymbol{a}_2, \cdots, \boldsymbol{a}_r$ が $\mathbb{R}^n$ の $\boldsymbol{0}$ でないベクトルのとき，このどの二つも互いに直交すると仮定すると，$\boldsymbol{a}_1, \boldsymbol{a}_2, \cdots, \boldsymbol{a}_r$ は一次独立である．

証明　$x_1\boldsymbol{a}_1 + x_2\boldsymbol{a}_2 + \cdots + x_r\boldsymbol{a}_r = 0$ と仮定して，$x_1 = x_2 = \cdots = x_r = 0$ を示せばよい．この式と $\boldsymbol{a}_1$ との内積をとって，直交性の条件から，$x_1(\boldsymbol{a}_1, \boldsymbol{a}_1) = 0$ が出る．ここで，$\boldsymbol{a}_1 \neq \boldsymbol{0}$ だから，$(\boldsymbol{a}_1, \boldsymbol{a}_1) \neq 0$ となることに注意すれば $x_1 = 0$ となる．他の x_i についても同様である．□

---

[9] Hermann Amandus Schwarz (1843〜1921).

1.5　空間ベクトルの外積

3 次元の実ベクトルは空間ベクトルと呼ばれることが多い．二つの空間ベクトルに対しては，内積の他に外積と呼ばれる積を定義することもできる．

定義 1.5.1　空間ベクトル $\boldsymbol{a} = \begin{bmatrix} a_1 \\ a_2 \\ a_3 \end{bmatrix}$ と $\boldsymbol{b} = \begin{bmatrix} b_1 \\ b_2 \\ b_3 \end{bmatrix}$ に対して，

$$\boldsymbol{a} \times \boldsymbol{b} = \begin{bmatrix} a_2b_3 - a_3b_2 \\ a_3b_1 - a_1b_3 \\ a_1b_2 - a_2b_1 \end{bmatrix} \tag{1.7}$$

と定義してこれを $\boldsymbol{a}$ と $\boldsymbol{b}$ の**外積**または**ベクトル積**という．

外積に関して次のことが成立する．

補題 1.5.2　$\boldsymbol{a}_1, \boldsymbol{a}_2, \boldsymbol{a}, \boldsymbol{b} \in \mathbb{R}^3$ と $x_1, x_2 \in \mathbb{R}$ について，

（双線形性）
$$\begin{cases} (x_1\boldsymbol{a}_1 + x_2\boldsymbol{a}_2) \times \boldsymbol{b} = x_1(\boldsymbol{a}_1 \times \boldsymbol{b}) + x_2(\boldsymbol{a}_2 \times \boldsymbol{b}) \\ \boldsymbol{a} \times (x_1\boldsymbol{b}_1 + x_2\boldsymbol{b}_2) = x_1(\boldsymbol{a} \times \boldsymbol{b}_1) + x_2(\boldsymbol{a} \times \boldsymbol{b}_2) \end{cases}$$

（歪対称性（わいたいしょうせい））　$\boldsymbol{a} \times \boldsymbol{b} = -(\boldsymbol{b} \times \boldsymbol{a})$　および　$\boldsymbol{a} \times \boldsymbol{a} = \boldsymbol{0}$

（直交性）　$(\boldsymbol{a} \times \boldsymbol{b}, \boldsymbol{a}) = (\boldsymbol{a} \times \boldsymbol{b}, \boldsymbol{b}) = 0$

証明　定義から，

$$\begin{aligned} (\boldsymbol{a} \times \boldsymbol{b}, \boldsymbol{a}) &= (a_2b_3 - a_3b_2)a_1 + (a_3b_1 - a_1b_3)a_2 + (a_1b_2 - a_2b_1)a_3 \\ &= 0 \end{aligned}$$

となるので，直交性が示される．双線形性，歪対称性についても，容易だから読者自ら証明を試みよ．□

例題 1.5.3 空間ベクトル $\boldsymbol{a}$ と $\boldsymbol{b}$ に対して,

$$|\boldsymbol{a} \times \boldsymbol{b}|^2 = |\boldsymbol{a}|^2|\boldsymbol{b}|^2 - (\boldsymbol{a}, \boldsymbol{b})^2 \tag{1.8}$$

となることを示せ.

解 $\boldsymbol{a} = \begin{bmatrix} a_1 \\ a_2 \\ a_3 \end{bmatrix}$, $\boldsymbol{b} = \begin{bmatrix} b_1 \\ b_2 \\ b_3 \end{bmatrix}$ とするとき, $|\boldsymbol{a}|^2|\boldsymbol{b}|^2 - (\boldsymbol{a}, \boldsymbol{b})^2 = (a_1^2 + a_2^2 + a_3^2)(b_1^2 + b_2^2 + b_3^2) - (a_1b_1 + a_2b_2 + a_3b_3)^2 = (a_3b_2 - a_2b_3)^2 + (a_3b_1 - a_1b_3)^2 + (a_1b_2 - a_2b_1)^2 = |\boldsymbol{a} \times \boldsymbol{b}|^2$ となる. □

例題 1.5.4 空間ベクトル $\boldsymbol{a}, \boldsymbol{b}$ に対して, その外積 $\boldsymbol{a} \times \boldsymbol{b}$ の長さ $|\boldsymbol{a} \times \boldsymbol{b}|$ は, 幾何ベクトル $\boldsymbol{a}$, $\boldsymbol{b}$ を2辺とする平行四辺形の面積に等しいことを示せ.

解 幾何ベクトル $\boldsymbol{a}, \boldsymbol{b}$ のなす角度を θ とするとき, $\boldsymbol{a}, \boldsymbol{b}$ を辺にもつ平行四辺形の面積の2乗は, $|\boldsymbol{a}|^2|\boldsymbol{b}|^2 \sin^2\theta = |\boldsymbol{a}|^2|\boldsymbol{b}|^2 - |\boldsymbol{a}|^2|\boldsymbol{b}|^2 \cos^2\theta = |\boldsymbol{a}|^2|\boldsymbol{b}|^2 - (\boldsymbol{a}, \boldsymbol{b})^2$ に等しい. この最後の値は, 前の例題によって $|\boldsymbol{a} \times \boldsymbol{b}|^2$ である. □

例題 1.5.5 二つの空間ベクトル $\boldsymbol{a}$ と $\boldsymbol{b}$ について,

$$「\boldsymbol{a}, \boldsymbol{b} \text{ が一次従属}」 \iff \boldsymbol{a} \times \boldsymbol{b} = \boldsymbol{0}$$

が成立することを証明せよ[10].

解 $\boldsymbol{a}, \boldsymbol{b}$ が一次従属と仮定すると, 自明でない一次関係式 $x\boldsymbol{a} + y\boldsymbol{b} = \boldsymbol{0}$ が成立する. もし, $x \neq 0$ とすると, $\boldsymbol{a} \times \boldsymbol{b} = (-(y/x)\boldsymbol{b}) \times \boldsymbol{b} = (-y/x)(\boldsymbol{b} \times \boldsymbol{b}) = \boldsymbol{0}$ となる. $y \neq 0$ のときも同様. 逆に, $\boldsymbol{a} \times \boldsymbol{b} = \boldsymbol{0}$ と仮定すると, 定義より $a_2b_3 = a_3b_2$, $a_3b_1 = a_1b_3$, $a_1b_2 = a_2b_1$ が成立する. もし $\boldsymbol{a} = \boldsymbol{0}$ ならば, $\boldsymbol{a}, \boldsymbol{b}$ が一次従属であることは明らかなので, ここでは $\boldsymbol{a} \neq \boldsymbol{0}$ と仮定してよい. $a_1 \neq 0$ のときには,

$$a_1\boldsymbol{b} = \begin{bmatrix} a_1b_1 \\ a_1b_2 \\ a_1b_3 \end{bmatrix} = \begin{bmatrix} b_1a_1 \\ b_1a_2 \\ b_1a_3 \end{bmatrix} = b_1\boldsymbol{a}$$

となるので, $a_1\boldsymbol{b} - b_1\boldsymbol{a} = \boldsymbol{0}$ が自明でない一次関係式を与える. $a_2 \neq 0$ または $a_3 \neq 0$ のときも同様である. □

---

[10] 一般に, A を仮定して B が結論できるとき $A \Rightarrow B$ または $B \Leftarrow A$ と書く. また, $A \Rightarrow B$ かつ $B \Rightarrow A$ のとき $A \Leftrightarrow B$ と表わす. これは「A と B が同値である」または「B は A の必要十分条件である」と読むとよい.

1.6　一般の体上の数ベクトル空間

$\mathbb{R}$ 上の数ベクトル空間を考えたのと同じように，複素数体 $\mathbb{C}$ または有理数体 $\mathbb{Q}$ 上の数ベクトル空間も考えることができる．

どの数体で考えても同じなので，ここでは K を $\mathbb{Q}, \mathbb{R}, \mathbb{C}$ のどれかとして，n 個の K の要素を縦に並べた列

$$\boldsymbol{a} = \begin{bmatrix} a_1 \\ a_2 \\ \vdots \\ a_n \end{bmatrix}$$

を K 上の n 次元数ベクトルということにする．実数 $\mathbb{R}$ の場合にならって，K 上の n 次元数ベクトル全体の集合を K^n と書いて，これを **K 上の $\boldsymbol{n}$ 次元数ベクトル空間**という．また，このときには K の要素のことを**スカラー**という．たとえば，$\mathbb{C}^n$ についてはスカラーとは複素数のことであり，$\mathbb{Q}^n$ を考えているときには有理数がスカラーである．$\mathbb{C}^n$ のことを **$\boldsymbol{n}$ 次元複素ベクトル空間**ということもある．

K 上の n 次元数ベクトル空間 K^n においても，$\mathbb{R}^n$ の場合と全く同様にして，二つの数ベクトルの和，スカラー倍が定義される．実ベクトルの場合には，対応する幾何ベクトルを考えて直観的に和やスカラー倍を理解できたが，たとえば $\mathbb{C}^n$ ではそのような「直観」は容易ではないかもしれない．しかし，一次独立性などの議論は基本的には和とスカラー倍に関する議論であるから，$\mathbb{C}^n$ の場合にも有効である．

例題 1.6.1　3 個の 3 次元複素ベクトル

$$\boldsymbol{a} = \begin{bmatrix} i \\ 1 \\ 1 \end{bmatrix}, \quad \boldsymbol{b} = \begin{bmatrix} 1 \\ -i \\ 3 \end{bmatrix}, \quad \boldsymbol{c} = \begin{bmatrix} -1 \\ 0 \\ 1 \end{bmatrix}$$

が，一次独立かどうかを判定せよ[11]．

---

[11] i は虚数単位を表わす．

解 $x\boldsymbol{a}+y\boldsymbol{b}+z\boldsymbol{c}=\boldsymbol{0}$ とおくと，これは連立一次方程式

$$\begin{cases} ix+\ \ y-z=0 \\ x-iy \qquad =0 \\ x+3y+z=0 \end{cases}$$

となる．これを解いて，$x=y=z=0$ となるので $\boldsymbol{a},\boldsymbol{b},\boldsymbol{c}$ は一次独立である．□

演 習 問 題

1 三つの集合 A,B,C について，次の集合の等式が成り立つことを示せ．

$(A\cap B)\cup C=(A\cup C)\cap(B\cup C)$, $\quad (A\cup B)\cap C=(A\cap C)\cup(B\cap C)$

2 集合 A の要素の個数が有限個のとき A を有限集合という．有限集合 A からそれ自身への写像 $f:A\to A$ に対しては，次の3条件は同値であることを証明せよ．

(i) f は全単射，　(ii) f は全射，　(iii) f は単射

また，無限集合 A に対してはこの同値性は成り立つとは限らない．このような例をあげよ．

3 有限集合 A に対して，その要素の個数を $\sharp A$ という記号で表わす．A,B,C が有限集合であるとき，次の等式が成立することを確かめよ．

$\sharp(A\cup B\cup C)=\sharp A+\sharp B+\sharp C-\sharp(A\cap B)-\sharp(B\cap C)-\sharp(C\cap A)+\sharp(A\cap B\cap C)$

4 $\mathbb{R}^2$ のベクトル $\begin{bmatrix} a \\ b \end{bmatrix}, \begin{bmatrix} c \\ d \end{bmatrix}$ が一次独立であるための必要十分条件は，$ad-bc\neq 0$ となることである．これを証明せよ．

5 $\mathbb{R}^2$ 内の3個のベクトルは必ず一次従属であることを示せ．

6 $\mathbb{R}^3$ 内の3個のベクトル $\begin{bmatrix} a \\ 1 \\ 1 \end{bmatrix}, \begin{bmatrix} 1 \\ a \\ 1 \end{bmatrix}, \begin{bmatrix} 1 \\ 1 \\ a \end{bmatrix}$ が一次従属となるように a の値を定めよ．

7 $\mathbb{R}^3$ 内の3個のベクトル $\boldsymbol{a},\boldsymbol{b},\boldsymbol{c}$ について次の等式を証明せよ．

(1) $\boldsymbol{a}\times(\boldsymbol{b}\times\boldsymbol{c})=(\boldsymbol{a},\boldsymbol{c})\boldsymbol{b}-(\boldsymbol{a},\boldsymbol{b})\boldsymbol{c}$

(2) $\boldsymbol{a}\times(\boldsymbol{b}\times\boldsymbol{c})+\boldsymbol{b}\times(\boldsymbol{c}\times\boldsymbol{a})+\boldsymbol{c}\times(\boldsymbol{a}\times\boldsymbol{b})=\boldsymbol{0}$

8 ベクトル $\boldsymbol{a}_1,\boldsymbol{a}_2,\cdots,\boldsymbol{a}_m$ が一次独立とすると，その部分集合 $\{\boldsymbol{a}_{i_1},\boldsymbol{a}_{i_2},\cdots,\boldsymbol{a}_{i_k}\}$（ただし，$k<m$，$1\leqq i_1<i_2<\cdots<i_k\leqq m$）もまた一次独立である．このことを証明せよ．

第2章

行　列

数ベクトルがただ一列の数字の列を考えたのに対して，行列は数字が平面的に並べられたものである．行列の和やスカラー倍は数ベクトルの場合と同じように定義されるので容易である．一方，行列には行列どうしの積が考えられる．この章では，特にこの行列の積についてよく理解することを目標にしよう．

2.1　行列の定義

定義 2.1.1　m と n を自然数とするとき，縦に m 個，横に n 個の $m \times n$ のマス目状に数字を並べたものを**行列**という[1)]．

あるいはもっと正確に $m \times n$ 行列，または**サイズ**が $m \times n$ の行列という．ただ，単に数字が並んだ状態をひとまとめに記述するために，普通はその並んだ数字の全体を角括弧でくくって表わす．たとえば，

$$\begin{bmatrix} 1 & 2 & 3 & 4 & 5 & 6 \\ 7 & 8 & 9 & 0 & 1 & 2 \\ 3 & 4 & 5 & 6 & 7 & 8 \end{bmatrix}$$

は 3×6 行列である．

行列の縦に並んだ数字を**列**，横に並んだ数字を**行**というならわしである．たとえば上の行列では，$[1\ 2\ 3\ 4\ 5\ 6\,]$ は第 1 行，$\begin{bmatrix} 1 \\ 7 \\ 3 \end{bmatrix}$ は第 1 列である．また

1) matrix．これに行列という訳を与えたのは高木貞治 (1875～1960) であるといわれている．

行列内の各数字をその行列の**成分**という．各成分はその数字のある行と列を指し示せば一通りに指定することができる．たとえば，上の行列の2行4列成分といえば0である．これを0はこの行列の$(2,4)$成分であるともいう．このようないい方のときには，つねに行の方の数字を最初に，列の方を後に掲げる習慣である．

一般に(i,j)成分がa_{ij}であるような$m \times n$行列を$[a_{ij}]_{1 \leqq i \leqq m, 1 \leqq j \leqq n}$または簡単に$[a_{ij}]$と書くことが多い．これは，

$$\begin{bmatrix} a_{11} & a_{12} & \cdots & a_{1n} \\ a_{21} & a_{22} & \cdots & a_{2n} \\ \vdots & \vdots & \ddots & \vdots \\ a_{m1} & a_{m2} & \cdots & a_{mn} \end{bmatrix} \tag{2.1}$$

と書くべきところを省略したものである．

全てのa_{ij}が整数のとき行列$[a_{ij}]$を**整数行列**，全てのa_{ij}が実数のとき**実行列**，全てのa_{ij}が複素数のとき**複素行列**という．

二つの行列$A = [a_{ij}]$と$B = [b_{ij}]$があるとき，この二つの行列のサイズが一致していて，かつ全ての対応する成分が等しい（すなわち，$a_{ij} = b_{ij}$が全ての可能なi，jについて成立する）とき，この二つの行列は等しいといって，

$$A = B$$

と書く．

行列の和とスカラー倍　n次元ベクトルとは$n \times 1$行列のことに他ならない．ベクトルの和とスカラー倍にならって，行列の和とスカラー倍が定義できる．

定義 2.1.2 同じサイズの二つの行列 $[a_{ij}]$ と $[b_{ij}]$ とスカラー c について,

$$\begin{bmatrix} a_{11} & \cdots & a_{1n} \\ \vdots & \ddots & \vdots \\ a_{m1} & \cdots & a_{mn} \end{bmatrix} + \begin{bmatrix} b_{11} & \cdots & b_{1n} \\ \vdots & \ddots & \vdots \\ b_{m1} & \cdots & b_{mn} \end{bmatrix} = \begin{bmatrix} a_{11}+b_{11} & \cdots & a_{1n}+b_{1n} \\ \vdots & \ddots & \vdots \\ a_{m1}+b_{m1} & \cdots & a_{mn}+b_{mn} \end{bmatrix}$$

$$c\begin{bmatrix} a_{11} & \cdots & a_{1n} \\ \vdots & \ddots & \vdots \\ a_{m1} & \cdots & a_{mn} \end{bmatrix} = \begin{bmatrix} ca_{11} & \cdots & ca_{1n} \\ \vdots & \ddots & \vdots \\ ca_{m1} & \cdots & ca_{mn} \end{bmatrix}$$

と定義する.

たとえば,

$$\begin{bmatrix} 1 & 2 & 3 \\ 4 & 5 & 6 \end{bmatrix} + \begin{bmatrix} 6 & 5 & 4 \\ 3 & 2 & 1 \end{bmatrix} = \begin{bmatrix} 7 & 7 & 7 \\ 7 & 7 & 7 \end{bmatrix} = 7\begin{bmatrix} 1 & 1 & 1 \\ 1 & 1 & 1 \end{bmatrix}$$

となる. 異なるサイズの行列どうしについては和は定義されないことに注意しよう.

2.2 行列の積

次に行列の積を定義しよう．

定義 2.2.1　$m \times n$ 行列 $A = [a_{ij}]$ と $n \times r$ 行列 $B = [b_{ij}]$ について，その積 $AB = [c_{ij}]$ をその (i, j) 成分が，

$$c_{ij} = a_{i1}b_{1j} + a_{i2}b_{2j} + \cdots + a_{in}b_{nj} = \sum_{k=1}^{n} a_{ik}b_{kj} \tag{2.2}$$

であると定義する．

ここで，A の列の数と B の行の数が等しいときのみ，この定義が可能であることに注意しよう．そして出来上がった行列 AB のサイズは，

$$(A \text{ の行の数}) \times (B \text{ の列の数})$$

である．たとえば

$$\begin{bmatrix} 1 & 2 \\ 3 & 4 \\ 5 & 6 \end{bmatrix} \begin{bmatrix} 7 & 8 \\ 9 & 0 \end{bmatrix} = \begin{bmatrix} 1 \times 7 + 2 \times 9 & 1 \times 8 + 2 \times 0 \\ 3 \times 7 + 4 \times 9 & 3 \times 8 + 4 \times 0 \\ 5 \times 7 + 6 \times 9 & 5 \times 8 + 6 \times 0 \end{bmatrix}$$

$$= \begin{bmatrix} 25 & 8 \\ 57 & 24 \\ 89 & 40 \end{bmatrix}$$

となる．

上の定義で出てきたように記号 $\sum$ を使うと，一々たくさんの $+$ を書くよりも便利な場合が多い．後でも $\sum$ を使う機会が多いので，ひとつ次のことを注意しておこう．

補題 2.2.2 (**$\sum$ の交換法則**) $\{c_{ij}\}$ を二つの添え字 i, j をもつ数列とする．ただし，i は $1 \leq i \leq m$，j は $1 \leq j \leq n$ の範囲を動くとする．このとき，次の等式が成立する．

$$\sum_{i=1}^{m}\left(\sum_{j=1}^{n} c_{ij}\right) = \sum_{j=1}^{n}\left(\sum_{i=1}^{m} c_{ij}\right) \tag{2.3}$$

証明 c_{ij} を $m \times n$ 行列に並べたとき，左辺は m 個の行ごとに小計をとり，次にそれら小計の和をとることを意味している．右辺は，n 個の列について同じことをすることを意味している．いずれにせよ，両辺ともそこに並んだ全ての数字の総和を表わしているので等しい．□

この補題の (2.3) の等式を括弧を省略して，

$$\sum_{i=1}^{m}\sum_{j=1}^{n} c_{ij} = \sum_{j=1}^{n}\sum_{i=1}^{m} c_{ij}$$

と書くことも多い．

例題 2.2.3 a_i $(1 \leq i \leq r)$ と c_{ij} $(1 \leq i \leq m,\ 1 \leq j \leq n)$ があるとき，次の等式を確かめよ．

$$\sum_{i=1}^{r}\left(a_i \sum_{j=1}^{n} c_{ij}\right) = \sum_{i=1}^{r}\left(\sum_{j=1}^{n} a_i c_{ij}\right) = \sum_{j=1}^{n}\left(\sum_{i=1}^{r} a_i c_{ij}\right) \tag{2.4}$$

解 等式 $a_i(c_{i1} + c_{i2} + \cdots + c_{in}) = a_i c_{i1} + a_i c_{i2} + \cdots + a_i c_{in}$ を i についてそれぞれ総和をとったものが第一項と第二項なので，それらは等しい．第二項と第三項が等しいのは補題 2.2.2 による．□

定理 2.2.4 A が $m \times n$ 行列，B と C が $n \times r$ 行列であり，c がスカラーのとき，次式が成立する．

(1) $A(cB) = c(AB)$

(2) $A(B + C) = AB + AC$

(3) $(A + B)C = AC + BC$

証明 (1) と (3) の証明は読者に委ねるとして，ここでは (2) のみを証明する．$A=[a_{ij}]$，$B=[b_{ij}]$，$C=[c_{ij}]$ とするとき，(2) の左辺の行列の (i,j) 成分は $\sum_{k=1}^{n} a_{ik}(b_{kj}+c_{kj})$，一方，右辺の行列の (i,j) 成分は $\sum_{k=1}^{n} a_{ik}b_{kj}+\sum_{k=1}^{n} a_{ik}c_{kj}$ である．これらが等しいことは例題 2.2.3 と同様にしてわかる． □

定理 2.2.5 (行列の積の結合法則) A が $m\times n$ 行列，B が $n\times r$ 行列，C が $r\times s$ 行列であるとき，次の等式が成立する．

$$(AB)C=A(BC) \tag{2.5}$$

証明 $A=[a_{ij}]$，$B=[b_{ij}]$，$C=[c_{ij}]$ とするとき，行列 AB の (i,j) 成分は $\sum_{k=1}^{n} a_{ik}b_{kj}$ なので，左辺の (i,l) 成分は，例題2.2.3より，$\sum_{j=1}^{r}\left(\sum_{k=1}^{n} a_{ik}b_{kj}\right)c_{jl}=\sum_{j=1}^{r}\sum_{k=1}^{n} a_{ik}b_{kj}c_{jl}$ となる．同様に右辺の (i,l) 成分も同じ値になる． □

注意 2.2.6 この定理より，一般に積が順次定義可能なサイズの行列の列 $A_1, A_2, \cdots, A_r$ があるとき，その積 $A_1A_2\cdots A_r$ は括弧をつけなくてもよいことがわかる．たとえば，4 個の行列があるとき，その積について

$$\begin{aligned}(A_1A_2)(A_3A_4) &= ((A_1A_2)A_3)A_4=(A_1(A_2A_3))A_4\\ &= A_1((A_2A_3)A_4)=A_1(A_2(A_3A_4))\end{aligned}$$

となり，どのように括弧をつけても同じ結果を得るからである．

しかし，一般に行列の積の順序を入れ換えると結果が異なることに注意しておこう．たとえば，

$$\begin{bmatrix}1&0\\0&0\end{bmatrix}\begin{bmatrix}0&1\\0&0\end{bmatrix}=\begin{bmatrix}0&1\\0&0\end{bmatrix},\quad \begin{bmatrix}0&1\\0&0\end{bmatrix}\begin{bmatrix}1&0\\0&0\end{bmatrix}=\begin{bmatrix}0&0\\0&0\end{bmatrix}$$

2.3 いろいろな行列

零行列 全ての成分が 0 であるような $m\times n$ 行列を $m\times n$ **零行列**といって O_{mn} と表わす．文脈によってそのサイズが明らかな場合には単に O とも表わす．任意の $m\times n$ 行列 A について，

$$A+O_{mn}=O_{mn}+A=A,\quad AO_{nr}=O_{mr},\quad O_{sm}A=O_{sn} \tag{2.6}$$

となることは明らかであろう．

正方行列 行の大きさと列の大きさが同じであるような行列，すなわち $n \times n$ 行列は，その形から **n 次正方行列**という．または，簡単に **n 次行列**ということも多い．A が n 次行列であるときには，A とそれ自身の積 AA をとることができるので，それを A^2 と書く．帰納的に，

$$A^3 = A^2A, \quad A^4 = A^3A, \quad \cdots, \quad A^r = A^{r-1}A$$

などという表わし方をする．

単位行列 n 次行列の中でも次の行列

$$E_n = \begin{bmatrix} 1 & 0 & 0 & \cdots & 0 \\ 0 & 1 & 0 & \cdots & 0 \\ 0 & 0 & 1 & \cdots & 0 \\ \vdots & \vdots & \vdots & \ddots & \vdots \\ 0 & 0 & 0 & \cdots & 1 \end{bmatrix}$$

を n 次**単位行列**という．こう呼ばれる理由は，任意の n 次行列 A に対して，

$$AE_n = E_nA = A \tag{2.7}$$

が成り立ち，普通の数の積の場合の 1 に相当するものだからである．

ここで単位行列を扱うのに便利なクロネッカー[2] のデルタと呼ばれる記号を導入しておこう．i, j を添え字として δ_{ij} は，

$$\delta_{ij} = \begin{cases} 1 & (i = j) \\ 0 & (i \neq j) \end{cases} \tag{2.8}$$

と定義されるものである．たとえば，$\delta_{11} = 1$，$\delta_{12} = 0$ 等々となる．したがって，n 次単位行列 E_n の (i, j) 成分は δ_{ij} と書ける．また，

$$a_{ij}\delta_{jk} = \begin{cases} a_{ik} & (j = k) \\ 0 & (j \neq k) \end{cases}$$

---

[2] Leopold Kronecker (1823～1891).

となるから，$m \times n$ 行列 $A = [a_{ij}]$ と E_n の積 AE_n の (i,k) 成分は，

$$\sum_{j=1}^{n} a_{ij}\delta_{jk} = a_{ik}$$

となる．このことから，$AE_n = A$ がわかる．$E_m A = A$ となることも同様である．

行列単位　今，自然数 i, j を $1 \leq i \leq n, 1 \leq j \leq n$ とするとき，n 次正方行列でその (k,l) 成分が $\delta_{ki}\delta_{jl}$ であるような行列を E_{ij} と表わし，n 次**行列単位**という．E_{ij} の成分は (i,j) 成分のみが 1 で，他の成分は全て 0 である．これが行列単位と呼ばれる理由は任意の n 次正方行列 $A = [a_{ij}]$ は，

$$A = \sum_{i=1}^{n}\sum_{j=1}^{n} a_{ij}E_{ij} \tag{2.9}$$

と E_{ij} の一次結合で表示することができるからである．

n 次単位行列 E_n は行列単位とクロネッカーのデルタを使って，

$$E_n = \sum_{i=1}^{n}\sum_{j=1}^{n} \delta_{ij}E_{ij} \tag{2.10}$$

と表わすこともできる．

行列単位どうしの積については，次の法則がある．

補題 2.3.1

$$E_{ij}E_{kl} = \begin{cases} E_{il} & (j = k) \\ O & (j \neq k) \end{cases} \tag{2.11}$$

証明　直接，行列の積の仕方を考えれば当然成り立つ等式であるが，ここでは $\sum$ を使った計算に慣れるために，クロネッカーのデルタを使って機械的に計算してみよう．左辺 $E_{ij}E_{kl}$ の (a,b) 成分は，$\sum_{c=1}^{n}(\delta_{ai}\delta_{jc})(\delta_{ck}\delta_{lb})$ であるが，ここでもし $j \neq k$ ならどんな c についても δ_{jc} と δ_{ck} のどちらかは 0 なので，$\sum$ で和をとっても 0 になる．もし $j = k$ ならば，$c = j = k$ 以外の項は 0 となってしまうことに注意して，この和は $\delta_{ai}\delta_{lb}$ に等しい．これは E_{il} の (a,b) 成分と一致している．□

2.4 転置行列

定義 2.4.1 与えられた $m \times n$ 行列 $A = [a_{ij}]$ に対して，その i 行 j 列成分が a_{ji} であるような $n \times m$ 行列を ${}^tA$ と書いて，A の**転置行列**という[3]．

たとえば，

$$
{}^t\begin{bmatrix} 1 & 2 & 3 \\ 4 & 5 & 6 \end{bmatrix} = \begin{bmatrix} 1 & 4 \\ 2 & 5 \\ 3 & 6 \end{bmatrix}
$$

である．この転置行列の記号を使うと，実ベクトルの内積は行列の積を使って，$(\boldsymbol{a}, \boldsymbol{b}) = {}^t\boldsymbol{a}\boldsymbol{b}$ と表わすことができて便利である．

例題 2.4.2 $A = [a_{ij}]$ が $m \times n$ 行列，$B = [b_{ij}]$ が $n \times r$ 行列であるとき，次の等式が成り立つ．

$$
{}^t(AB) = {}^tB\,{}^tA \tag{2.12}
$$

解 ${}^tB$ は $r \times n$ 行列，${}^tA$ は $n \times m$ 行列であるから，右辺の ${}^tB\,{}^tA$ は定義できて，そのサイズは ${}^t(AB)$ のサイズと同じであることに注意しておく．${}^tA = [a'_{ij}]$, ${}^tB = [b'_{ij}]$ と書くとき，$a'_{ij} = a_{ji}$, $b'_{ij} = b_{ji}$ である．AB の (i,j) 成分は，$\sum$ を使って，$\sum_{k=1}^{n} a_{ik}b_{kj}$ であるから，${}^t(AB)$ の (i,j) 成分は，$\sum_{k=1}^{n} a_{jk}b_{ki} = \sum_{k=1}^{n} b'_{ik}a'_{kj}$ である．この値は ${}^tB\,{}^tA$ の (i,j) 成分に等しい． □

2.5 行列のトレース

n 次行列 $A = [a_{ij}]$ に対して，$a_{11}, a_{22}, \cdots, a_{nn}$ を A の**対角成分**という．A の対角成分全ての和を A の**トレース**といって，$\mathrm{tr}\,A$ という記号で表わす[4]．

定義 2.5.1

$$
\mathrm{tr}\,A = a_{11} + a_{22} + \ldots + a_{nn} = \sum_{i=1}^{n} a_{ii}
$$

---

3) A の左肩につけた t は転置 transpose の頭文字を表わす．

4) $\mathrm{tr}\,A$ は trace of A からきた記号．

定理 2.5.2 二つの n 次行列 A, B に対して等式 $\mathrm{tr}(AB) = \mathrm{tr}(BA)$ が成立する．

証明 $A = [a_{ij}], B = [b_{ij}]$ とするとき，AB の (i,j) 成分は $\sum_{k=1}^{n} a_{ik}b_{kj}$ であるから，$\mathrm{tr}(AB) = \sum_{i=1}^{n}\sum_{k=1}^{n} a_{ik}b_{ki}$ となる．同様に，BA の (i,j) 成分は $\sum_{k=1}^{n} b_{ik}a_{kj}$ であるから，$\mathrm{tr}(BA) = \sum_{i=1}^{n}\sum_{k=1}^{n} b_{ik}a_{ki}$ となり，同じ値をとる．□

注意 2.5.3 三つの n 次行列 A, B, C があるとき，定理 2.5.2 より次の等式が成り立つ．

$$\mathrm{tr}(ABC) = \mathrm{tr}(BCA) = \mathrm{tr}(CAB)$$

実際，$\mathrm{tr}(A(BC)) = \mathrm{tr}((BC)A), \mathrm{tr}((AB)C) = \mathrm{tr}(C(AB))$ となるからである．しかし，$\mathrm{tr}(ABC) = \mathrm{tr}(CBA)$ は必ずしも成立するとは限らない．たとえば，

$$A = \begin{bmatrix} 0 & 0 \\ 1 & 0 \end{bmatrix}, \quad B = \begin{bmatrix} 0 & 1 \\ 0 & 0 \end{bmatrix}, \quad C = \begin{bmatrix} 1 & 0 \\ 0 & 0 \end{bmatrix}$$

とすると，$\mathrm{tr}(ABC) = 0, \mathrm{tr}(CBA) = 1$ である．

2.6 線形写像としての行列

この節では，K で $\mathbb{R}$ または $\mathbb{C}$ を表わすこととする．従って，K^n は n 次元の実ベクトル空間または複素ベクトル空間である．

定義 2.6.1 数ベクトル空間 K^n から数ベクトル空間 K^m への写像 f が次の条件を満たすとき，f を**線形写像**という．

(1) $f(\boldsymbol{a}+\boldsymbol{b}) = f(\boldsymbol{a}) + f(\boldsymbol{b})$ (2) $f(x\boldsymbol{a}) = xf(\boldsymbol{a})$

ただし，$\boldsymbol{a}, \boldsymbol{b}$ は K^n の任意のベクトル，x は任意のスカラー（$x \in K$）である．

写像 $f : K^n \to K^m$ とは，K^n のベクトルに K^m のベクトルを対応させる規則であった．これを入力 $\boldsymbol{a}$ に対して出力 $f(\boldsymbol{a})$ が得られるというように読みかえると，上記の線形写像の条件は，入力を重ね合わせるとそれに応じて出力も重ね合わされること，また，入力を何倍かするとそれに比例して出力も何倍かになることを意味している．このような自然現象を一般に線形現象という．線形写像の概念は，この線形現象を数学的に定式化したものである．線形代数学

の目的はこのような線形現象を数学的に取り扱うことなので，線形写像はもっとも重要な概念である．

補題 2.6.2 写像 $f : K^n \to K^m$ が線形写像である必要十分条件は，任意有限個のベクトル $\boldsymbol{a}_1, \boldsymbol{a}_2, \cdots, \boldsymbol{a}_r$ とスカラー $x_1, x_2, \cdots, x_r$ について，等式

$$f(x_1\boldsymbol{a}_1 + x_2\boldsymbol{a}_2 + \cdots + x_r\boldsymbol{a}_r) = x_1 f(\boldsymbol{a}_1) + x_2 f(\boldsymbol{a}_2) + \cdots + x_r f(\boldsymbol{a}_r)$$

が成立することである．

いいかえると線形写像とは，一次結合を保存する写像である．

例題 2.6.3 $\boldsymbol{a}$ を固定した $\mathbb{R}^n$ のベクトルとする．$\mathbb{R}^n$ の任意のベクトル $\boldsymbol{b}$ に対して，内積 $(\boldsymbol{a}, \boldsymbol{b})$ を対応させる写像は $\mathbb{R}^n$ から $\mathbb{R}^1$ への線形写像であることを示せ．

解 これは，内積の双線形性（補題 1.4.1）より明らか． □

例 2.6.4 $m \times n$ 行列 A に対して，写像 $f_A : K^n \to K^m$ を

$$f_A(\boldsymbol{a}) = A\boldsymbol{a} \tag{2.13}$$

によって定めると，f_A は線形写像である．

実際，任意の $\boldsymbol{a}, \boldsymbol{b} \in K^n$ と $c \in K$ に対して，

$$A(\boldsymbol{a} + \boldsymbol{b}) = A\boldsymbol{a} + A\boldsymbol{b}, \quad A(c\boldsymbol{a}) = c(A\boldsymbol{a})$$

が成り立つからである．この f_A を**行列 A によって定義される線形写像**という．

重要なことはこの例の逆が成立することである．

定理 2.6.5 写像 $f : K^n \to K^m$ が線形写像ならば，適当な $m \times n$ 行列 A が存在して f は A によって定義される線形写像に一致する．

$$f = f_A \tag{2.14}$$

証明 $\boldsymbol{e}_1, \boldsymbol{e}_2, \cdots, \boldsymbol{e}_n$ を K^n の基本ベクトルとする．任意のベクトル $\boldsymbol{a}$ は $\boldsymbol{a} = a_1\boldsymbol{e}_1 + \cdots + a_n\boldsymbol{e}_n$ と表わすことができるので，補題 2.6.2 より，$f(\boldsymbol{a}) = a_1 f(\boldsymbol{e}_1) + \cdots + a_n f(\boldsymbol{e}_n)$

となる．n 個の m 次元ベクトル $f(\boldsymbol{e}_1), \cdots, f(\boldsymbol{e}_n)$ を横に並べた $m \times n$ 行列を A とおくと，この等式は $f(\boldsymbol{a}) = A\boldsymbol{a}$ となることを表わしている．これが任意の $\boldsymbol{a} \in K^n$ について成立するのだから，$f = f_A$ である．□

この定理が意味するところは深い．たとえば，空間におけるベクトルの回転などという変換は，線形写像の定義を満たすことは容易にわかるわけだから，この補題によれば，それはある行列をベクトルに左からかけることとして計算できるのである．

実は，次の定理からわかるように，行列の積は線形写像の合成として定義されるものに等しい．

定理 2.6.6　線形写像 $f_A : K^m \to K^r$ と $f_B : K^n \to K^m$ がそれぞれ $r \times m$ 行列 A と $m \times n$ 行列 B によって定義されるとき，写像としての合成 $f_A \cdot f_B$ は $r \times n$ 行列 AB によって定義される．つまり，

$$f_A \cdot f_B = f_{AB} \tag{2.15}$$

である．

証明　任意の $\boldsymbol{a} \in K^n$ に対して，

$$f_A \cdot f_B(\boldsymbol{a}) = f_A(f_B(\boldsymbol{a})) = f_A(B\boldsymbol{a}) = A(B\boldsymbol{a})$$

である．一方，$f_{AB}(\boldsymbol{a}) = (AB)\boldsymbol{a}$ であるから，行列の積の結合法則によってこの両者は等しい．□

2.7 逆行列

定義 2.7.1　n 次行列 A に対して，次の条件を満たす n 次行列 X が存在するとき，この X を A の**逆行列**といって A^{-1} と表わす．

$$AX = XA = E_n \tag{2.16}$$

n 次単位行列 E_n は数の場合の 1 に相当する行列であったから，逆行列は逆数に相当するものと考えてよい．

条件 (2.16) を満足する n 次行列 X' が X の他にあったとすると，

$$X = XE_n = X(AX') = (XA)X' = E_nX' = X'$$

となるので，$X = X'$ となる．結局，逆行列は存在すれば唯一つである．

定義 2.7.2 n 次行列 A に逆行列 A^{-1} が存在するとき，A を**正則行列**という．

数の場合と違って $A \neq O$ だからといって，A が正則行列であるとは限らない．

例題 2.7.3 2 次行列 $A = \begin{bmatrix} 1 & 0 \\ 1 & 0 \end{bmatrix}$ は正則行列でないことを示せ．

解 逆行列 A^{-1} が存在するとして矛盾を示す．$A^{-1}A = E_2$ の両辺に右から行列 $B = \begin{bmatrix} 0 & 0 \\ 0 & 1 \end{bmatrix}$ をかける．$AB = O$ であるから，左辺は $(A^{-1}A)B = A^{-1}(AB) = O$，一方で右辺は $E_2B = B \neq O$ となるから矛盾． □

例題 2.7.4 n 次行列 A と B が共に正則行列であるとすると，その積 AB も正則で，その逆行列は

$$(AB)^{-1} = B^{-1}A^{-1}$$

で与えられることを示せ．

解 $(AB)(B^{-1}A^{-1}) = A(BB^{-1})A^{-1} = AA^{-1} = E_n$，$(B^{-1}A^{-1})(AB) = B(A^{-1}A)B^{-1} = BB^{-1} = E_n$ となることから明らかである． □

この例題で，積の逆行列を逆行列の積で表わすときには，その積の順番が変わることに注意すべきである．

与えられた正方行列が正則であるかどうかを判定する方法や，正則行列の場合にその逆行列を実際に計算する方法については第 4 章で学ぶことにする．

演 習 問 題

1 2次行列 $A = \begin{bmatrix} a & b \\ c & d \end{bmatrix}$ に対して，$A^2 - (a+d)A + (ad-bc)E_2 = O$ となることを示せ．

2 n 次行列 $A = \begin{bmatrix} 0 & 1 & & & \\ & 0 & 1 & & \\ & & \ddots & \ddots & \\ & & & 0 & 1 \\ & & & & 0 \end{bmatrix}$ について，$A^2, A^3, \cdots$ を計算せよ[5]．

また，$A^k = O$ となる最小の k は何か？

3 n 次行列 $A = [a_{ij}]$ に対して次の等式が成立することを証明せよ．

$$E_{ij}AE_{kl} = a_{jk}E_{il}$$

4 A が正則行列であるとき，$({}^tA)^{-1} = {}^t(A^{-1})$ となることを示せ．

5 A, B が n 次行列，P が n 次正則行列，c がスカラーのとき，次の等式が成り立つことを確かめよ．

(1) $\mathrm{tr}(A+B) = \mathrm{tr}\,A + \mathrm{tr}\,B$　　(2) $\mathrm{tr}(cA) = c\,\mathrm{tr}\,A$

(3) $\mathrm{tr}({}^tA) = \mathrm{tr}\,A$　　(4) $\mathrm{tr}(P^{-1}AP) = \mathrm{tr}\,A$

6 $\pi : \mathbb{R}^3 \to \mathbb{R}^2$ を $\pi(\begin{bmatrix} x \\ y \\ z \end{bmatrix}) = \begin{bmatrix} x \\ y \end{bmatrix}$ と定義する．π は (x, y)-平面への射影と呼ばれる．π は線形写像であることを示せ．また，$\pi = f_A$ となる行列 A を求めよ．

7 m 個の n 次正則行列 $A_1, A_2, \cdots, A_m$ があるとき，その積 $A_1A_2\cdots A_m$ も正則行列であって，

$$(A_1A_2\cdots A_m)^{-1} = A_m^{-1}A_{m-1}^{-1}\cdots A_1^{-1}$$

となることを示せ．

---

[5] この行列のように大きな行列を書くとき，空白の部分には 0 が成分として入ると約束する．

第3章
平面と空間ベクトルの線形変換

平面，空間の線形変換とはそれぞれ 2 次，3 次の実行列のことである．この章では，2 次および 3 次の行列についてそれぞれ逆行列の構成の仕方を学ぶ．また，2 次の直交行列というものについて考えてみよう．

3.1　2 次行列の逆行列

まず 2 次行列 $A = \begin{bmatrix} a & b \\ c & d \end{bmatrix}$ について，その逆行列を計算することを考えよう．この行列に対して次の等式が成立することは計算によって明らかである．

$$\begin{bmatrix} a & b \\ c & d \end{bmatrix}\begin{bmatrix} d & -b \\ -c & a \end{bmatrix} = \begin{bmatrix} d & -b \\ -c & a \end{bmatrix}\begin{bmatrix} a & b \\ c & d \end{bmatrix} = (ad-bc)\begin{bmatrix} 1 & 0 \\ 0 & 1 \end{bmatrix}$$

A に対して行列 $\begin{bmatrix} d & -b \\ -c & a \end{bmatrix}$ を A の**余因子行列**といって $\mathrm{Cof}(A)$ と表わす[1)]．また，$ad-bc$ の値を A の**行列式**[2)]といって $\det A$ と表わすことにすると，上の式は

$$A\,\mathrm{Cof}(A) = \mathrm{Cof}(A)\,A = (\det A)E_2 \tag{3.1}$$

となる．これより次の定理が得られる．

---

1)余因子行列は cofactor matrix なので記号 Cof を使う．

2)determinant. これに行列式という訳を与えたのも高木貞治であるという．一般の n 次行列の余因子行列や行列式は第 4 章で定義する．

定理 3.1.1 2次行列 A に対して，A が正則行列であるための必要十分条件は，$\det A \neq 0$ となることである．また，これが成立するとき，逆行列は

$$A^{-1} = \frac{1}{\det A}\mathrm{Cof}(A)$$

によって与えられる．

証明 $\det A \neq 0$ のときには，(3.1) 式より，$(1/\det A)\mathrm{Cof}(A)$ が A の逆行列になることはすぐわかる．逆に A に逆行列 A^{-1} が存在するとすると，(3.1) 式の両辺に A^{-1} をかけて $\mathrm{Cof}(A) = (\det A)A$ となる．ここで，もし $\det A = 0$ と仮定すると $\mathrm{Cof}(A) = O$ となり $a = b = c = d = 0$，よって $A = O$ となる．零行列には逆行列は存在しないから，これは矛盾である．従って，$\det A \neq 0$ でなくてはならない． □

3.2 平面の回転と鏡映

一般に線形写像 $f : \mathbb{R}^n \to \mathbb{R}^m$ において $n = m$ のとき，これを $\mathbb{R}^n$ の**線形変換**と呼ぶ．前章の定理 2.6.5 によれば，$\mathbb{R}^n$ の線形変換は n 次の実行列によって表わされる．

この節では，特に平面の線形変換 $f : \mathbb{R}^2 \to \mathbb{R}^2$ について考えてみよう．

回転 最初に思いつく平面の線形変換は**回転**であろう．与えられた角度 θ を固定して，任意の平面ベクトル $\boldsymbol{a}$ を原点のまわりに正の方に[3)]角度 θ だけ回転して得られるベクトルを $r_\theta(\boldsymbol{a})$ と定義しよう．

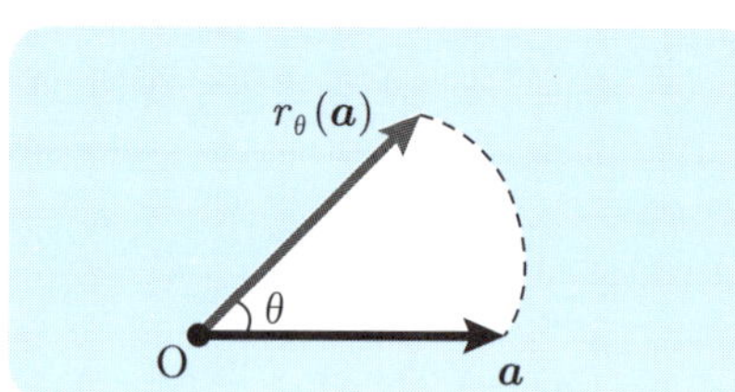

3) 原点を左手に見てまわる方を正の方向という．時計まわりと反対の方向である．これに対して時計まわりを負の方向という．

二つの平面ベクトル $\boldsymbol{a}$ と $\boldsymbol{b}$ を辺にもつ平行四辺形を θ だけ回転すると $r_\theta(\boldsymbol{a})$ と $r_\theta(\boldsymbol{b})$ を辺にもつ平行四辺形に移る．このことから $\boldsymbol{a}+\boldsymbol{b}$ を θ だけ回転すると $r_\theta(\boldsymbol{a})$ と $r_\theta(\boldsymbol{b})$ との和になることがわかる．すなわち，

$$r_\theta(\boldsymbol{a}+\boldsymbol{b}) = r_\theta(\boldsymbol{a}) + r_\theta(\boldsymbol{b})$$

が成立する．

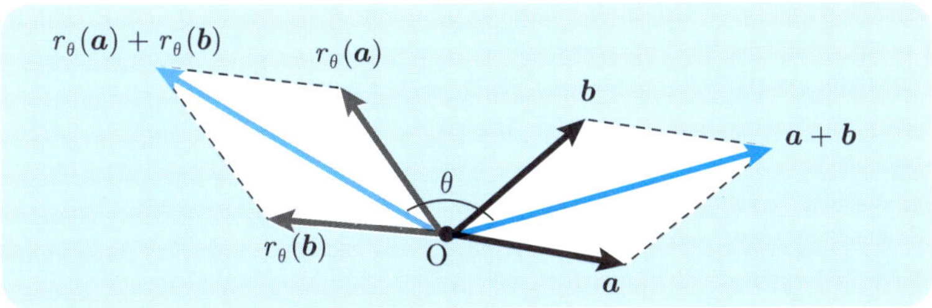

同様にして，スカラー（実数）c に対して，$r_\theta(c\boldsymbol{a}) = cr_\theta(\boldsymbol{a})$ となることもわかる．これらより，回転 r_θ は線形変換である．従って，適当な 2 次行列 R_θ があって，

$$r_\theta(\boldsymbol{a}) = R_\theta \boldsymbol{a}$$

が全てのベクトル $\boldsymbol{a}$ について成立する．$R_\theta = \begin{bmatrix} x & y \\ z & w \end{bmatrix}$ とおいて，これを求めてみよう．

$$r_\theta(\boldsymbol{e}_1) = \begin{bmatrix} x & y \\ z & w \end{bmatrix} \begin{bmatrix} 1 \\ 0 \end{bmatrix} = \begin{bmatrix} x \\ z \end{bmatrix}$$

であるから，ベクトル $\begin{bmatrix} x \\ z \end{bmatrix}$ は $\boldsymbol{e}_1$ を θ だけ回転したものである．これは次頁の図より $\begin{bmatrix} \cos\theta \\ \sin\theta \end{bmatrix}$ である．同様に，$\begin{bmatrix} y \\ w \end{bmatrix}$ は $\boldsymbol{e}_2$ を θ だけ回転したものだから，$\begin{bmatrix} -\sin\theta \\ \cos\theta \end{bmatrix}$ に等しい．

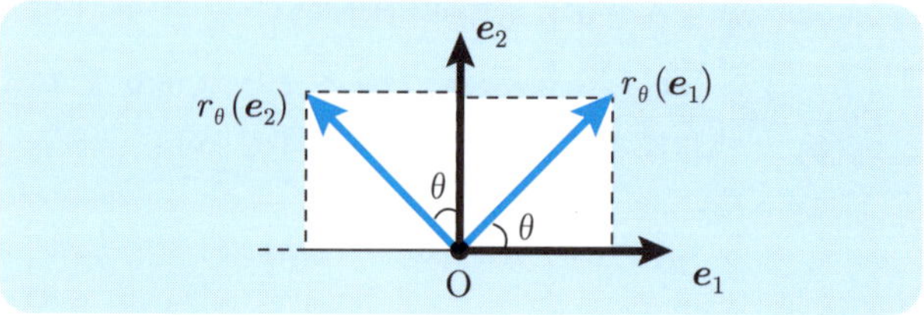

結局次の定理が証明された．

定理 3.2.1　平面の角度 θ の回転は行列 $R_\theta = \begin{bmatrix} \cos\theta & -\sin\theta \\ \sin\theta & \cos\theta \end{bmatrix}$ で与えられる．すなわち，ベクトル $\boldsymbol{a} = \begin{bmatrix} a \\ b \end{bmatrix}$ に対して，

$$r_\theta(\boldsymbol{a}) = \begin{bmatrix} \cos\theta & -\sin\theta \\ \sin\theta & \cos\theta \end{bmatrix} \begin{bmatrix} a \\ b \end{bmatrix} \tag{3.2}$$

となる．

平面を τ だけ回転した後にさらに θ だけ回転すると，結果として $\theta+\tau$ だけ回転したことと同じである．これを式で表わすと $r_\theta \cdot r_\tau = r_{\theta+\tau}$ となり，また行列としては，

$$\begin{bmatrix} \cos\theta & -\sin\theta \\ \sin\theta & \cos\theta \end{bmatrix} \begin{bmatrix} \cos\tau & -\sin\tau \\ \sin\tau & \cos\tau \end{bmatrix} = \begin{bmatrix} \cos(\theta+\tau) & -\sin(\theta+\tau) \\ \sin(\theta+\tau) & \cos(\theta+\tau) \end{bmatrix} \tag{3.3}$$

となる．また，$R_0 = E_2$ であることから，R_θ には逆行列が存在して，

$$R_\theta^{-1} = R_{-\theta}$$

である．

鏡映　次に平面上の線形変換のもう一つの例として**鏡映**を考えてみよう．これは平面上の原点を通る直線 l があるときに，与えられたベクトル $\boldsymbol{a}$ を直線 l と線対称の位置にあるベクトルに移すものである．このベクトルを $t_l(\boldsymbol{a})$ とい

う記号で表わすと，写像として $t_l : \mathbb{R}^2 \to \mathbb{R}^2$ が定まるが，回転の場合と同じようにしてこれが線形変換になること[4)]は容易にわかる．

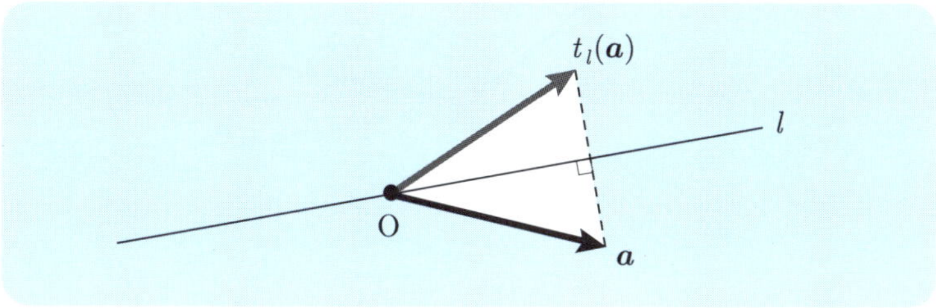

この t_l を原点を通る直線 l についての鏡映または**対称変換**という．鏡映が線形変換であることから，ある 2 次の行列 T_l があって，

$$t_l(\boldsymbol{a}) = T_l\boldsymbol{a}$$

が成立する．直線 l が特に x 軸であるときには，

$$T_{x\text{ 軸}}\begin{bmatrix} a \\ b \end{bmatrix} = \begin{bmatrix} a \\ -b \end{bmatrix} = \begin{bmatrix} 1 & 0 \\ 0 & -1 \end{bmatrix}\begin{bmatrix} a \\ b \end{bmatrix} \tag{3.4}$$

であるから，$T_{x\text{ 軸}} = \begin{bmatrix} 1 & 0 \\ 0 & -1 \end{bmatrix}$ である．

例題 3.2.2 一般の原点を通る直線 l について，直線 l と x 軸のなす角を τ とするとき，T_l は次の式で与えられることを示せ．

$$T_l = \begin{bmatrix} \cos 2\tau & \sin 2\tau \\ \sin 2\tau & -\cos 2\tau \end{bmatrix} \tag{3.5}$$

解 任意のベクトル $\boldsymbol{a}$ とその l についての鏡映 $t_l(\boldsymbol{a})$ を $-\tau$ だけ回転すると，$r_{-\tau}\boldsymbol{a}$ と $r_{-\tau}(t_l(\boldsymbol{a}))$ は x 軸による対称の位置にあるから，結局，$t_{x\text{ 軸}}(r_{-\tau}(\boldsymbol{a})) = r_{-\tau}(t_l(\boldsymbol{a}))$ となる．行列で表わすと，$T_{x\text{ 軸}}R_{-\tau} = R_{-\tau}T_l$ である．

[4)]直線 l が原点を通らないときには t_l は線形変換にはならないから注意しよう．

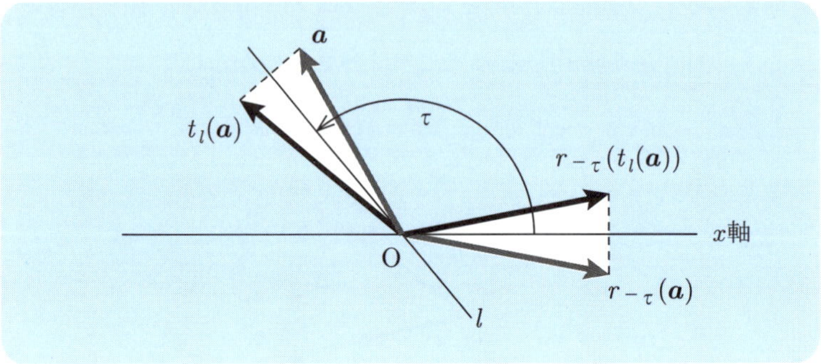

$R_{-\tau}$ は R_τ の逆行列であったから，この両辺に R_τ を左側からかけて，$T_l = R_\tau T_{x\text{軸}} R_{-\tau} = \begin{bmatrix} \cos\tau & -\sin\tau \\ \sin\tau & \cos\tau \end{bmatrix} \begin{bmatrix} 1 & 0 \\ 0 & -1 \end{bmatrix} \begin{bmatrix} \cos\tau & \sin\tau \\ -\sin\tau & \cos\tau \end{bmatrix} = \begin{bmatrix} \cos 2\tau & \sin 2\tau \\ \sin 2\tau & -\cos 2\tau \end{bmatrix}$ となる．□

3.3 直交行列

定義 3.3.1　n 次の実行列 A が，等式 $A\,{}^tA = {}^tAA = E_n$ を満足するとき，A を n 次**直交行列**という．

例題 3.3.2　前節で与えた平面の回転と鏡映を表わす行列 R_θ と T_l は 2 次直交行列であることを示せ．

解　${}^tR_\theta = \begin{bmatrix} \cos\theta & \sin\theta \\ -\sin\theta & \cos\theta \end{bmatrix} = R_{-\theta}$ であるから，${}^tR_\theta R_\theta = R_{-\theta}R_\theta = E_2$, $R_\theta {}^tR_\theta = R_\theta R_{-\theta} = E_2$ となり，R_θ が直交行列であることがわかる．また，(3.5) 式より ${}^tT_l = T_l$ であるので，${}^tT_l T_l = T_l {}^tT_l = T_l^2 = E_2$ となる．よって，T_l も直交行列である．□

一般に n 次の実行列 A は n 個の n 次元実ベクトル $\boldsymbol{a}_1, \boldsymbol{a}_2, \cdots, \boldsymbol{a}_n$ が横に並んだものとして $A = [\boldsymbol{a}_1, \boldsymbol{a}_2, \cdots, \boldsymbol{a}_n]$ と表わすことができる．このとき，次のことに注意しよう．

定理 3.3.3[5)]　二つの n 次実行列 $A = [\boldsymbol{a}_1, \boldsymbol{a}_2, \cdots, \boldsymbol{a}_n]$ と $B = [\boldsymbol{b}_1, \boldsymbol{b}_2, \cdots, \boldsymbol{b}_n]$ に対して，

$$
{}^tAB = \begin{bmatrix} (\boldsymbol{a}_1, \boldsymbol{b}_1) & \cdots & (\boldsymbol{a}_1, \boldsymbol{b}_n) \\ \vdots & \ddots & \vdots \\ (\boldsymbol{a}_n, \boldsymbol{b}_1) & \cdots & (\boldsymbol{a}_n, \boldsymbol{b}_n) \end{bmatrix} \tag{3.6}
$$

が成立する．

証明　$A = [a_{ij}]$, $B = [b_{ij}]$ とする．${}^tA$ の (i,j) 成分は a_{ji} であることに注意して，${}^tAB$ の (i,k) 成分は $\sum_{j=1}^n a_{ji}b_{jk}$ に等しい． $\boldsymbol{a}_i = \begin{bmatrix} a_{1i} \\ a_{2i} \\ \vdots \\ a_{ni} \end{bmatrix}$, $\boldsymbol{b}_k = \begin{bmatrix} b_{1k} \\ a_{2k} \\ \vdots \\ a_{nk} \end{bmatrix}$ であるから，この値は内積 $(\boldsymbol{a}_i, \boldsymbol{b}_k)$ に等しい．□

この定理から次の定理が導かれる．

定理 3.3.4　n 次実行列 $A = [\boldsymbol{a}_1, \boldsymbol{a}_2, \cdots, \boldsymbol{a}_n]$ が直交行列であるための必要十分条件は，ベクトル $\boldsymbol{a}_1, \boldsymbol{a}_2, \cdots, \boldsymbol{a}_n$ が長さ 1 の互いに直交するベクトルとなることである．

証明　前定理より，A が直交行列となる条件は $(\boldsymbol{a}_i, \boldsymbol{a}_j) = \delta_{ij}$ と書くことができる．これは $(\boldsymbol{a}_i, \boldsymbol{a}_i) = 1$，かつ，$i \neq j$ のとき $(\boldsymbol{a}_i, \boldsymbol{a}_j) = 0$ となることを表わす．□

平面の回転と鏡映 R_θ, T_l は，この定理の条件を満たすことがわかるので，例題 3.3.2 の別証明が得られる．実は，2 次行列の場合には直交行列はこれに限ることを示すことができる．

定理 3.3.5 ♣[6)] A が 2 次直交行列であるとき，A による平面の線形変換 f_A は回転または鏡映のいずれかである．すなわち，A は R_θ または T_l の形の行列のどちらかに等しい．

---

5) グラムの等式という．

6) この ♣ 印のついた箇所は時間の都合によっては，とばして呼んでもかまわない．

証明 直交行列 A を二つの 2 次元実ベクトル $\boldsymbol{a}, \boldsymbol{b}$ を並べて，$A = [\boldsymbol{a}, \boldsymbol{b}]$ と表わしておく．$\boldsymbol{a}$ は長さ 1 のベクトルなので，適当な角 $-\theta$ だけ回転して $\boldsymbol{e}_1$ に重ねることができる．すなわち，$R_{-\theta}\boldsymbol{a} = \boldsymbol{e}_1$ である．$\boldsymbol{a} = R_\theta \boldsymbol{e}_1$ であるといっても同じである．回転しても二つのベクトルが直交するという関係やベクトルの長さは変わらないので，$R_{-\theta}\boldsymbol{b}$ は $\boldsymbol{e}_1$ に直交する長さ 1 のベクトルである．従って，$R_{-\theta}\boldsymbol{b}$ は $\boldsymbol{e}_2$ または $-\boldsymbol{e}_2$ に等しい．よって $\boldsymbol{b}$ は $R_\theta \boldsymbol{e}_2$ または $-R_\theta \boldsymbol{e}_2$ に等しい．

$\boldsymbol{b} = R_\theta \boldsymbol{e}_2$ のとき，$A = [R_\theta \boldsymbol{e}_1, R_\theta \boldsymbol{e}_2] = R_\theta[\boldsymbol{e}_1, \boldsymbol{e}_2] = R_\theta E_2 = R_\theta$ となるので，A は回転行列 R_θ に等しい．

$\boldsymbol{b} = -R_\theta \boldsymbol{e}_2$ のときには，$A = [R_\theta \boldsymbol{e}_1, -R_\theta \boldsymbol{e}_2] = R_\theta[\boldsymbol{e}_1, -\boldsymbol{e}_2] = R_\theta \begin{bmatrix} 1 & 0 \\ 0 & -1 \end{bmatrix} = \begin{bmatrix} \cos\theta & \sin\theta \\ \sin\theta & -\cos\theta \end{bmatrix}$ となるので，(3.5) 式で $\tau = \theta/2$ としたときの鏡映の行列に等しい．□

注意 3.3.6 回転行列 R_θ に対して，その行列式は $\det R_\theta = 1$ となる．また，鏡映 T_l については，$\det T_l = -1$ となる．従って，上記の定理より，2 次直交行列 A は $\det A = 1$ のとき回転を，$\det A = -1$ のときには鏡映を表わすことがわかる．

3.4 複素平面♣

一般に複素数 z は実数 x, y によって，$z = x + iy$ と表わされる数のことである．ただし，i は虚数単位と呼ばれ，$i^2 = -1$ となる数である．x は z の実数部分，y は z の虚数部分であるといって，$x = \operatorname{Re} z$, $y = \operatorname{Im} z$ と書く．

複素数 $z = x + iy$ に対して，平面上のベクトル $\begin{bmatrix} x \\ y \end{bmatrix}$ を対応させることによって，複素数の集合 $\mathbb{C}$ は 2 次元の実ベクトル空間 $\mathbb{R}^2$ と考えることができる．この対応する $\mathbb{R}^2$ を**複素平面**あるいは**ガウス平面**[7]という．二つの複素数 $z = x + iy$, $z' = x' + iy'$ の和 $z + z'$ に対しては，対応する複素平面上のベクトルの和 $\begin{bmatrix} x \\ y \end{bmatrix} + \begin{bmatrix} x' \\ y' \end{bmatrix} = \begin{bmatrix} x + x' \\ y + y' \end{bmatrix}$ が対応する．また $z = x + iy$ と実数 c との積には，対応するベクトル $\begin{bmatrix} x \\ y \end{bmatrix}$ のスカラー倍 $\begin{bmatrix} cx \\ cy \end{bmatrix}$ が対応する．すなわち，和や実数倍を考える限り，複素数の集合 $\mathbb{C}$ は 2 次元実ベクトル空間 $\mathbb{R}^2$ と何ら区別する必要がないということである．

---

[7] Carl Friedrich Gauss (1777〜1855).

それでは，複素数どうしの積はどうなるのであろうか．まず，i をかけるということが，複素平面上でどのような変換を生じるかを考えてみよう．

複素数 $z = x + iy$ に対して，これに i をかけると $iz = -y + ix$ に移る．これは，複素平面上では，$\begin{bmatrix} x \\ y \end{bmatrix}$ を

$$\begin{bmatrix} -y \\ x \end{bmatrix} = \begin{bmatrix} 0 & -1 \\ 1 & 0 \end{bmatrix} \begin{bmatrix} x \\ y \end{bmatrix}$$

に移すことになる．行列 $J = \begin{bmatrix} 0 & -1 \\ 1 & 0 \end{bmatrix}$ とおいて，これは行列 J による線形変換になるということである．この変換は定理 3.2.1 より $90°$ だけ回転するという変換でもある．一般には，次の補題が成立する．

補題 3.4.1　複素数 $\alpha = a + ib$ を固定したとき，$\mathbb{C}$ 上で α をかけるという変換は，複素平面上の線形変換として行列 $\begin{bmatrix} a & -b \\ b & a \end{bmatrix}$ で表わされる．

証明　$z = x + iy$ に対して，

$$\alpha z = (ax - by) + i(ay + bx)$$

であるから，この変換はベクトル $\begin{bmatrix} x \\ y \end{bmatrix}$ を $\begin{bmatrix} ax - by \\ ay + bx \end{bmatrix} = \begin{bmatrix} a & -b \\ b & a \end{bmatrix} \begin{bmatrix} x \\ y \end{bmatrix}$ に移す．□

複素数 $\alpha = a + ib$ の絶対値 $|\alpha|$ は，$\sqrt{a^2 + b^2}$ で与えられるが，これはこの補題の行列の行列式 $\det \begin{bmatrix} a & -b \\ b & a \end{bmatrix}$ の平方根に等しいことに注意しよう．また，$\alpha = a + ib$ が 0 でないとき，その逆数は

$$\alpha^{-1} = \frac{1}{a^2 + b^2}(a - ib)$$

で与えられる．上記の補題によって，この逆数に対応する行列は，

$$\frac{1}{a^2 + b^2} \begin{bmatrix} a & b \\ -b & a \end{bmatrix}$$

であるが，これは $\begin{bmatrix} a & -b \\ b & a \end{bmatrix}$ の逆行列に等しい．

例題 3.4.2 実数の集合 $\mathbb{R}$ に虚数単位 (二乗して -1 になる数) を導入して，複素数の集合を構成したとき，四則演算に関して何ら矛盾が生じないことを証明せよ．

解 次の 2 次の実行列の集合を考える．

$$\mathcal{C} = \left\{ \begin{bmatrix} a & -b \\ b & a \end{bmatrix} \middle| \ a, b \text{ は実数} \right\}$$

$E = \begin{bmatrix} 1 & 0 \\ 0 & 1 \end{bmatrix}$, $J = \begin{bmatrix} 0 & -1 \\ 1 & 0 \end{bmatrix}$ とおけば，$\mathcal{C}$ に属する行列 A は $A = aE + bJ$ と表わすことができる．$J^2 = -E$ となるから，二つの $\mathcal{C}$ の行列 $A = aE + bJ$ と $A' = a'E + b'J$ に対して，その和，差および積は，

$$A \pm A' = (a + a')E \pm (b + b')J, \quad AA' = (aa' - bb')E + (ab' + a'b)J$$

となり，また，$A \neq O$ のとき，その逆行列は，

$$A^{-1} = \frac{1}{a^2 + b^2}(aE - bJ)$$

となる．これらは $\mathcal{C}$ が四則演算で閉じた集合であることを意味している．また，複素数 $\alpha = a + ib$ に行列 $A = aE + bJ$ を対応させて考えることで，四則演算に関する限り複素数の世界 $\mathbb{C}$ と全く同じ世界が実行列の部分集合として実際に存在することを示している．このことから，複素数を考えても矛盾が生じないことがわかる．□

絶対値が 1 の複素数 $\alpha = a + ib$ は，$a^2 + b^2 = 1$ であることから，$a = \cos\theta$, $b = \sin\theta$ となる θ があるので，$\alpha = \cos\theta + i\sin\theta$ と書き表わすことができる．例題の解法で述べた対応でこの複素数 α に対応する行列は，まさに θ だけ回転する行列 R_θ である．この行列の演算と複素数の演算は対応するので，(3.3) 式を複素数として表わすと，

$$(\cos\theta + i\sin\theta)(\cos\tau + i\sin\tau) = \cos(\theta + \tau) + i\sin(\theta + \tau) \tag{3.7}$$

となる．また，これから n についての数学的帰納法で，

$$(\cos\theta + i\sin\theta)^n = \cos n\theta + i\sin n\theta \tag{3.8}$$

が従う．これをド・モアブル[8)] の等式という．

---

8) Abraham de Moivre (1667〜1754).

3.5　3 次行列の逆行列

次に 2 次の場合と同じことを 3 次の実行列について考えてみよう．3 次行列 $A = [a_{ij}]$ は 3 個の 3 次元ベクトル $\boldsymbol{a} = \begin{bmatrix} a_{11} \\ a_{21} \\ a_{31} \end{bmatrix}, \boldsymbol{b} = \begin{bmatrix} a_{12} \\ a_{22} \\ a_{32} \end{bmatrix}, \boldsymbol{c} = \begin{bmatrix} a_{13} \\ a_{23} \\ a_{33} \end{bmatrix}$ が横に並んだものとして $A = [\boldsymbol{a}, \boldsymbol{b}, \boldsymbol{c}]$ と表わすことができる．これら三つのベクトルについてまず次のことに注意しよう．

補題 3.5.1　三つの空間ベクトル $\boldsymbol{a}, \boldsymbol{b}, \boldsymbol{c}$ について，次の等式が成立する．

$$(\boldsymbol{a} \times \boldsymbol{b}, \boldsymbol{c}) = (\boldsymbol{b} \times \boldsymbol{c}, \boldsymbol{a}) = (\boldsymbol{c} \times \boldsymbol{a}, \boldsymbol{b}) \tag{3.9}$$

さらに，$\boldsymbol{a}, \boldsymbol{b}, \boldsymbol{c}$ の中に等しいベクトルがある場合にはこの値は 0 である．

証明　外積，内積の定義に基づいて計算すれば，

$$\begin{aligned}(\boldsymbol{a} \times \boldsymbol{b}, \boldsymbol{c}) = {} & a_{11}a_{22}a_{33} + a_{12}a_{23}a_{31} + a_{13}a_{21}a_{32} \\ & - a_{11}a_{23}a_{32} - a_{12}a_{21}a_{33} - a_{13}a_{22}a_{31}\end{aligned} \tag{3.10}$$

となる．$(\boldsymbol{b} \times \boldsymbol{c}, \boldsymbol{a}), (\boldsymbol{c} \times \boldsymbol{a}, \boldsymbol{b})$ についても同様の計算をすれば同じ値になることがわかる．もし $\boldsymbol{a} = \boldsymbol{b}$ のときには，$\boldsymbol{a} \times \boldsymbol{b} = \boldsymbol{0}$ であるから，$(\boldsymbol{a} \times \boldsymbol{b}, \boldsymbol{c}) = 0$ となる．$\boldsymbol{b} = \boldsymbol{c}$，$\boldsymbol{c} = \boldsymbol{a}$ の場合も同様．□

注意 3.5.2　$(\boldsymbol{b} \times \boldsymbol{a}, \boldsymbol{c})$ の値は $-(\boldsymbol{a} \times \boldsymbol{b}, \boldsymbol{c})$ となって，(3.9) 式の値とは必ずしも等しくないことに注意しよう．

3 次行列の行列式

定義 3.5.3　3 次実行列 $A = [\boldsymbol{a}, \boldsymbol{b}, \boldsymbol{c}]$ に対して，補題 3.5.1 の等しい値を $\det A$ と書いて，3 次行列 A の**行列式**という．

$\det A$ の値は，(3.10) 式によれば，

$$\begin{aligned}\det A = {} & a_{11}a_{22}a_{33} + a_{12}a_{23}a_{31} + a_{13}a_{21}a_{32} \\ & - a_{11}a_{23}a_{32} - a_{12}a_{21}a_{33} - a_{13}a_{22}a_{31}\end{aligned} \tag{3.11}$$

である．この公式は次の図のように計算をするのだと覚えておけば比較的容易に記憶できる．[9]

$$\begin{bmatrix} a_{11} & a_{12} & a_{13} \\ a_{21} & a_{22} & a_{23} \\ a_{31} & a_{32} & a_{33} \end{bmatrix} \quad \begin{bmatrix} a_{11} & a_{12} & a_{13} \\ a_{21} & a_{22} & a_{23} \\ a_{31} & a_{32} & a_{33} \end{bmatrix}$$

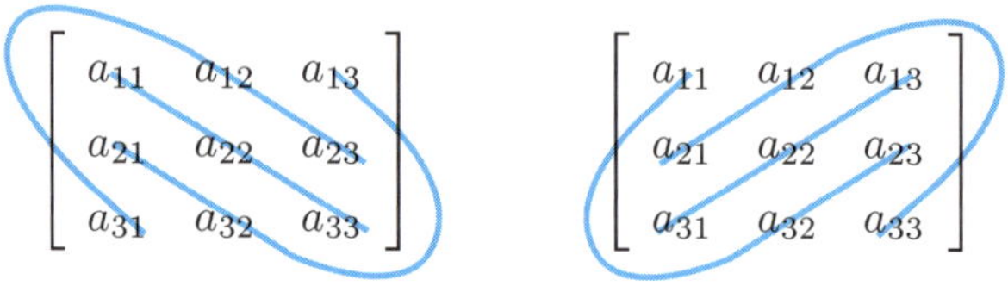

3次行列の逆行列　A の逆行列を求めるために，A に対して，${}^t[\bm{b}\times\bm{c},\ \bm{c}\times\bm{a},\ \bm{a}\times\bm{b}]$ という行列を考えてみよう．定理 3.3.3 によると次の等式が成り立つ．

$${}^t[\bm{b}\times\bm{c},\ \bm{c}\times\bm{a},\ \bm{a}\times\bm{b}]A = \begin{bmatrix} (\bm{b}\times\bm{c},\bm{a}) & (\bm{b}\times\bm{c},\bm{b}) & (\bm{b}\times\bm{c},\bm{c}) \\ (\bm{c}\times\bm{a},\bm{a}) & (\bm{c}\times\bm{a},\bm{b}) & (\bm{c}\times\bm{a},\bm{c}) \\ (\bm{a}\times\bm{b},\bm{a}) & (\bm{a}\times\bm{b},\bm{b}) & (\bm{a}\times\bm{b},\bm{c}) \end{bmatrix}$$

ここで，補題 3.5.1 により，この右辺の対角成分は同じ値 $\det A$ をとり，それ以外は 0 である．結局，A の**余因子行列** $\mathrm{Cof}(A)$ を ${}^t[\bm{b}\times\bm{c},\bm{c}\times\bm{a},\bm{a}\times\bm{b}]$ と定義すれば，次が成り立つことがわかる．

$$\mathrm{Cof}(A)A = (\det A)E_3 \tag{3.12}$$

これより，2次の場合と同様にして，次の定理が証明できる．

定理 3.5.4　A が 3 次行列のとき，A が正則行列であるための必要十分条件は，$\det A \neq 0$ となることである．また，このときには $A^{-1} = (1/\det A)\mathrm{Cof}(A)$ によって，A^{-1} が計算できる．

例題 3.5.5　3 次実行列 $A = [\bm{a},\bm{b},\bm{c}]$ に対して，次の条件は同値であることを示せ．

(1)　行列 A は逆行列をもつ．
(2)　$\det A \neq 0$
(3)　3 個のベクトル $\bm{a},\bm{b},\bm{c}$ は同一平面上にない．
(4)　3 個のベクトル $\bm{a},\bm{b},\bm{c}$ は一次独立である．

---

[9] サラスの計算法という．

解 (1) ⇔ (2) は定理 3.5.4 そのもの．(3) ⇔ (4) は例題 1.3.5 による．(2) ⇔ (3) を示すには，次のことに注意すればよい．

$$\begin{aligned}\det A = 0 &\iff (\boldsymbol{a} \times \boldsymbol{b}, \boldsymbol{c}) = 0 \\ &\iff \boldsymbol{a} \times \boldsymbol{b} = \boldsymbol{0} \text{ または } \boldsymbol{c} \text{ が } \boldsymbol{a}, \boldsymbol{b} \text{ で張られる平面上にある．} \square\end{aligned}$$

演　習　問　題

1 (3.3) 式を使って三角関数の加法定理を証明せよ．

2 3 次実行列 $A = [\boldsymbol{a}, \boldsymbol{b}, \boldsymbol{c}]$ に対して，$\det A$ の値の絶対値は，三つの幾何ベクトル $\boldsymbol{a}, \boldsymbol{b}, \boldsymbol{c}$ を辺にもつ平行六面体の体積に等しいことを証明せよ．

3 有理関数

$$y = \frac{ax+b}{cx+d}, \quad z = \frac{a'y+b'}{c'y+d'}$$

があるとき，z を x の有理関数として表わすと，

$$z = \frac{a''x+b''}{c''x+d''}$$

と書けて，

$$\begin{bmatrix} a'' & b'' \\ c'' & d'' \end{bmatrix} = \begin{bmatrix} a' & b' \\ c' & d' \end{bmatrix} \begin{bmatrix} a & b \\ c & d \end{bmatrix}$$

となることを証明せよ．また，このことを使って，

$$y = \frac{x-1}{x+1}, \quad z = \frac{y}{y-1}, \quad w = \frac{z+1}{z-1}$$

であるとき，w を x で表わせ．

4 $I = \begin{bmatrix} 0 & 1 \\ -1 & 0 \end{bmatrix}$, $J = \begin{bmatrix} 0 & i \\ i & 0 \end{bmatrix}$, $K = \begin{bmatrix} i & 0 \\ 0 & -i \end{bmatrix}$ とおくとき，$I^2 = J^2 = K^2 = -E_2$, $JK = -KJ = I$, $KI = -IK = J$, $IJ = -JI = K$ となることを示せ．

5 3 次行列 $A = \begin{bmatrix} 1 & 1 & -1 \\ -1 & -1 & 2 \\ 0 & 1 & 0 \end{bmatrix}$ について，$\det A$, $\mathrm{Cof}\,(A)$, A^{-1} を計算せよ．

第4章

行列式の定義

行列の計算において欠くべからざる道具であるところの行列式の正確な定義についてこの章で学ぶ．行列式の導入にはいろいろな方法があろうが，ここでは 2 次，3 次の行列式から類推して，一般の行列の行列式を構成してみるという方法をとることにする．行列式の計算は数値計算というよりは，むしろその理論的背景に重点を置くべきであろう．

4.1 2 次，3 次行列の行列式

第 3 章で学んだように，2 次または 3 次の行列 A には行列式 $\det A$ という値が定まる．これが重要な理由は，定理 3.1.1 および 3.5.4 で示したように，A の逆行列を構成する際に分母に $\det A$ が現われ，従って，A に逆行列が存在するための条件が $\det A \neq 0$ で与えられるということである．次の節で，このような行列式をもっと一般の場合に考えたいのであるが，すでに定義した 2，3 次の場合の行列式について今一度考えてみよう．

n 次行列 $A = [a_{ij}]$ に対して，もし $n = 2$ ならば，3.1 節によって，

$$\det A = a_{11}a_{22} - a_{12}a_{21} \tag{4.1}$$

である．また， $n = 3$ のときには，3.5 節より，

$$\begin{aligned}\det A = &\ a_{11}a_{22}a_{33} + a_{12}a_{23}a_{31} + a_{13}a_{21}a_{32} \\ &-a_{11}a_{23}a_{32} - a_{12}a_{21}a_{33} - a_{13}a_{22}a_{31}\end{aligned} \tag{4.2}$$

である．

一般に n 次行列 A は n 個の n 次元数ベクトル $\boldsymbol{a}_1, \boldsymbol{a}_2, \cdots, \boldsymbol{a}_n$ を横に並べて $[\boldsymbol{a}_1, \boldsymbol{a}_2, \cdots, \boldsymbol{a}_n]$ と表わすことができる．ここで，

$$\boldsymbol{a}_1 = \begin{bmatrix} a_{11} \\ a_{21} \\ \vdots \\ a_{n1} \end{bmatrix}, \quad \cdots, \quad \boldsymbol{a}_n = \begin{bmatrix} a_{1n} \\ a_{2n} \\ \vdots \\ a_{nn} \end{bmatrix}$$

である．行列式 $\det A$ はこの n 個の n 次元ベクトルによって定まるべきものであろう．

2 次行列式　まず n が 2 のときには，$\det[\boldsymbol{a}_1, \boldsymbol{a}_2]$ について，次のことが成り立つ．

補題 4.1.1

(1)　スカラー x に対して，

$\det[x\boldsymbol{a}_1, \boldsymbol{a}_2] = \det[\boldsymbol{a}_1, x\boldsymbol{a}_2] = x\det[\boldsymbol{a}_1, \boldsymbol{a}_2]$

(2)　$\det[\boldsymbol{a}_1 + \boldsymbol{a}'_1, \boldsymbol{a}_2] = \det[\boldsymbol{a}_1, \boldsymbol{a}_2] + \det[\boldsymbol{a}'_1, \boldsymbol{a}_2]$,

$\det[\boldsymbol{a}_1, \boldsymbol{a}_2 + \boldsymbol{a}'_2] = \det[\boldsymbol{a}_1, \boldsymbol{a}_2] + \det[\boldsymbol{a}_1, \boldsymbol{a}'_2]$

(3)　$\det[\boldsymbol{a}_2, \boldsymbol{a}_1] = -\det[\boldsymbol{a}_1, \boldsymbol{a}_2]$

(4)　$\det[\boldsymbol{e}_1, \boldsymbol{e}_2] = 1$

証明は容易なので，読者に委ねる．(4) の条件は，単位行列に対しては行列式の値が 1 をとるということである．また，(1), (2) の性質を行列式の**多重線形性**という．条件 (3) は二つのベクトルの順序を入れ換えると行列式の値は (-1) 倍になることを表わし，これを行列式の**交代性**という．

交代性から，$\boldsymbol{a}_1 = \boldsymbol{a}_2$ のときには

$$\det[\boldsymbol{a}_1, \boldsymbol{a}_2] = 0$$

が出ることを注意しておこう．実際，

$$\det[\boldsymbol{a}_2, \boldsymbol{a}_1] = -\det[\boldsymbol{a}_1, \boldsymbol{a}_2]$$

となる一方で，$\boldsymbol{a}_1 = \boldsymbol{a}_2$ のときには

$$\det[\boldsymbol{a}_2, \boldsymbol{a}_1] = \det[\boldsymbol{a}_1, \boldsymbol{a}_2]$$

なのだから，この値は 0 以外にはあり得ない．

逆に補題 4.1.1 の条件を満たすものは行列式に限ることが証明できる．

例題 4.1.2　2 次の正方行列

$$A = [\boldsymbol{a}_1, \boldsymbol{a}_2] = \begin{bmatrix} a_{11} & a_{12} \\ a_{21} & a_{22} \end{bmatrix}$$

に対して，あるスカラー

$$f(A) = f(\boldsymbol{a}_1, \boldsymbol{a}_2)$$

を対応させる写像 f があって，補題 4.1.1 の 4 条件と同じ条件：

(1)　スカラー x に対して，$f(x\boldsymbol{a}_1, \boldsymbol{a}_2) = f(\boldsymbol{a}_1, x\boldsymbol{a}_2) = xf(\boldsymbol{a}_1, \boldsymbol{a}_2)$

(2)　$f(\boldsymbol{a}_1 + \boldsymbol{a}'_1, \boldsymbol{a}_2) = f(\boldsymbol{a}_1, \boldsymbol{a}_2) + f(\boldsymbol{a}'_1, \boldsymbol{a}_2)$,

$f(\boldsymbol{a}_1, \boldsymbol{a}_2 + \boldsymbol{a}'_2) = f(\boldsymbol{a}_1, \boldsymbol{a}_2) + f(\boldsymbol{a}_1, \boldsymbol{a}'_2)$

(3)　$f(\boldsymbol{a}_2, \boldsymbol{a}_1) = -f(\boldsymbol{a}_1, \boldsymbol{a}_2)$

(4)　$f(\boldsymbol{e}_1, \boldsymbol{e}_2) = 1$

を満たすとき，$f(A) = \det A = a_{11}a_{22} - a_{12}a_{21}$ となることを示せ．

解　$\boldsymbol{a}_1 = a_{11}\boldsymbol{e}_1 + a_{21}\boldsymbol{e}_2$, $\boldsymbol{a}_2 = a_{12}\boldsymbol{e}_1 + a_{22}\boldsymbol{e}_2$ と書ける．そこで，条件 (3), (4) によって

$$f(\boldsymbol{e}_2, \boldsymbol{e}_1) = -1,$$
$$f(\boldsymbol{e}_1, \boldsymbol{e}_1) = f(\boldsymbol{e}_2, \boldsymbol{e}_2) = 0$$

であることに注意して，

$$\begin{aligned} f(A) &= f(a_{11}\boldsymbol{e}_1 + a_{21}\boldsymbol{e}_2, \boldsymbol{a}_2) \\ &= a_{11}f(\boldsymbol{e}_1, \boldsymbol{a}_2) + a_{21}f(\boldsymbol{e}_2, \boldsymbol{a}_2) \\ &= a_{11}f(\boldsymbol{e}_1, a_{12}\boldsymbol{e}_1 + a_{22}\boldsymbol{e}_2) + a_{21}f(\boldsymbol{e}_2, a_{12}\boldsymbol{e}_1 + a_{22}\boldsymbol{e}_2) \\ &= a_{11}a_{12}f(\boldsymbol{e}_1, \boldsymbol{e}_1) + a_{11}a_{22}f(\boldsymbol{e}_1, \boldsymbol{e}_2) + a_{21}a_{22}f(\boldsymbol{e}_2, \boldsymbol{e}_2) + a_{12}a_{21}f(\boldsymbol{e}_2, \boldsymbol{e}_1) \\ &= a_{11}a_{22} - a_{12}a_{21} \quad \square \end{aligned}$$

この例題によって 2 次の行列式は，上記の 4 条件で一通りに定まることがわかる．

3 次行列式　3 次行列式についても同様のことが成立する．まず補題 4.1.1 に対応して，次のことが証明できる．

補題 4.1.3　$\boldsymbol{a}_1, \boldsymbol{a}_2, \boldsymbol{a}_3$ 等を 3 次元ベクトル，x をスカラーとする．

(1)　$\det[x\boldsymbol{a}_1, \boldsymbol{a}_2, \boldsymbol{a}_3] = \det[\boldsymbol{a}_1, x\boldsymbol{a}_2, \boldsymbol{a}_3] = \det[\boldsymbol{a}_1, \boldsymbol{a}_2, x\boldsymbol{a}_3]$
$= x\det[\boldsymbol{a}_1, \boldsymbol{a}_2, \boldsymbol{a}_3]$

(2)　$\det[\boldsymbol{a}_1 + \boldsymbol{a}'_1, \boldsymbol{a}_2, \boldsymbol{a}_3] = \det[\boldsymbol{a}_1, \boldsymbol{a}_2, \boldsymbol{a}_3] + \det[\boldsymbol{a}'_1, \boldsymbol{a}_2, \boldsymbol{a}_3]$
（$\boldsymbol{a}_2$, $\boldsymbol{a}_3$ についても同様の等式が成り立つ．）

(3)　$\det[\boldsymbol{a}_1, \boldsymbol{a}_2, \boldsymbol{a}_3] = \det[\boldsymbol{a}_2, \boldsymbol{a}_3, \boldsymbol{a}_1]$
$= \det[\boldsymbol{a}_3, \boldsymbol{a}_1, \boldsymbol{a}_2] - \det[\boldsymbol{a}_2, \boldsymbol{a}_1, \boldsymbol{a}_3]$
$= -\det[\boldsymbol{a}_3, \boldsymbol{a}_2, \boldsymbol{a}_1] = -\det[\boldsymbol{a}_1, \boldsymbol{a}_3, \boldsymbol{a}_2]$

(4)　$\det[\boldsymbol{e}_1, \boldsymbol{e}_2, \boldsymbol{e}_3] = 1$

証明　前章の定義 3.5.3 より，

$$\det[\boldsymbol{a}_1, \boldsymbol{a}_2, \boldsymbol{a}_3] = (\boldsymbol{a}_1 \times \boldsymbol{a}_2, \boldsymbol{a}_3)$$

であるから，これらの性質が成り立つことは容易に示すことができる．□

条件 (3) は，二つのベクトルの位置を入れ換えるごとに (-1) 倍がかかることを表わしている．2 次の場合と同様に，(1), (2) の条件を行列式の**多重線形性**，条件 (3) を**交代性**という．

実際には，3 次行列の行列式についても，例題 4.1.2 と同様のことが成立することを示すことができる．すなわち，補題 4.1.3 の 4 条件が成立するような写像は，(4.2) 式で与えられるものの他にはないのである．

4.2　一般の正方行列の行列式

次に一般の正方行列に対して，その行列式を補題 4.1.1, 4.1.3 の条件と同じ条件を満たすものとして定義しよう．

定義 4.2.1　n 個の n 次元数ベクトル $\boldsymbol{a}_1, \boldsymbol{a}_2, \cdots, \boldsymbol{a}_n$ に対応して一つのスカラーを与える写像 $\det[\boldsymbol{a}_1, \boldsymbol{a}_2, \cdots, \boldsymbol{a}_n]$ が次の条件を満たすとき，これを n 次正方行列 $A = [\boldsymbol{a}_1, \boldsymbol{a}_2, \cdots, \boldsymbol{a}_n]$ の行列式という．

(1)　$\det[\boldsymbol{a}_1, \cdots, x\boldsymbol{a}_i, \cdots, \boldsymbol{a}_n] = x\det[\boldsymbol{a}_1, \cdots, \boldsymbol{a}_i, \cdots, \boldsymbol{a}_n]$
(ただし，x はスカラーで，$1 \leqq i \leqq n$)

(2)　$\det[\boldsymbol{a}_1, \cdots, \boldsymbol{a}_i + \boldsymbol{a}'_i, \cdots, \boldsymbol{a}_n]$
$= \det[\boldsymbol{a}_1, \cdots, \boldsymbol{a}_i, \cdots, \boldsymbol{a}_n] + \det[\boldsymbol{a}_1, \cdots, \boldsymbol{a}'_i, \cdots, \boldsymbol{a}_n]$
(ただし，$1 \leqq i \leqq n$)

(3)　ベクトル $\boldsymbol{a}_1, \boldsymbol{a}_2, \cdots, \boldsymbol{a}_n$ の二つのベクトルを入れ換えた場合，その値は (-1) 倍となる．すなわち，

$$\det[\cdots, \boldsymbol{a}_i, \cdots, \boldsymbol{a}_j, \cdots] = -\det[\cdots, \boldsymbol{a}_j, \cdots, \boldsymbol{a}_i, \cdots]$$

が成立する．

(4)　基本ベクトルに関しては，$\det[\boldsymbol{e}_1, \boldsymbol{e}_2, \cdots, \boldsymbol{e}_n] = 1$ である．

上記の条件はそれぞれ補題 4.1.1, 4.1.3 の (1)～(4) の条件に対応するもので，(1), (2) を行列式の**多重線形性**，(3) を**交代性**と呼ぶ．また，(4) は単位行列の行列式は 1 であることを意味する．

交代性から，ベクトル $\boldsymbol{a}_1, \boldsymbol{a}_2, \cdots, \boldsymbol{a}_n$ の中に等しいものがあるときは，$\det[\boldsymbol{a}_1, \boldsymbol{a}_2, \cdots, \boldsymbol{a}_n] = 0$ となることに注意しよう．実際，$\boldsymbol{a}_i = \boldsymbol{a}_j$ の場合には (3) の等式の両辺にある行列式は等しいので，

$$\det[\cdots, \boldsymbol{a}_i, \cdots, \boldsymbol{a}_j, \cdots] = 0$$

が従うからである．

n 次行列 A が $A = [a_{ij}]$ と与えられているときには，$\det A$ と書くかわりに，これを

$$\begin{vmatrix} a_{11} & \cdots & a_{1n} \\ \vdots & \ddots & \vdots \\ a_{n1} & \cdots & a_{nn} \end{vmatrix}$$

という記号で表わすことも多い．

正方行列が与えられれば，定義 4.2.1 の条件を使って例題 4.1.2 の方法と同様にして，その行列式の値を計算することができる．

例題 4.2.2　$A = \begin{bmatrix} 1 & 2 & 3 \\ -3 & -2 & -1 \\ 0 & 4 & -4 \end{bmatrix}$ としてその行列式 $\det A = \begin{vmatrix} 1 & 2 & 3 \\ -3 & -2 & -1 \\ 0 & 4 & -4 \end{vmatrix}$ の値を求めてみよう．

解　基本ベクトルを使って，

$$\begin{bmatrix} 1 \\ -3 \\ 0 \end{bmatrix} = \boldsymbol{e}_1 - 3\boldsymbol{e}_2, \quad \begin{bmatrix} 2 \\ -2 \\ 4 \end{bmatrix} = 2\boldsymbol{e}_1 - 2\boldsymbol{e}_2 + 4\boldsymbol{e}_3, \quad \begin{bmatrix} 3 \\ -1 \\ -4 \end{bmatrix} = 3\boldsymbol{e}_1 - \boldsymbol{e}_2 - 4\boldsymbol{e}_3$$

であるから，

$$\begin{aligned} \det A &= \det[\boldsymbol{e}_1 - 3\boldsymbol{e}_2 + 0\boldsymbol{e}_3,\ 2\boldsymbol{e}_1 - 2\boldsymbol{e}_2 + 4\boldsymbol{e}_3,\ 3\boldsymbol{e}_1 - \boldsymbol{e}_2 - 4\boldsymbol{e}_3] \\ &= 1 \cdot 2 \cdot 3 \det[\boldsymbol{e}_1, \boldsymbol{e}_1, \boldsymbol{e}_1] + 1 \cdot 2 \cdot (-1) \det[\boldsymbol{e}_1, \boldsymbol{e}_1, \boldsymbol{e}_2] \\ &\quad + 1 \cdot 2 \cdot (-4) \det[\boldsymbol{e}_1, \boldsymbol{e}_1, \boldsymbol{e}_3] + \cdots + 0 \cdot 4 \cdot (-4) \det[\boldsymbol{e}_3, \boldsymbol{e}_3, \boldsymbol{e}_3] \\ &= 1 \cdot (-2) \cdot (-4) \det[\boldsymbol{e}_1, \boldsymbol{e}_2, \boldsymbol{e}_3] + 1 \cdot 4 \cdot (-1) \det[\boldsymbol{e}_1, \boldsymbol{e}_3, \boldsymbol{e}_2] \\ &\quad + (-3) \cdot 2 \cdot (-4) \det[\boldsymbol{e}_2, \boldsymbol{e}_1, \boldsymbol{e}_3] + (-3) \cdot 4 \cdot 3 \det[\boldsymbol{e}_2, \boldsymbol{e}_3, \boldsymbol{e}_1] \\ &\quad + 0 \cdot 2 \cdot (-1) \det[\boldsymbol{e}_3, \boldsymbol{e}_1, \boldsymbol{e}_2] + 0 \cdot (-2) \cdot 3 \det[\boldsymbol{e}_3, \boldsymbol{e}_2, \boldsymbol{e}_1] \\ &= 1 \cdot (-2) \cdot (-4) - 1 \cdot 4 \cdot (-1) - (-3) \cdot 2 \cdot (-4) \\ &\quad + (-3) \cdot 4 \cdot 3 + 0 \cdot 2 \cdot (-1) - 0 \cdot (-2) \cdot 3 \\ &= 8 - (-4) - 24 + (-36) + 0 - 0 = -48 \end{aligned}$$

ここで 2 行目には $3^3 = 27$ 個の項が並ぶが，交代性によって同じベクトルが重複して入るときには行列式の値は 0 なので，第 3 行のように 6 個の項しか残らない．さらに，第 3 行から第 4 行への等式は，たとえば，$[\boldsymbol{e}_1, \boldsymbol{e}_3, \boldsymbol{e}_2]$ は $[\boldsymbol{e}_1, \boldsymbol{e}_2, \boldsymbol{e}_3]$ の $\boldsymbol{e}_2$ と $\boldsymbol{e}_3$ を入れ換えたものであるから，交代性によって，

$$\det[\boldsymbol{e}_1, \boldsymbol{e}_3, \boldsymbol{e}_2] = -\det[\boldsymbol{e}_1, \boldsymbol{e}_2, \boldsymbol{e}_3] = -1,$$

$[\boldsymbol{e}_3, \boldsymbol{e}_1, \boldsymbol{e}_2]$ は $[\boldsymbol{e}_1, \boldsymbol{e}_3, \boldsymbol{e}_2]$ の $\boldsymbol{e}_2$ と $\boldsymbol{e}_3$ の順を入れ換えたものであるから，

$$\det[\boldsymbol{e}_3, \boldsymbol{e}_1, \boldsymbol{e}_2] = -\det[\boldsymbol{e}_1, \boldsymbol{e}_3, \boldsymbol{e}_2] = -(-1) = 1$$

などというように計算できる．□

一般の n 次正方行列 $A=[a_{ij}]$ については，その第 j 列のベクトル $\boldsymbol{a}_j$ は

$$\boldsymbol{a}_j = a_{1j}\boldsymbol{e}_1 + a_{2j}\boldsymbol{e}_2 + \cdots + a_{nj}\boldsymbol{e}_n$$

と表わされるので，条件 (1), (2) を使って，例題と同じようにして，

$$\det A = \sum_{j_1=1}^{n}\sum_{j_2=1}^{n}\cdots\sum_{j_n=1}^{n} a_{1j_1}a_{2j_2}\cdots a_{nj_n}\det[\boldsymbol{e}_{j_1},\boldsymbol{e}_{j_2},\cdots,\boldsymbol{e}_{j_n}]$$

となる．ここで，交代性より $\det[\boldsymbol{e}_{j_1},\boldsymbol{e}_{j_2},\cdots,\boldsymbol{e}_{j_n}]$ について，$\{j_1,j_2,\cdots,j_n\}$ が全て異なる項以外は 0 となって消えてしまう．結局，次の補題が示される．

補題 4.2.3　n 次正方行列 $A=[a_{ij}]$ について，

$$\det A = \sum a_{1j_1}a_{2j_2}\cdots a_{nj_n}\det[\boldsymbol{e}_{j_1},\boldsymbol{e}_{j_2},\cdots,\boldsymbol{e}_{j_n}] \tag{4.3}$$

ここで，$\sum$ は $j_1,j_2,\cdots,j_n$ が $1,2,\cdots,n$ の並べ換えであるような $n!$ 通りの和を表わす．

ここで問題なのは，$\det[\boldsymbol{e}_{j_1},\boldsymbol{e}_{j_2},\cdots,\boldsymbol{e}_{j_n}]$ の値である．$[\boldsymbol{e}_{j_1},\boldsymbol{e}_{j_2},\cdots,\boldsymbol{e}_{j_n}]$ が，$[\boldsymbol{e}_1,\boldsymbol{e}_2,\cdots,\boldsymbol{e}_n]$ にその二つのベクトルを入れ換えるという操作を m 回続けて得られるとき，交代性によって 1 回入れ換える度に -1 がかかるので，$\det[\boldsymbol{e}_{j_1},\boldsymbol{e}_{j_2},\cdots,\boldsymbol{e}_{j_n}]$ の値は $(-1)^m$ となる．しかしながら，二つのものを入れ換えるという手順はただ一通りというわけではない．たとえば，$[\boldsymbol{e}_1,\boldsymbol{e}_3,\boldsymbol{e}_2]$ は $[\boldsymbol{e}_1,\boldsymbol{e}_2,\boldsymbol{e}_3]$ の $\boldsymbol{e}_2$ と $\boldsymbol{e}_3$ を入れ換えるというたった 1 回の操作で得られるので，$\det[\boldsymbol{e}_1,\boldsymbol{e}_3,\boldsymbol{e}_2]=-1$ であろう．一方，$\boldsymbol{e}_1$ と $\boldsymbol{e}_2$ の入れ換え，$\boldsymbol{e}_2$ と $\boldsymbol{e}_3$ の入れ換え，$\boldsymbol{e}_1$ と $\boldsymbol{e}_3$ の入れ換えという 3 個の操作を続けて施しても，$[\boldsymbol{e}_1,\boldsymbol{e}_2,\boldsymbol{e}_3]$ から $[\boldsymbol{e}_1,\boldsymbol{e}_3,\boldsymbol{e}_2]$ が得られる．この意味では，

$$\det[\boldsymbol{e}_1,\boldsymbol{e}_3,\boldsymbol{e}_2] = (-1)^3$$

と計算すべきである．$(-1)^3=-1$ であるから，行列式の値はこのように計算しても結果は同じであるが，果たして $(-1)^m$ という値がどのように計算してもいつも同じ値に定まるかどうか気になるところである．これを正確に述べるには次の置換というアイデアが必要になる．

4.3 置 換

一般に n 個のものの順序を入れかえる操作を置換と呼びたいのだが，これら n 個のものを数字で代用して，$J_n = \{1, 2, \cdots, n\}$ を考えるのが普通である．この場合，集合 J_n の**置換**とは，J_n からそれ自身への写像

$$\sigma : J_n \to J_n$$

で，$i, j \in J_n$ に対して「$i \neq j \Rightarrow \sigma(i) \neq \sigma(j)$」を満たすもののことである．$\sigma$ は J_n 上の全単射（一対一上への写像）であるいといっても同じことである．この場合，σ を n 次の置換ということも多い．

置換 σ を表わすのに，それぞれの $i \in J_n$ が移される数字を i の下に書いて

$$\sigma = \begin{pmatrix} 1 & 2 & \cdots & n \\ j_1 & j_2 & \cdots & j_n \end{pmatrix} \tag{4.4}$$

と表わすのが普通である．ここで，$j_i = \sigma(i)$ である．定義によって，この $\{j_1, j_2, \cdots, j_n\}$ は全て異なるのであるから，このような σ は全部で $n!$ 通りあることがわかる．この $n!$ 個の J_n の置換全体の集合を S_n と書いて，n 次の**対称群**という．

S_n のなかの特別な置換として，

$$\begin{pmatrix} 1 & 2 & \cdots & n \\ 1 & 2 & \cdots & n \end{pmatrix} \tag{4.5}$$

で表わされる置換は**恒等置換**といって記号 id で記す[1]．

$\sigma \in S_n$ は全単射なので，その逆写像 σ^{-1} を考えることができる．これは σ が (4.4) のように与えられているときには，

$$\sigma^{-1} = \begin{pmatrix} j_1 & j_2 & \cdots & j_n \\ 1 & 2 & \cdots & n \end{pmatrix} \tag{4.6}$$

とすればよい．この σ^{-1} を σ の**逆置換**という．

---

[1] identity の略．1.1 節で述べた恒等写像と同じ．

二つの置換 $\sigma, \tau \in S_n$ があるときには，それらの写像としての合成 $\sigma \cdot \tau$ が考えられる．これは i を $\sigma \cdot \tau(i) = \sigma(\tau(i))$ に移すことによって定義される置換である．この $\sigma \cdot \tau$ を σ と τ の積という．たとえば，

$$\begin{pmatrix} 1 & 2 & 3 \\ 2 & 3 & 1 \end{pmatrix} \cdot \begin{pmatrix} 1 & 2 & 3 \\ 1 & 3 & 2 \end{pmatrix} = \begin{pmatrix} 1 & 2 & 3 \\ 2 & 1 & 3 \end{pmatrix},$$

$$\begin{pmatrix} 1 & 2 & 3 \\ 1 & 3 & 2 \end{pmatrix} \cdot \begin{pmatrix} 1 & 2 & 3 \\ 2 & 3 & 1 \end{pmatrix} = \begin{pmatrix} 1 & 2 & 3 \\ 3 & 2 & 1 \end{pmatrix}$$

である．この例からわかるように一般には $\sigma \cdot \tau \neq \tau \cdot \sigma$ である．

任意の $\sigma \in S_n$ について，$\sigma \cdot id = id \cdot \sigma = \sigma$ となることは明らかであろう．また，σ の逆置換 σ^{-1} は $\sigma \cdot \sigma^{-1} = id$ かつ $\sigma^{-1} \cdot \sigma = id$ を満たす唯一の置換である．一般に，いくつかの置換 $\sigma_1, \sigma_2, \cdots, \sigma_r$ があるとき，その積 $\sigma_1 \cdot \sigma_2 \cdots \sigma_r$ の逆置換は，$\sigma_r^{-1} \cdot \sigma_{r-1}^{-1} \cdots \sigma_1^{-1}$ である．

$1 \leqq i < j \leqq n$ に対して，次のような置換

$$\begin{pmatrix} 1 & \cdots & i & \cdots & j & \cdots & n \\ 1 & \cdots & j & \cdots & i & \cdots & n \end{pmatrix} \tag{4.7}$$

は，i と j を入れ換える置換という意味で，**互換**と呼ばれ，記号 (i, j) で書き表わすならわしである．

定理 4.3.1 $n \geq 2$ であるとき任意の置換 $\sigma \in S_n$ は互換の積として表わすことができる．

証明 n についての数学的帰納法で示す．$n = 2$ なら，$S_n = \{id, (1\ 2)\}$ で，$(1\ 2)$ は互換，id は積 $(1\ 2) \cdot (1\ 2)$ と表わされるので，定理は正しい．$n \geqq 2$ とする．$\sigma(n) = n$ となるときには，σ は $J_{n-1} = \{1, 2, \cdots, n-1\}$ の置換として考えることができるので帰納法の仮定より定理は正しい．$\sigma(n) = i \neq n$ のときには，互換 $\tau = (i, n)$ をとって，積 $\tau \cdot \sigma$ を考えると，$\tau \cdot \sigma(n) = \tau(\sigma(n)) = \tau(i) = n$ となって，$\tau \cdot \sigma$ は n を動かさないので，上記と同じように帰納法の仮定から，互換の積として $\tau \cdot \sigma = \tau_1 \cdot \tau_2 \cdots \tau_r$ と表わすことができる．このとき，$\sigma = \tau^{-1} \cdot \tau_1 \cdots \tau_r$ となるのでこのときにも定理は正しい．□

定義 4.3.2 置換 $\sigma \in S_n$ に対して，$1 \leqq i < j \leqq n$ かつ $\sigma(i) > \sigma(j)$ となる数字の組 (i,j) の個数を σ の**反転数**という．また，σ の反転数が m であるとき，$(-1)^m$ を σ の**符号**といって $\mathrm{sgn}(\sigma)$ という記号で表わす [2)].

例 4.3.3 $\sigma = \begin{pmatrix} 1 & 2 & 3 \\ 2 & 3 & 1 \end{pmatrix}$ のとき (1,3), (2,3) の 2 組で反転しているので，この反転数は 2, よって符号は $\mathrm{sgn}(\sigma) = (-1)^2 = 1$ である．また，互換 $(i\ j)$ に対しては，反転数は明らかに 1 であり，$\mathrm{sgn}(i\ j) = -1$ である．□

定義 4.3.4 自然数 n に対して，変数 $X_1, X_2, \cdots, X_n$ の多項式 $\varDelta_n$ を次の式で定義し，これを $X_1, X_2, \cdots, X_n$ の**差積**という．

$$\varDelta_n = \prod_{1 \leqq i < j \leqq n} (X_i - X_j) \tag{4.8}$$

ここで，$\prod$ は $1 \leqq i < j \leqq n$ を満たす全ての (i,j) にわたって積をとることを意味している．たとえば $n = 3$ のときには，

$$\varDelta_3 = (X_1 - X_2)(X_1 - X_3)(X_2 - X_3)$$

である．

また，$\sigma \in S_n$ に対して，

$$\sigma(\varDelta_n) = \prod_{1 \leqq i < j \leqq n} (X_{\sigma(i)} - X_{\sigma(j)}) \tag{4.9}$$

と定義する．これは多項式の変数を σ によって置換して得られる多項式を表わす．たとえば，$\sigma = \begin{pmatrix} 1 & 2 & 3 \\ 2 & 3 & 1 \end{pmatrix}$ のとき，

$$\sigma(\varDelta_3) = (X_2 - X_3)(X_2 - X_1)(X_3 - X_1)$$

である．

---

2) 符号は signature なので記号 sgn を使う．

定理 4.3.5　次の等式が成立する．

(1)　$\sigma(\varDelta_n) = \mathrm{sgn}(\sigma)\varDelta_n$

(2)　$(\sigma \cdot \tau)(\varDelta_n) = \sigma(\tau(\varDelta_n))$

(3)　$\mathrm{sgn}(\sigma \cdot \tau) = \mathrm{sgn}(\sigma)\mathrm{sgn}(\tau)$

証明　(1)　$0 \leqq i < j \leqq n$ を満たすように i, j をとるとき，$\sigma(\varDelta_n)$ は $X_i - X_j$ で割り切れているので，$\sigma(\varDelta_n)$ は $\varDelta_n$ によって割り切れることがわかる．従って，その多項式としての次数を比べて，$\sigma(\varDelta_n) = c\varDelta_n$（ただし c は定数）と書き表わされる．この c が $\mathrm{sgn}(\sigma)$ に等しいというのが定理の内容である．今，$i < j$ に対して，$\sigma(i) < \sigma(j)$ と仮定すると，$\sigma(\varDelta_n)$ の因数 $(X_{\sigma(i)} - X_{\sigma(j)})$ はそのままの形で $\varDelta_n$ の中に因子として現われる．一方，$i < j$ かつ $\sigma(i) > \sigma(j)$ のときには，$\sigma(\varDelta_n)$ の因数 $(X_{\sigma(i)} - X_{\sigma(j)})$ は，$-(X_{\sigma(i)} - X_{\sigma(j)})$ の形で $\varDelta_n$ の中に現われる．結局，$\varDelta_n$ と $\sigma(\varDelta_n)$ の比 c はちょうど反転数の数だけ (-1) をかけたものである．よって，$c = \mathrm{sgn}(\sigma)$ となる．

(2)　$\sigma(\tau(\varDelta_n)) = \sigma\left(\prod_{1 \leqq i < j \leqq n} (X_{\tau(i)} - X_{\tau(j)})\right) = \prod_{1 \leqq i < j \leqq n} (X_{\sigma\cdot\tau(i)} - X_{\sigma\cdot\tau(j)}) = (\sigma \cdot \tau)(\varDelta_n)$

(3)　(2) の両辺を (1) を使って書き改めると，

$$\mathrm{sgn}(\sigma \cdot \tau)\varDelta_n = \mathrm{sgn}(\sigma)\mathrm{sgn}(\tau)\varDelta_n$$

となる．これより (3) を得る．□

定理 4.3.6　置換 σ が定理 4.3.1 のように互換の積として，$\sigma = \tau_1\tau_2\cdots\tau_m$ と表わされているとき，

$$\mathrm{sgn}(\sigma) = (-1)^m$$

である．特に，σ を互換の積として表わしたとき，その互換の個数の偶奇性は一定である．

証明　前定理の (3) より m の帰納法で

$$\mathrm{sgn}(\sigma) = \mathrm{sgn}(\tau_1) \cdot \mathrm{sgn}(\tau_2) \cdots \mathrm{sgn}(\tau_m)$$

となる．互換 τ_i については $\mathrm{sgn}(\tau_i) = -1$ であったから，この値は $(-1)^m$ となる．また，σ が他の方法で互換の積として $\sigma = \tau'_1 \cdot \tau'_2 \cdots \tau'_l$ と表わされているときには，$\mathrm{sgn}(\sigma) = (-1)^l$ となるのだから，$(-1)^n = (-1)^l$ となる．よって，m と l の偶奇性は一致する．□

この定理から，置換 σ が $\mathrm{sgn}(\sigma)=1$ のとき σ を**偶置換**，$\mathrm{sgn}(\sigma)=-1$ のとき σ を**奇置換**と呼ぶ.

また，この定理によって前節の補題 4.2.3 の後に述べた疑問が解決した．すなわち，

定理 4.3.7　置換 $\sigma=\begin{pmatrix}1 & 2 & \cdots & n\\ i_1 & i_2 & \cdots & i_n\end{pmatrix}$ を考えるとき，

$$\det[\boldsymbol{e}_{i_1},\boldsymbol{e}_{i_2},\cdots,\boldsymbol{e}_{i_n}]=\mathrm{sgn}(\sigma) \tag{4.10}$$

となる.

証明　この置換を m 個の互換の積として，$\sigma=\tau_1\tau_2\cdots\tau_m$ と表わしておく．行列式の交代性から，1 回の τ_i で列を置換するとき -1 倍がかかるので，$\det[\boldsymbol{e}_{i_1},\boldsymbol{e}_{i_2},\cdots,\boldsymbol{e}_{i_n}]=(-1)^m\det[\boldsymbol{e}_1,\boldsymbol{e}_2,\cdots,\boldsymbol{e}_n]=(-1)^m$ となる．この値は，定理 4.3.6 によれば $\mathrm{sgn}(\sigma)$ のことである．□

この定理と補題 4.2.3 を合わせて次の定理が示された.

定理 4.3.8　n 次行列 $A=[a_{ij}]$ について，

$$\det A=\sum_{\sigma\in S_n}\mathrm{sgn}(\sigma)a_{1\sigma(1)}a_{2\sigma(2)}\cdots a_{n\sigma(n)} \tag{4.11}$$

となる．ここで，$\sum$ は σ が n 次の置換を全て動いたときの和を表わす.

演　習　問　題

1　6 次の置換 $\sigma=\begin{pmatrix}1 & 2 & 3 & 4 & 5 & 6\\ 3 & 4 & 1 & 6 & 2 & 5\end{pmatrix}$ を互換の積として表わし，$\mathrm{sgn}\,\sigma$ を計算せよ.

2　$\mathrm{sgn}\begin{pmatrix}1 & 2 & \cdots & n\\ n & n-1 & \cdots & 1\end{pmatrix}=(-1)^{n(n-1)/2}$ となることを示せ.

3　5 次行列 $A=[a_{ij}]$ の行列式 $\det A$ において，$a_{14}a_{21}a_{35}a_{42}a_{53}$ の係数は何か?

第 5 章

行列式の性質

この章では第 4 章で定義した行列式のいろいろな性質について議論する．この性質を知っておくことで行列式の計算は飛躍的に簡易化される．特に行列式の余因子展開は後の章でも使うことになるから，よく理解しておくことが必要である．

5.1 行列式の一般的性質

ここでは，行列式の定義から直ちに帰結される性質についてまず述べておく．

定理 5.1.1 n 次行列 A について次のことが成立する．

(1) ある列の成分の全てが 0 ならば，$\det A = 0$ である．

(2) 等しい二つの列があれば，$\det A = 0$ である．

(3) ある列の定数倍を他の列に加えても行列式の値は変わらない．

証明 (1) $A = [\boldsymbol{a}_1, \boldsymbol{a}_2, \cdots, \boldsymbol{a}_n]$ と表わすとき，ある i について $\boldsymbol{a}_i = \boldsymbol{0}$ であるとき $\det A = 0$ を示す．行列式の多重線形性より，

$$\det[\boldsymbol{a}_1, \cdots, x\boldsymbol{a}_i, \cdots, \boldsymbol{a}_n] = x \det[\boldsymbol{a}_1, \cdots, \boldsymbol{a}_i, \cdots, \boldsymbol{a}_n]$$

であるが，$\boldsymbol{a}_i = \boldsymbol{0}$ なので $x = 0$ として，左辺は $\det A$，右辺は 0 である．

(2) A の第 i 列と第 j 列を入れ換えた行列を B とすると，交代性から $\det B = -\det A$ である．もし，$\boldsymbol{a}_i = \boldsymbol{a}_j$ とすると $A = B$ であるから，これより $\det A = -\det A$ となり，$\det A = 0$ が出る．

(3) 第 j 列 $\boldsymbol{a}_j$ を x 倍して第 i 列 $\boldsymbol{a}_i$ に加えた場合を考えてみよう．多重線形性より，$\det[\cdots, \boldsymbol{a}_i + x\boldsymbol{a}_j, \cdots, \boldsymbol{a}_j, \cdots] = \det[\cdots, \boldsymbol{a}_i, \cdots, \boldsymbol{a}_j, \cdots] + x\det[\cdots, \boldsymbol{a}_j, \cdots, \boldsymbol{a}_j, \cdots]$ であるが，この右辺の第二項は (2) より 0 である．□

5.2 転置行列の行列式

n 次行列 $A=[a_{ij}]$ に対して，その転置行列 ${}^tA$ はその (i,j) 成分が a_{ji} であるような行列であった．この行列式については次の定理が成り立つ．

定理 5.2.1 n 次行列 A について，

$$\det A = \det({}^tA) \tag{5.1}$$

である．

証明 定理 4.3.8 より，

$$\det A = \sum \mathrm{sgn}(\sigma) a_{1\sigma(1)} a_{2\sigma(2)} \cdots a_{n\sigma(n)}$$

であった．ここで，$\sum$ は σ が $\{1,2,\cdots,n\}$ の全ての置換を動くときの和を表わす．

一つの σ について，$\sigma(i)=k$ とおくと $\sigma^{-1}(k)=i$ であるから，

$$a_{i\sigma(i)} = a_{\sigma^{-1}(k)k}$$

である．$\{\sigma^{-1}(1),\sigma^{-1}(2),\cdots,\sigma^{-1}(n)\}$ は $\{1,2,\cdots,n\}$ を並べかえたものだから，積 $a_{1\sigma(1)}a_{2\sigma(2)}\cdots a_{n\sigma(n)}$ の順序を並べかえて，

$$a_{1\sigma(1)}a_{2\sigma(2)}\cdots a_{n\sigma(n)} = a_{\sigma^{-1}(1)1}a_{\sigma^{-1}(2)2}\cdots a_{\sigma^{-1}(n)n}$$

となることがわかる．さらに，$\mathrm{sgn}(\sigma)=\mathrm{sgn}(\sigma^{-1})$ であるから，最初の式は次のように書きかえられる．

$$\det A = \sum \mathrm{sgn}(\sigma^{-1}) a_{\sigma^{-1}(1)1}a_{\sigma^{-1}(2)2}\cdots a_{\sigma^{-1}(n)n}$$

ここで，σ が全ての置換を動くとき σ^{-1} も全ての置換を動くことに注意しよう (実際，$(\sigma^{-1})^{-1}=\sigma$ であることからわかる)．一方，転置行列 ${}^tA$ を $[b_{ij}]$ と書くとき，$b_{ij}=a_{ji}$ であるから，

$$\det({}^tA) = \sum \mathrm{sgn}(\sigma) b_{1\sigma(1)}b_{2\sigma(2)}\cdots b_{n\sigma(n)} = \sum \mathrm{sgn}(\sigma) a_{\sigma(1)1}a_{\sigma(2)2}\cdots a_{\sigma(n)n}$$

となる．$\sum$ において動かす σ を σ^{-1} でとりかえれば，この最後の値は上でみたことから $\det A$ に等しい．□

A の第 i 列は ${}^tA$ の第 i 行のことであるから，この定理を使うと，行列式の列に関する性質から，行列式の行に関する性質を導くことができる．

例題 5.2.2　n 次行列 A について次が成立することを証明せよ．

(1)　ある行の成分の全てが 0 ならば，$\det A = 0$ である．

(2)　等しい二つの行があれば，$\det A = 0$ である．

(3)　ある行の定数倍を他の行に加えても行列式の値は変わらない．

解　(1) のみを示す．A のある行の成分が全て 0 ならば，${}^tA$ のある列の成分は全て 0 である．よって，定理 5.1.1 より $\det({}^tA) = 0$，従って，定理 5.2.1 より，$\det A = \det({}^tA) = 0$ となる．(2), (3) についても同様．□

行列式の定義であるところの列についての多重線形性と交代性は，この例題と同様にして転置行列を考えれば，行についても成立することになる．

定理 5.2.3　行列式については，その行に関しても多重線形性，交代性が成立する．

たとえば，二つの行を入れかえた行列の行列式は，もとの行列式の -1 倍となる．

5.3　積の行列式

二つの n 次行列 A と B があるとき，その積 AB も n 次行列である．この行列式については，次の簡単な公式が成立する．

定理 5.3.1　A と B が共に n 次行列であるとき，

$$\det(AB) = \det A \cdot \det B \tag{5.2}$$

が成り立つ．

証明　まず変数 x_{ij} を成分にもつ n 次行列 $X = [x_{ij}]$ を考えよう．このとき，$\det X \neq 0$（x_{ij} の多項式として）である．なぜなら，x_{ij} にクロネッカーのデルタ δ_{ij} を代入すると，$\det E_n = 1 \neq 0$ となるからである．

さて，任意の n 次行列 $B = [b_{ij}]$ に対して，x_{ij} の有理式

$$\phi(B) = \frac{\det(XB)}{\det X}$$

を考える．この ϕ が行列式の定義の 4 条件を満たすことを示そう．

まず，B を $[\boldsymbol{b}_1, \boldsymbol{b}_2, \cdots, \boldsymbol{b}_n]$ と表わすことにして，

$$XB = [X\boldsymbol{b}_1, X\boldsymbol{b}_2, \cdots, X\boldsymbol{b}_n]$$

となることに注意すれば，スカラー x に対して，

$$\phi(\boldsymbol{b}_1, \cdots, x\boldsymbol{b}_i, \cdots, \boldsymbol{b}_n) = \frac{\det [X\boldsymbol{b}_1, \cdots, X(x\boldsymbol{b}_i), \cdots, X\boldsymbol{b}_n]}{\det X}$$
$$= \frac{x \det [X\boldsymbol{b}_1, \cdots, X\boldsymbol{b}_i, \cdots, X\boldsymbol{b}_n]}{\det X} = x\ \phi(\boldsymbol{b}_1, \cdots, \boldsymbol{b}_i, \cdots, \boldsymbol{b}_n)$$

次に，

$$\phi(\boldsymbol{b}_1, \cdots, \boldsymbol{b}_i + \boldsymbol{b}'_i, \cdots, \boldsymbol{b}_n) = \frac{\det [X\boldsymbol{b}_1, \cdots, X(\boldsymbol{b}_i + \boldsymbol{b}'_i), \cdots, X\boldsymbol{b}_n]}{\det X}$$
$$= \frac{\det [X\boldsymbol{b}_1, \cdots, X\boldsymbol{b}_i, \cdots, X\boldsymbol{b}_n] + \det [X\boldsymbol{b}_1, \cdots, X\boldsymbol{b}'_i, \cdots, X\boldsymbol{b}_n]}{\det X}$$
$$= \phi(\boldsymbol{b}_1, \cdots, \boldsymbol{b}_i, \cdots, \boldsymbol{b}_n) + \phi(\boldsymbol{b}_1, \cdots, \boldsymbol{b}'_i, \cdots, \boldsymbol{b}_n)$$

さらに，ベクトル $\boldsymbol{b}_1, \boldsymbol{b}_2, \cdots, \boldsymbol{b}_n$ のうちの二つのベクトル $\boldsymbol{b}_i$ と $\boldsymbol{b}_j$ を入れ換えた場合，

$$\phi(\cdots, \boldsymbol{b}_j, \cdots, \boldsymbol{b}_i, \cdots) = \frac{\det [\cdots, X\boldsymbol{b}_j, \cdots, X\boldsymbol{b}_i, \cdots]}{\det X}$$
$$= \frac{-\det [\cdots, X\boldsymbol{b}_i, \cdots, X\boldsymbol{b}_j, \cdots]}{\det X} = -\det [\cdots, \boldsymbol{b}_i, \cdots, \boldsymbol{b}_j, \cdots]$$

最後に，

$$\phi(\boldsymbol{e}_1, \boldsymbol{e}_2, \cdots, \boldsymbol{e}_n) = \frac{\det X[\boldsymbol{e}_1, \boldsymbol{e}_2, \cdots, \boldsymbol{e}_n]}{\det X} = \frac{\det X}{\det X} = 1$$

以上で，$\phi(B)$ が行列式の定義を満たすことがわかったから，$\phi(B) = \det B$ である．従って，

$$\det (XB) = \det X \cdot \det B$$

となる．ここで，変数 x_{ij} に a_{ij} を代入して，$\det (AB) = \det A \cdot \det B$ となる．□

例題 5.3.2　n 次行列 A に逆行列が存在するとすると，

$$\det A \neq 0$$

であることを示せ．

解　$AA^{-1} = E_n$ とすると，両辺の行列式をとって，定理 5.3.1 より，

$$\det A \cdot \det (A^{-1}) = 1$$

となる．特に，$\det A \neq 0$ である．□

5.4　余因子展開

n 次行列 A について，その第 i 行と第 j 列をとり除いて得られる $(n-1)$ 次行列を A_{ij} と表わすことにする．このとき，その行列式 $\det A_{ij}$ のことを A の $(n-1)$ 次の**小行列式**という．表題の余因子展開とは，$(n-1)$ 次の小行列式の値を知ることで $\det A$ の値を計算できるというものである．

まず，次のことからはじめよう．

補題 5.4.1　n 次行列 $A=[a_{ij}]$ が，$a_{11}=1$，$a_{12}=a_{13}=\cdots=a_{1n}=0$ を満たすと仮定する．すなわち，A は次のような形であるとする．

$$A=\left[\begin{array}{c|ccc} 1 & 0 & \cdots & 0 \\ \hline a_{21} & & & \\ \vdots & & A_{11} & \\ a_{n1} & & & \end{array}\right] \tag{5.3}$$

このとき，$\det A=\det A_{11}$ が成立する．

証明　A_{11} の (i,j) 成分は $a_{i+1\ j+1}$ であることに注意して，A_{11} の行列式は，

$$\det A_{11}=\sum \mathrm{sgn}(\tau)a_{2\tau(2)}a_{3\tau(3)}\cdots a_{n\tau(n)}$$

となる．ここで $\sum$ は τ が $\{2,3,\cdots,n\}$ の置換を全て動くときの総和を表わす．

さて，A の行列式は，

$$\det A=\sum_{\sigma\in S_n}\mathrm{sgn}(\sigma)a_{1\sigma(1)}a_{2\sigma(2)}\cdots a_{n\sigma(n)}$$

であるが，$\sigma(1)\neq 1$ のときには仮定より $a_{1\sigma(1)}=0$ となるので，この式は，

$$\det A=a_{11}\left(\sum \mathrm{sgn}(\sigma)a_{2\sigma(2)}\cdots a_{n\sigma(n)}\right)$$

となる．ここで，$\sum$ は σ が $\{1,2,\cdots,n\}$ の置換で $\sigma(1)=1$ を満たすもの（全部で $(n-1)!$ 個）を動くときの総和である．このような置換 σ は $\{2,3,\cdots,n\}$ の置換とみなすことができるので，最初の等式より，この括弧のなかは $\det A_{11}$ に等しい．最後に $a_{11}=1$ なので，求める等式を得る．□

系 5.4.2　n 次行列 $A=[a_{ij}]$ について，$a_{kl}=1$ かつ (k,l) 成分以外の第 k 行成分は全て 0 であると仮定する．すなわち，A は，

$$A=\begin{bmatrix} a_{11} & \cdots & \cdots & a_{1l} & \cdots & \cdots & a_{1n} \\ \vdots & \cdots & \cdots & \vdots & \cdots & \cdots & \vdots \\ a_{k-11} & \cdots & \cdots & a_{k-1l} & \cdots & \cdots & a_{k-1n} \\ 0 & \cdots & 0 & 1 & 0 & \cdots & 0 \\ a_{k+11} & \cdots & \cdots & a_{k+1l} & \cdots & \cdots & a_{k+1n} \\ \vdots & \cdots & \cdots & \vdots & \cdots & \cdots & \vdots \\ a_{n1} & \cdots & \cdots & a_{nl} & \cdots & \cdots & a_{nn} \end{bmatrix} \tag{5.4}$$

という形とする．このとき，$\det A=(-1)^{k+l}\det A_{kl}$ である．

証明　第 l 列をその左隣りの列と入れ換え，次にその第 $(l-1)$ 列をその左隣りの列と入れ換え，$\cdots$．この操作を $(l-1)$ 回繰り返す．さらに，第 k 行をその上隣りの行と入れ換え，次にその第 $(k-1)$ 行を上隣りの行と入れ換え，$\cdots$．この操作を $(k-1)$ 回繰り返す．その結果として，最初 (k,l) 成分にあった 1 が $(1,1)$ 成分に移るので，行列 A は次の形の行列に変形される．

$$\left[\begin{array}{c|ccc} 1 & 0 & \cdots & 0 \\ \hline * & & & \\ \vdots & & A_{kl} & \\ * & & & \end{array}\right]$$

全体として，二つの行または列の入れ換えを $(k+l-2)$ 回して A からこの行列に至ったのであるから，この行列の行列式は $\det A$ の $(-1)^{k+l-2}=(-1)^{k+l}$ 倍になるはずである．従って，前補題より，$(-1)^{k+l}\det A=\det A_{kl}$ となる．□

定義 5.4.3　n 次行列 A と $1\leqq i,j\leqq n$ に対して，

$$\Delta(A)_{ij}=(-1)^{i+j}\det A_{ij} \tag{5.5}$$

とおいて，これを A の (i,j) 余因子という．

(i,j) 余因子 $\Delta(A)_{ij}$ は，A から i 行と j 列を除いた小行列の行列式に $\pm$ の符号をつけたものである．この符号のつき方は次のように覚えておくと便利である．(チェス盤の模様！)

$$\begin{bmatrix} + & - & + & - & \cdots \\ - & + & - & + & \cdots \\ + & - & + & - & \cdots \\ - & + & - & + & \cdots \\ \vdots & \vdots & \vdots & \vdots & \ddots \end{bmatrix} \tag{5.6}$$

定理 5.4.4 (行に関する余因子展開)　n 次行列 A と $1 \leqq i \leqq n$ に対して次の等式が成り立つ．

$$\det A = a_{i1}\Delta(A)_{i1} + a_{i2}\Delta(A)_{i2} + \cdots + a_{in}\Delta(A)_{in} \tag{5.7}$$

この等式を一般に第 i 行に関する**余因子展開**という．

証明　$i = 1$ の場合についてのみ証明をする (一般の場合も同じだから読者自ら試みること).

行列式の行に関する多重線形性 (補題 5.2.3) より，

$$\det A$$
$$= a_{11} \det \begin{bmatrix} 1 & 0 & \cdots & 0 \\ a_{21} & a_{22} & \cdots & a_{2n} \\ \vdots & \vdots & \ddots & \vdots \\ a_{21} & a_{22} & \cdots & a_{2n} \end{bmatrix} + \cdots + a_{1n} \det \begin{bmatrix} 0 & 0 & \cdots & 1 \\ a_{21} & a_{22} & \cdots & a_{2n} \\ \vdots & \vdots & \ddots & \vdots \\ a_{21} & a_{22} & \cdots & a_{2n} \end{bmatrix}$$

となる．ここで，系 5.4.2 より右辺の行列式はそれぞれ $\Delta(A)_{11}, \Delta(A)_{12}, \cdots, \Delta(A)_{1n}$ に等しいのだから，求める等式を得る．□

${}^tA$ の行に関する余因子展開を考えることで，$\det A$ の列に関しても同様の公式を得る．

定理 5.4.5 (列に関する余因子展開)

$$\det A = a_{1i}\Delta(A)_{1i} + a_{2i}\Delta(A)_{2i} + \cdots + a_{ni}\Delta(A)_{ni} \tag{5.8}$$

この等式を一般に第 i 列に関する**余因子展開**という．

例題 5.4.6 n 次行列 A が,「$i > j \Rightarrow a_{ij} = 0$」を満たすとき，$A$ を**上三角行列**という[1]．これは,

$$A = \begin{bmatrix} a_{11} & a_{12} & \cdots & a_{1n} \\ 0 & a_{22} & \cdots & a_{2n} \\ 0 & 0 & \ddots & \vdots \\ 0 & 0 & \cdots & a_{nn} \end{bmatrix} \tag{5.9}$$

ということである．このとき，$\det A$ は A の対角成分の積 $a_{11}a_{22}\cdots a_{nn}$ に等しいことを示せ．

解 n についての数学的帰納法で示す．$n = 1$ のときには明らかであろう．$n \geqq 2$ とする．$2 \leqq i \leqq n$ のとき，$a_{i1} = 0$ なので，第 1 列に関する余因子展開を行って $\det A = a_{11} \det A_{11}$ となる．ここで,

$$A_{11} = \begin{bmatrix} a_{22} & a_{23} & \cdots & a_{2n} \\ 0 & a_{33} & \cdots & a_{3n} \\ \vdots & \vdots & \ddots & \vdots \\ 0 & \cdots & \cdots & a_{nn} \end{bmatrix}$$

であるから，帰納法の仮定から $\det A_{11} = a_{22}a_{33}\cdots a_{nn}$ である．これを合わせて，$\det A = a_{11}a_{22}\cdots a_{nn}$ を得る．□

5.5 逆 行 列

一般の正方行列の逆行列を求めるには，2 次，3 次の場合と同じように，余因子行列をうまく定義して，それを行列式で割るという方法をとる．

---

[1] 同様に $i < j \Rightarrow a_{ij} = 0$ を満たすとき，A を下三角行列であるという．また，上三角行列と下三角行列を合わせて三角行列という．

定義 5.5.1 n 次行列 A に対して，その**余因子行列** (cofactor matirx) $\mathrm{Cof}(A)$ を，その (i,j) 成分が (j,i) 余因子 $\Delta(A)_{ji}$ であるような n 次行列として定義する [2)].

$$\mathrm{Cof}\,(A) = {}^t\left(\Delta(A)_{ij}\right) \tag{5.10}$$

2 次，3 次の場合と同じようにして，次の定理が成り立つ．

定理 5.5.2 n 次行列 A に対して，

$$A\,\mathrm{Cof}\,(A) = \mathrm{Cof}\,(A)\ A = (\det A)E_n \tag{5.11}$$

である．

証明 $\mathrm{Cof}\,(A)A = (\det A)E_n$ が成り立つということは，その (i,j) 成分をみて，

$$a_{1j}\Delta(A)_{1i} + a_{2j}\Delta(A)_{2i} + \cdots + a_{nj}\Delta(A)_{ni} = (\det A)\delta_{ij}$$

が全ての i,j について成立することと同じである．これは，$i = j$ のときには，第 i 列に関する余因子展開そのものである．$i \neq j$ のとき，この左辺の値が 0 であることは次のようにして示すことができる．

まず，$A = [\boldsymbol{a}_1, \cdots, \boldsymbol{a}_i, \cdots, \boldsymbol{a}_j, \cdots, \boldsymbol{a}_n]$ と書いて，行列 $B = [\boldsymbol{a}_1, \cdots, \boldsymbol{a}_j, \cdots, \boldsymbol{a}_j, \cdots, \boldsymbol{a}_n]$ を考える．B は行列 A の第 i 列をその第 j 列で置き換えたものである．B の第 i 列と第 j 列は同じなので $\det B = 0$ である．一方，B から第 i 列を除いた行列は，A から第 i 列を除いたものと同じだから，$\Delta(B)_{ki} = \Delta(A)_{ki}$ が成り立つ．よって，$\det B$ の第 i 列に関する余因子展開を考えて，

$$\begin{aligned} &a_{1j}\Delta(A)_{1i} + a_{2j}\Delta(A)_{2i} + \cdots + a_{nj}\Delta(A)_{ni} \\ &\quad = a_{1j}\Delta(B)_{1i} + a_{2j}\Delta(B)_{2i} + \cdots + a_{nj}\Delta(B)_{ni} = \det B = 0 \end{aligned}$$

となる．

$A\,\mathrm{Cof}\,(A) = (\det A)E_n$ については，行に関する余因子展開を考えて同様に示すことができる．□

この定理から，行列 A が正則行列，すなわち逆行列が存在するような行列，であるための必要十分条件を与えることができる．

[2)] $\mathrm{Cof}\,(A)$ は $(\Delta(A)_{ij})$ ではなくて，その転置行列であることに注意．

定理 5.5.3 n 次行列 A が正則行列であるための必要十分条件は，$\det A \neq 0$ となることである．また，このときにはその逆行列は次のように与えられる．

$$A^{-1} = \frac{1}{\det A}\,\mathrm{Cof}\,(A) \tag{5.12}$$

証明 $\det A \neq 0$ のときには，$X = (\det A)^{-1}\mathrm{Cof}\,(A)$ とおくと，定理 5.5.2 より，

$$AX = XA = E_n$$

となるので，この X が A の逆行列である．逆に，A に逆行列が存在すると仮定すると，$\det A \neq 0$ でなくてはならないことは例題 5.3.2 ですでに示した．□

例題 5.5.4 n 次行列 A の逆行列は定義によって

$$AX = XA = E_n$$

を満足する n 次行列 X のことであった．実は，一方の等式 $AX = E_n$ (または $XA = E_n$) が成り立てば，A は正則行列で

$$X = A^{-1}$$

となる．これを証明せよ．

解 $AX = E_n$ なら，この両辺の行列式をとって

$$\det A \cdot \det X = 1$$

となるので，$\det A \neq 0$ である．上記の定理によると，これから A は正則行列であることがわかる．そこで，$AX = E_n$ の両辺に左から A^{-1} をかけて，$X = A^{-1}$ となる．□

5.6 いろいろな行列式の計算

ここでは，昔からよく知られている行列式のいくつかについて，例をあげて実際に計算してみる．最も有名なものは次のヴァンデルモンド[3)] の行列式であろう．

---

3) Alexandre Théophile Vandermonde (1735～1796).

定理 5.6.1 (ヴァンデルモンドの行列式)　次の等式が成立する.

$$\begin{vmatrix} 1 & 1 & \cdots & 1 \\ x_1 & x_2 & \cdots & x_n \\ x_1^2 & x_2^2 & \cdots & x_n^2 \\ \vdots & \vdots & \ddots & \vdots \\ x_1^{n-1} & x_2^{n-1} & \cdots & x_n^{n-1} \end{vmatrix} = \prod_{i>j}(x_i - x_j) \tag{5.13}$$

ただし，この右辺は $i > j$ を満たす全ての i, j の組を動かして，$(x_i - x_j)$ の積をとることを意味する.

たとえば,

$$\begin{vmatrix} 1 & 1 & 1 \\ x_1 & x_2 & x_3 \\ x_1^2 & x_2^2 & x_3^2 \end{vmatrix} = (x_2 - x_1)(x_3 - x_2)(x_3 - x_1)$$

である.

証明　x_i を変数として，多項式の等式として証明すればよい．そこで，この行列式を $f(x_1, x_2, \cdots, x_n)$ と書くことにする．$0 \leqq j < i \leqq n$ のときに，行列式の x_i のところに x_j を代入すると，第 i 列と第 j 列が同じものになるので，この行列式の値は 0 になる．従って，多項式として $f(x_1, \cdots, x_n)$ は $(x_i - x_j)$ で割り切れる．結局，$f(x_1, \cdots, x_n)$ は $\prod_{i>j}(x_i - x_j)$ で割り切れることになる．よって，

$$f(x_1, \cdots, x_n) = g(x_1, \cdots, x_n)\prod_{i>j}(x_i - x_j)$$

となる多項式 $g(x_1, \cdots, x_n)$ がある．この両辺の x_1 についての次数をみると，

$$\deg_{x_1} f = n - 1 = \deg_{x_1} \prod_{i>j}(x_i - x_j)$$

なので，g の x_1 に関する次数は 0 である．同様に，全ての変数 x_i についても g の次数は 0 になるので，g は（変数によらない）定数 c である．よって，

$$f(x_1, \cdots, x_n) = c\prod_{i>j}(x_i - x_j) \tag{5.14}$$

である．ここで，$c = 1$ となることを示せばよい．そのために，この両辺の

$x_1^0 x_2^1 x_3^2 \cdots x_n^{n-1}$ の係数を比べる．$f(x_1, \cdots, x_n)$ におけるこの係数は，行列式の定義から 1 であることが容易にわかる．一方，

$$\prod_{i>j}(x_i - x_j) = \begin{array}{llll}(x_n - x_{n-1}) & (x_n - x_{n-2}) & \cdots & (x_n - x_1) \\ & (x_{n-1} - x_{n-2}) & \cdots & (x_{n-1} - x_1) \\ & & \ddots & \vdots \\ & & & (x_2 - x_1)\end{array}$$

を展開したとき，$x_n^{n-1} \cdots x_3^2 x_2^1 x_1^0$ が現われるのは，各括弧内の左側の項をかけ合わせた場合だけだから，ここでもこの係数はやはり 1 である．これより，(5.14) 式において $c = 1$ が示されるので証明が終わる．□

系 5.6.2 $x_1, x_2, \cdots, x_n$ が互いに異なる数であるとき，次の行列は正則行列である．

$$\begin{bmatrix} 1 & 1 & \cdots & 1 \\ x_1 & x_2 & \cdots & x_n \\ x_1^2 & x_2^2 & \cdots & x_n^2 \\ \vdots & \vdots & \ddots & \vdots \\ x_1^{n-1} & x_2^{n-1} & \cdots & x_n^{n-1} \end{bmatrix} \tag{5.15}$$

証明 定理よりヴァンデルモンドの行列式は，x_i が互いに異なる数であるときには 0 でない．従って，(5.15) の行列は正則である．□

例題 5.6.3 (巡回行列式♣) 次の等式を証明せよ．

$$\begin{vmatrix} x_1 & x_2 & \cdots & x_{n-1} & x_n \\ x_n & x_1 & \cdots & x_{n-2} & x_{n-1} \\ x_{n-1} & x_n & \cdots & x_{n-3} & x_{n-2} \\ \vdots & \vdots & \ddots & \vdots & \vdots \\ x_2 & x_3 & \cdots & x_n & x_1 \end{vmatrix} = \prod_{\zeta}(x_1 + \zeta x_2 + \cdots + \zeta^{n-1} x_n) \tag{5.16}$$

ただし，この右辺は ζ が n 個の 1 の n 乗根を全て動くときの積を表わす．

解 n 個の 1 の n 乗根を $\zeta_1, \zeta_2, \cdots, \zeta_n$ として，

$$
\begin{vmatrix} x_1 & x_2 & \cdots & x_n \\ x_n & x_1 & \cdots & x_{n-1} \\ \vdots & \vdots & \ddots & \vdots \\ x_2 & x_3 & \cdots & x_1 \end{vmatrix}
\begin{vmatrix} 1 & \cdots & 1 \\ \zeta_1 & \cdots & \zeta_n \\ \vdots & \ddots & \vdots \\ \zeta_1^{n-1} & \cdots & \zeta_n^{n-1} \end{vmatrix}
$$

$$
= \begin{vmatrix} x_1 + \zeta_1 x_2 + \cdots + \zeta_1^{n-1} x_n & \cdots & x_1 + \zeta_n x_2 + \cdots + \zeta_n^{n-1} x_n \\ x_n + \zeta_1 x_1 + \cdots + \zeta_1^{n-1} x_{n-1} & \cdots & x_n + \zeta_n x_1 + \cdots + \zeta_n^{n-1} x_{n-1} \\ \vdots & \ddots & \vdots \\ x_2 + \zeta_1 x_3 + \cdots + \zeta_1^{n-1} x_1 & \cdots & x_2 + \zeta_n x_3 + \cdots + \zeta_n^{n-1} x_1 \end{vmatrix}
$$

$$
= \begin{vmatrix} x_1 + \zeta_1 x_2 + \cdots + \zeta_1^{n-1} x_n & \cdots & x_1 + \zeta_n x_2 + \cdots + \zeta_n^{n-1} x_n \\ \zeta_1(x_1 + \zeta_1 x_2 + \cdots + \zeta_1^{n-1} x_n) & \cdots & \zeta_n(x_1 + \zeta_n x_2 + \cdots + \zeta_n^{n-1} x_n) \\ \vdots & \ddots & \vdots \\ \zeta_1^{n-1}(x_1 + \zeta_1 x_2 + \cdots + \zeta_1^{n-1} x_n) & \cdots & \zeta_n^{n-1}(x_1 + \zeta_n x_2 + \cdots + \zeta_n^{n-1} x_n) \end{vmatrix}
$$

$$
= \prod_{i=1}^{n} (x_1 + \zeta_i x_2 + \cdots + \zeta_i^{n-1} x_n) \begin{vmatrix} 1 & \cdots & 1 \\ \zeta_1 & \cdots & \zeta_n \\ \vdots & \ddots & \vdots \\ \zeta_1^{n-1} & \cdots & \zeta_n^{n-1} \end{vmatrix}
$$

この両辺に共通に出てきた行列式はヴァンデルモンドの行列式である．ζ_i は相異なるので定理 5.6.1 よりこの値は 0 でない．従って両辺からこれを相殺して求める等式を得る．□

例題 5.6.4　c を定数として，次の行列式の値を計算せよ．

$$
\begin{vmatrix} 1 & c & \cdots & c \\ c & 1 & \cdots & c \\ \vdots & \vdots & \ddots & \vdots \\ c & c & \cdots & 1 \end{vmatrix} \quad \text{(対角成分は 1，それ以外は全て } c\text{)}
$$

解　巡回行列式で，$x_1 = 1$，$x_2 = \cdots = x_n = c$ と置いたものがこの行列式だから，その値は，

$$
\prod_{\zeta} (1 + \zeta c + \zeta^2 c + \cdots + \zeta^{n-1} c)
$$

となる．ここで，ζ は 1 の n 乗根を全て動くのだが，$\zeta \neq 1$ のときには

$$1+\zeta+\zeta^2+\cdots+\zeta^{n-1}=0$$

となることに注意すれば，

$$\begin{aligned}\prod_{\zeta}(1+\zeta c+\zeta^2 c+\cdots+\zeta^{n-1}c) &= (1+c+c+\cdots+c)\prod_{\zeta\neq 1}(1-c)\\ &= \{1+(n-1)c\}(1-c)^{n-1}\end{aligned}$$

となるので，これが求める値である[4)]．□

演 習 問 題

1 次の行列式を計算せよ．

(1) $\begin{vmatrix} 1 & -1 & 1 & 0 \\ 0 & 1 & 0 & 2 \\ 1 & 0 & 1 & 1 \\ 1 & 2 & 3 & 4 \end{vmatrix}$　　(2) $\begin{vmatrix} 3 & 2 & 1 & 0 \\ 1 & 2 & 3 & 4 \\ 2 & 1 & 0 & -1 \\ -1 & 3 & 2 & 1 \end{vmatrix}$

2 次の行列式を計算せよ．

(1) $\begin{vmatrix} x & x^2 & y+z \\ y & y^2 & z+x \\ z & z^2 & x+y \end{vmatrix}$　　(2) $\begin{vmatrix} x & c & c & c \\ c & x & c & c \\ c & c & x & c \\ c & c & c & x \end{vmatrix}$

(3) $\begin{vmatrix} 1 & a & b & c+d \\ 1 & b & c & d+a \\ 1 & c & d & a+b \\ 1 & d & a & b+c \end{vmatrix}$

3 次の等式を証明せよ．

(1) $\begin{vmatrix} y+z & x & x \\ y & z+x & y \\ z & z & x+y \end{vmatrix} = 4xyz$

(2) $\begin{vmatrix} y+z & x-z & x-y \\ y-z & z+x & y-x \\ z-y & z-x & x+y \end{vmatrix} = 8xyz$

---

4)定理 5.1.1 を使って行列を変形しても，簡単に計算ができる．

(3) $$\begin{vmatrix} 1+a & 1 & 1 & 1 \\ 1 & 1+b & 1 & 1 \\ 1 & 1 & 1+c & 1 \\ 1 & 1 & 1 & 1+d \end{vmatrix} = abcd + abc + bcd + cda + dab$$

(4) $$\begin{vmatrix} 0 & a & b & c \\ -a & 0 & x & y \\ -b & -x & 0 & z \\ -c & -y & -z & 0 \end{vmatrix} = (cx - by + az)^2$$

(5) $$\begin{vmatrix} 0 & a & b & c \\ a & 0 & c & b \\ b & c & 0 & a \\ c & b & a & 0 \end{vmatrix} = -(a+b+c)(-a+b+c)(a-b+c)(a+b-c)$$

4 (1) $$\begin{vmatrix} x & y & z \\ z & x & y \\ y & z & x \end{vmatrix} = x^3 + y^3 + z^3 - 3xyz$$ となることを示せ.

(2) 積 $(a^3+b^3+c^3-3abc)(x^3+y^3+z^3-3xyz)$ も $X^3+Y^3+Z^3-3XYZ$ という形であることを示せ.

5 (x, y) 平面上に n 個の点 $\mathrm{P}_1(x_1, y_1), \mathrm{P}_2(x_2, y_2), \cdots, \mathrm{P}_n(x_n, y_n)$ が与えられているとする. ただし, $x_1 < x_2 < \cdots < x_n$ とする. このとき, この n 個の点を通る $(n-1)$ 次曲線

$$y = c_0 + c_1 x + c_2 c^2 + \cdots + c_{n-1} x^{n-1}$$

が唯一通りに存在することを示せ.

第6章

掃き出し法による計算

この章ではおもに数値計算の具体的方法について学ぶ．余因子行列を使って逆行列を計算する方法は，理論的にはよい方法であるにもかかわらず，実際の計算には手間がかかるのが難点である．ここでは，掃き出し法という方法でこれらを実際に計算する方法を勉強していく．

6.1 連立一次方程式の計算

行基本変形　連立一次方程式が与えられたとき，その解を求めることは，基本的には与えられた方程式系をそれと同値な方程式系に変形を行って，最終的に最も単純な形に方程式を書き換えることに他ならない．

この方法は，連立一次方程式系には次のような操作を施しても方程式の解は変わらないという性質を利用している．

(1)　ある式の順番を入れ換える．
(2)　ある式の何倍かを他の式に加える．
(3)　ある式に0でない数をかける．

連立方程式が，

$$\begin{cases} a_{11}x_1 + a_{12}x_2 + \cdots + a_{1n}x_n = b_1 \\ a_{21}x_1 + a_{22}x_2 + \cdots + a_{2n}x_n = b_2 \\ \qquad\qquad \vdots \\ a_{m1}x_1 + a_{m2}x_2 + \cdots + a_{mn}x_n = b_m \end{cases} \tag{6.1}$$

と与えられるとき，これに対応して次のような行列

$$\left[\begin{array}{cccc|c} a_{11} & a_{12} & \cdots & a_{1n} & b_1 \\ a_{21} & a_{22} & \cdots & a_{2n} & b_2 \\ \vdots & \vdots & \ddots & \vdots & \vdots \\ a_{m1} & a_{m2} & \cdots & a_{mn} & b_m \end{array}\right] \tag{6.2}$$

を考えた方が簡便である．この行列は連立方程式系 (6.1) の略記法であると考えてよい[1)]．上の (1)〜(3) の操作に対応して，この行列に次の操作を施しても連立方程式系の解は変わらないことになる．

(1) ある行の順番を入れ換える．
(2) ある行の何倍かを他の行に加える．
(3) ある行に 0 でない数をかける．

行列に対するこの 3 種類の変形を**行基本変形**という．

掃き出し法　もしいくつかの行基本変形のあとで (6.2) の行列が，

$$\left[\begin{array}{cccccccc|c} 1 & 0 & \cdots & 0 & c_{1r+1} & \cdots & c_{1n} & & d_1 \\ 0 & 1 & \cdots & 0 & c_{2r+1} & \cdots & c_{2n} & & d_2 \\ \vdots & \vdots & \ddots & \vdots & \vdots & \vdots & \vdots & & \vdots \\ 0 & 0 & \cdots & 1 & c_{rr+1} & \cdots & c_{rn} & & d_r \\ 0 & 0 & \cdots & 0 & 0 & \cdots & 0 & & 0 \\ \vdots & \vdots & \cdots & \vdots & \vdots & \cdots & \vdots & & \vdots \\ 0 & 0 & \cdots & 0 & 0 & \cdots & 0 & & 0 \end{array}\right] \tag{6.3}$$

という形に変形されれば，解は，

$$\begin{cases} x_1 = -c_{1r+1}x_{r+1} - \cdots - c_{1n}x_n + d_1 \\ x_2 = -c_{2r+1}x_{r+1} - \cdots - c_{2n}x_n + d_2 \\ \qquad\qquad \cdots \\ x_r = -c_{rr+1}x_{r+1} - \cdots - c_{rn}x_n + d_r \\ x_{r+1}, \cdots, x_n \text{ は不定（どんな値でもよい）} \end{cases} \tag{6.4}$$

---

1) これを拡大係数行列と呼ぶこともある．

ということになる．このように行列の行基本変形を使って連立方程式を解く方法を**掃き出し法**による計算という．

例題 6.1.1 連立一次方程式

$$\begin{cases} x + 2y + 3z = 1 \\ 2x + 3y + 4z = 2 \\ 3x + 4y + 5z = 3 \end{cases}$$

を解け．

解 行基本変形によって次のように変形する．

$$\left[\begin{array}{ccc|c} 1 & 2 & 3 & 1 \\ 2 & 3 & 4 & 2 \\ 3 & 4 & 5 & 3 \end{array}\right]$$

第 1 行を −2 倍して第 2 行に加え，−3 倍して第 3 行に加える．

$$\longrightarrow \left[\begin{array}{ccc|c} 1 & 2 & 3 & 1 \\ 0 & -1 & -2 & 0 \\ 0 & -2 & -4 & 0 \end{array}\right]$$

第 2 行を 2 倍して第 1 行に加え，−2 倍して第 3 行に加える．

$$\longrightarrow \left[\begin{array}{ccc|c} 1 & 0 & -1 & 1 \\ 0 & -1 & -2 & 0 \\ 0 & 0 & 0 & 0 \end{array}\right] \longleftarrow -1$$

第 2 行を −1 倍する．

$$\longrightarrow \left[\begin{array}{ccc|c} 1 & 0 & -1 & 1 \\ 0 & 1 & 2 & 0 \\ 0 & 0 & 0 & 0 \end{array}\right]$$

この最後の行列をみて，直ちに $x = z + 1, y = -2z$ が解となることがわかる．□

例題 6.1.2 連立一次方程式

$$\begin{cases} x + 2y + 3z = 1 \\ 2x + 3y + 4z = 2 \\ 3x + 4y + 5z = 1 \end{cases}$$

を解け．

解　この場合は，前例題と同様の行基本変形で，次のようになる．

$$\left[\begin{array}{ccc|c} 1 & 2 & 3 & 1 \\ 2 & 3 & 4 & 2 \\ 3 & 4 & 5 & 1 \end{array}\right] \longrightarrow \left[\begin{array}{ccc|c} 1 & 0 & -1 & 1 \\ 0 & 1 & 2 & 0 \\ 0 & 0 & 0 & -2 \end{array}\right]$$

ここで，第 3 行をながめると問題の連立方程式は $0 = -2$ という矛盾する等式を含むことになる．従って，この連立方程式には解がない．□

6.2 逆行列の計算

n 次正方行列 $A = [a_{ij}]$ に対して，その逆行列 $X = [x_{ij}]$ とは $AX = E_n$ となるものであった．この X の第 j 列 $\boldsymbol{x}_j = \begin{bmatrix} x_{1j} \\ x_{2j} \\ \vdots \\ x_{nj} \end{bmatrix}$ を求めることは，連立方程式

$$A\boldsymbol{x}_j = \boldsymbol{e}_j \quad (\text{ただし，} 1 \leqq j \leqq n)$$

を解くことに他ならない．このために，まず，$n \times 2n$ 行列 $[\,A \,|\, E_n\,]$ を考えて，これに行基本変形を施して，$[\,E_n \,|\, X\,]$ という形に変形できたとしよう．

$$[\,A \,|\, E_n\,] \longrightarrow [\,E_n \,|\, X\,]$$

この場合には，右側に現われる行列 X が求める逆行列である．なぜなら，このような行基本変形で，各 j $(1 \leqq j \leqq n)$ について，$[\,A \,|\, \boldsymbol{e}_j\,]$ の部分が $[\,E_n \,|\, \boldsymbol{x}_j\,]$ に変形されるのだから，前節の掃き出し法による計算で方程式

$$A\boldsymbol{x}_j = \boldsymbol{e}_j$$

の解 $\boldsymbol{x}_j$ を求めているのと同じだからである[2)]．

また，もし $[\,A \,|\, E_n\,]$ を行基本変形で左側の A の部分を単位行列に変形できないとき[3)]には，A には逆行列が存在しないということでもある．

---

2)掃き出し法で n 組の連立方程式を同時に解いたことになっている．

3)たとえば，行基本変形の過程で 0 ばかりからなる行が現われる場合．

例題 6.2.1 次の行列の逆行列を求めよ．

$$\begin{bmatrix} 1 & 2 & 3 \\ 4 & 5 & 6 \\ 7 & 8 & 0 \end{bmatrix}$$

解

$$\left[\begin{array}{ccc|ccc} 1 & 2 & 3 & 1 & 0 & 0 \\ 4 & 5 & 6 & 0 & 1 & 0 \\ 7 & 8 & 0 & 0 & 0 & 1 \end{array}\right] \quad \curvearrowright -4 \quad \curvearrowright -7$$

$$\longrightarrow \left[\begin{array}{ccc|ccc} 1 & 2 & 3 & 1 & 0 & 0 \\ 0 & -3 & -6 & -4 & 1 & 0 \\ 0 & -6 & -21 & -7 & 0 & 1 \end{array}\right] \quad \curvearrowright -2$$

$$\longrightarrow \left[\begin{array}{ccc|ccc} 1 & 2 & 3 & 1 & 0 & 0 \\ 0 & -3 & -6 & -4 & 1 & 0 \\ 0 & 0 & -9 & 1 & -2 & 1 \end{array}\right] \quad \begin{array}{l} \\ \longleftarrow -1/3 \\ \longleftarrow -1/9 \end{array}$$

$$\longrightarrow \left[\begin{array}{ccc|ccc} 1 & 2 & 3 & 1 & 0 & 0 \\ 0 & 1 & 2 & 4/3 & -1/3 & 0 \\ 0 & 0 & 1 & -1/9 & 2/9 & -1/9 \end{array}\right] \quad \curvearrowleft -2$$

$$\longrightarrow \left[\begin{array}{ccc|ccc} 1 & 0 & -1 & -5/3 & 2/3 & 0 \\ 0 & 1 & 2 & 4/3 & -1/3 & 0 \\ 0 & 0 & 1 & -1/9 & 2/9 & -1/9 \end{array}\right] \quad \curvearrowleft -2 \quad \curvearrowleft 1$$

$$\longrightarrow \left[\begin{array}{ccc|ccc} 1 & 0 & 0 & -16/9 & 8/9 & -1/9 \\ 0 & 1 & 0 & 14/9 & -7/9 & 2/9 \\ 0 & 0 & 1 & -1/9 & 2/9 & -1/9 \end{array}\right]$$

よって，

$$A^{-1} = \frac{1}{9}\begin{bmatrix} -16 & 8 & -1 \\ 14 & -7 & 2 \\ -1 & 2 & -1 \end{bmatrix} \qquad \square$$

注意 6.2.2 上の変形の過程では，次の節で述べるような列に関する変形を絶対にしてはいけない．許される変形はあくまで行基本変形のみである．

6.3 行列のランクの計算

行列には，行に関する基本変形と同様に，列に関してもその基本変形を考えることができる．念のために書き添えると，**列基本変形**とは下記の 3 種の変形をいう．

(1) ある列の順番を入れ換える．
(2) ある列の何倍かを他の列に加える．
(3) ある列に 0 でない数をかける．

行基本変形と列基本変形を合わせて，行列の**基本変形**という．

一般的に次のことがいえる．

定理 6.3.1 A が任意の $m \times n$ 行列であるとき，この A に基本変形を何度か行って，次の形にすることができる．

$$\left[\begin{array}{cccc|ccc} 1 & 0 & \cdots & 0 & 0 & \cdots & 0 \\ 0 & 1 & \cdots & 0 & 0 & \cdots & 0 \\ \vdots & \vdots & \ddots & \vdots & \vdots & \vdots & \vdots \\ 0 & 0 & \cdots & 1 & 0 & \cdots & 0 \\ \hline 0 & 0 & \cdots & 0 & 0 & \cdots & 0 \\ \vdots & \vdots & \cdots & \vdots & \vdots & \cdots & \vdots \\ 0 & 0 & \cdots & 0 & 0 & \cdots & 0 \end{array}\right] \tag{6.5}$$

証明 $A = O$ のときはすでに (6.5) の形である．そこで，$A = [a_{ij}] \neq O$ とする．行または列の入れ換えの後に $a_{11} \neq 0$ とすることができる．さらに $1/a_{11}$ を第 1 行にかけて $a_{11} = 1$ に変形できる．次に，第 1 列を何倍かして他の列に加えて，第 1 行の成分が (1,1) 成分以外は 0 であるようにできる．同様に第 1 行を何倍かして他の行に加えて，(1,1) 成分以外の第 1 列の成分が 0 であるようにできる．結局，これらの基本変形の後で A は次の形になる．

$$\left[\begin{array}{c|ccc} 1 & 0 & \cdots & 0 \\ \hline 0 & a_{22} & \cdots & a_{2n} \\ \vdots & \vdots & \vdots & \vdots \\ 0 & a_{m2} & \cdots & a_{mn} \end{array}\right]$$

同様の議論を，この $\begin{bmatrix} a_{22} & \cdots & a_{2n} \\ \vdots & \vdots & \vdots \\ a_{m2} & \cdots & a_{mn} \end{bmatrix}$ に適用して定理の形にすることができる．

□

定義 6.3.2　行列 A が定理 6.3.1 のような形に変形したとき，最終的に得られる行列の 1 の個数を行列 A の**ランク**または**階数**といって，その値を $\mathrm{rank}(A)$ と書く．

このランクという概念はとても重要なものであるのだが，この定義には多少あいまいなところがあるので注意が必要である．実際，定理 6.3.1 のように変形する仕方は一通りであるというわけではない．従って，この定義がちゃんとしたものである (well-defined) ためには，どのような基本変形を行って定理のような形にしても，その 1 の個数については同じ値が得られなければならない．このことが証明されて，はじめてこの定義が使えるようになるのだが，ただし，その証明にはいくらかの予備知識を必要とするので，第 8 章まで保留しておくことにする[4]．

$m \times n$ 行列 A については，

$$\mathrm{rank}(A) \leqq m \quad かつ \quad \mathrm{rank}(A) \leqq n \tag{6.6}$$

が成立することは定義から明らかである．

実際のランクの計算については，上の定理の証明と同じような方針ですればよい．

---

[4] 8.6 節をみよ．

例題 6.3.3　次の行列のランクを計算せよ．

$$A = \begin{bmatrix} 0 & 1 & 2 & 3 \\ 3 & 4 & 5 & 6 \\ 6 & 7 & 8 & 9 \end{bmatrix}$$

解

$$\begin{bmatrix} 0 & 1 & 2 & 3 \\ 3 & 4 & 5 & 6 \\ 6 & 7 & 8 & 9 \end{bmatrix} \longrightarrow \begin{bmatrix} 1 & 0 & 2 & 3 \\ 4 & 3 & 5 & 6 \\ 7 & 6 & 8 & 9 \end{bmatrix} \begin{matrix} -4 \\ -7 \end{matrix}$$

$$\longrightarrow \begin{bmatrix} 1 & 0 & 2 & 3 \\ 0 & 3 & -3 & -6 \\ 0 & 6 & -6 & -12 \end{bmatrix} \; -2 \quad \longleftarrow 1/3$$

$$\longrightarrow \begin{bmatrix} 1 & 0 & 2 & 3 \\ 0 & 1 & -1 & -2 \\ 0 & 0 & 0 & 0 \end{bmatrix} \quad (\text{列変形})$$

$$\longrightarrow \begin{bmatrix} 1 & 0 & 0 & 0 \\ 0 & 1 & 0 & 0 \\ 0 & 0 & 0 & 0 \end{bmatrix}$$

よって，$\operatorname{rank} A = 2$ である．□

6.4 基本行列

定義 6.4.1　n 次基本行列とは次の3種類の n 次行列のことをいう．

(1)　$P(i,j;c) =$ n 次単位行列に行列単位 E_{ij} の c 倍を加えたもの．ただし，$i \neq j$ で c は任意のスカラー．

(2)　$Q(i,j) =$ n 次単位行列の第 i 列と第 j 列を入れ換えたもの．

(3)　$R(i;c) =$ n 次単位行列の (i,i) 成分を c で置き換えたもの．ただし，$c \neq 0$．

具体的には，次のような形である．

第 i 列　第 j 列

$$P(i,j;c) = \begin{bmatrix} 1 & & & & & & \\ & \ddots & & & & & \\ & & 1 & & c & & \\ & & & \ddots & & & \\ & & & & 1 & & \\ & O & & & & \ddots & \\ & & & & & & 1 \end{bmatrix} \begin{matrix} \\ \\ \leftarrow \text{第 } i \text{ 行} \\ \\ \leftarrow \text{第 } j \text{ 行} \\ \\ \\ \end{matrix} \tag{6.7}$$

$$Q(i,j) = \begin{bmatrix} 1 & & & & & & & \\ & \ddots & & & & & O & \\ & & 1 & & & & & \\ & & & 0 & & 1 & & \\ & & & & \ddots & & & \\ & & & 1 & & 0 & & \\ & & & & & & 1 & \\ & O & & & & & & \ddots \\ & & & & & & & & 1 \end{bmatrix} \begin{matrix} \\ \\ \\ \leftarrow \text{第 } i \text{ 行} \\ \\ \leftarrow \text{第 } j \text{ 行} \\ \\ \\ \\ \end{matrix} \tag{6.8}$$

第 i 列

$$R(i;c) = \begin{bmatrix} 1 & & & & & \\ & \ddots & & & O & \\ & & 1 & & & \\ & & & c & & \\ & & & & 1 & \\ & O & & & & \ddots \\ & & & & & & 1 \end{bmatrix} \begin{matrix} \\ \\ \\ \leftarrow \text{第 } i \text{ 行} \\ \\ \\ \\ \end{matrix} \tag{6.9}$$

前節で与えた行列の基本変形はこの基本行列をかけることで表わすことができる.

補題 6.4.2 $m \times n$ 行列 A の行基本変形は A に左側から m 次基本行列をかけることで得られる. また, 列基本変形は右側から n 次基本行列をかけることで得られる.

この証明は行列の積の定義から明らかである. 実際, A に左から $P(i, j; c)$ をかけることは A の第 j 行を c 倍して第 i 行に加えることになる. 同様, A に左から $Q(i, j)$ をかけることは A の第 i 行と第 j 行を入れ換えることに, A に左から $R(i; c)$ をかけることは A の第 i 行を c 倍することになる.

例題 6.4.3 3 種の基本行列はすべて正則行列であることを示せ.

解 それぞれについて逆行列があることをいえばよい.

$$P(i, j; c)P(i, j; -c) = E_n$$

となるので, $P(i, j; c)^{-1} = P(i, j; -c)$ である. 同様にして, $Q(i, j)^{-1} = Q(i, j)$, $R(i; c)^{-1} = R(i; 1/c)$ となる. □

この例題を使って, 定理 6.3.1 は次のように述べることもできる.

定理 6.4.4 A が $m \times n$ 行列であるとき, 適当な m 次正則行列 Q と n 次正則行列 P をとって,

$$QAP = \left[\begin{array}{cccc|ccc} 1 & 0 & \cdots & 0 & 0 & \cdots & 0 \\ 0 & 1 & \cdots & 0 & 0 & \cdots & 0 \\ \vdots & \vdots & \ddots & \vdots & \vdots & \vdots & \vdots \\ 0 & 0 & \cdots & 1 & 0 & \cdots & 0 \\ \hline 0 & 0 & \cdots & 0 & 0 & \cdots & 0 \\ \vdots & \vdots & \cdots & \vdots & \vdots & \cdots & \vdots \\ 0 & 0 & \cdots & 0 & 0 & \cdots & 0 \end{array}\right] \begin{array}{l} \left.\begin{array}{l} \\ \\ \\ \\ \end{array}\right\} \text{rank}\,(A) \\ \left.\begin{array}{l} \\ \\ \\ \end{array}\right\} m - \text{rank}\,(A) \end{array} \tag{6.10}$$

という形にすることができる.

証明 補題 6.4.2 から, いくつかの基本行列 $P_1, \cdots, P_s, Q_1, \cdots, Q_t$ をとって,

$Q_t \cdots Q_1 A P_1 \cdots P_s$ が (6.10) 式の右辺のような行列になるようにすることができる．例題 6.4.3 より，

$$Q = Q_t \cdots Q_1, \quad P = P_1 \cdots P_s$$

とおけば，これらは正則行列なので定理が成り立つ．□

この定理を使えば，ランクの重要な性質の一つ —正方行列の正則性の判定— を与えることができる．

定理 6.4.5　n 次正方行列 A について，A が正則行列であるための必要十分条件は，

$$\mathrm{rank}(A) = n$$

となることである．

証明　もし A が正則行列であるとすると，前節の逆行列の計算より，行列 $[A \mid E_n]$ を行基本変形のみで $[E_n \mid A^{-1}]$ という形にできるはずである．この左側の部分をみると A が行基本変形のみで単位行列に変形できたわけで，従って，$\mathrm{rank}(A) = n$ である．逆に，$\mathrm{rank}(A) = n$ であるとしよう．A は n 次正方行列なので，定理 6.4.4 によって，

$$QAP = E_n$$

となる n 次正則行列 Q と P があることになる．このとき，$A = Q^{-1}P^{-1}$ となるから A も正則行列である．□

6.5　一般逆行列の計算♣

$m \times n$ 行列 A に対して定理 6.4.4 を満足するような Q と P を掃き出し法によって求めることができる．

定理 6.5.1　$m \times n$ 行列 A に対して，$(m+n) \times (m+n)$ 行列

$$\left[\begin{array}{c|c} A & E_n \\ \hline E_m & O \end{array}\right]$$

を考える．この行列を最初の m 行に関する行基本変形と最初の n 列に関する列基本変形で，

$$\left[\begin{array}{c|c} A & E_n \\ \hline E_m & O \end{array}\right] \longrightarrow \left[\begin{array}{c|c} F & Q \\ \hline P & O \end{array}\right] \tag{6.11}$$

と変形できる．ここで F は (6.10) 式の右辺の行列である．このとき，$QAP = F$ が成り立つ．

証明 定理 6.4.4 の証明のように基本行列 $P_1, \cdots, P_s, Q_1, \cdots, Q_t$ を

$$Q_t \cdots Q_1 A P_1 \cdots P_s = F$$

となるようにとっておく．このとき，

$$\begin{bmatrix} Q_t & O \\ O & E_n \end{bmatrix} \cdots \begin{bmatrix} Q_1 & O \\ O & E_n \end{bmatrix} \begin{bmatrix} A & E_n \\ E_m & O \end{bmatrix} \begin{bmatrix} P_1 & O \\ O & E_m \end{bmatrix} \cdots \begin{bmatrix} P_s & O \\ O & E_m \end{bmatrix}$$
$$= \begin{bmatrix} Q_t \cdots Q_1 A P_1 \cdots P_s & Q_t \cdots Q_1 \\ P_1 \cdots P_s & O \end{bmatrix}$$

であるから，これから定理は明らか．□

定義 6.5.2 $m \times n$ 行列 A に対して，

$$AXA = A$$

を満足するような $n \times m$ 行列 X のことを A の**一般逆行列**といって，A^- と表わす．

一般逆行列の名称は次の補題が成り立つことからきている．

補題 6.5.3 もし A が正方行列で正則であるときには，その一般逆行列は A の逆行列 A^{-1} に一致する．

証明 A^{-1} が存在する場合，

$$AA^{-1}A = A$$

となるから A^{-1} は A の一般逆行列である．反対に，

$$AXA = A$$

とするとき，この両辺に左から A^{-1}，右から A^{-1} をかければ，$X = A^{-1}$ が出るので，一般逆行列は A^{-1} に限る．□

しかし，正方行列でない場合にも，また正方行列であって正則でない場合でも，一般逆行列を考えることができて，それはどのような行列に対しても存在することが証明できる．

定理 6.5.4 $m \times n$ 行列 A に対して，定理 6.5.1 のように Q, P をとったとき，$P\,{}^tFQ$ は A の一般逆行列である．

証明 まず (6.10) 式の右辺の行列 F については，$F\,{}^tFF = F$ が成り立つことは，その行列の形から明らかであろう．

$$A = Q^{-1}FP^{-1}$$

であることから，

$$\begin{aligned} A(P\,{}^tFQ)A &= Q^{-1}FP^{-1}P\,{}^tFQQ^{-1}FP^{-1} \\ &= Q^{-1}F\,{}^tFFP^{-1} \\ &= Q^{-1}FP^{-1} = A \end{aligned}$$

となるので，確かに $P\,{}^tFQ$ は一般逆行列の条件を満たす．□

一般逆行列は，行列 A に対してただ一通りに定まるというわけではないので注意しよう．一般逆行列を使って，連立方程式を解くこともできる[5]．

演 習 問 題

1 掃き出し法で次の連立一次方程式を解け．

(1) $\begin{cases} 3x - 2y + z = 2 \\ x + y - z = 0 \\ 3x + y - z = 2 \end{cases}$ (2) $\begin{cases} x + y + z + w = 4 \\ x + 2y - w = 2 \\ 3x + y - z = 3 \end{cases}$

2 掃き出し法で次の行列の逆行列を計算せよ．

(1) $\begin{bmatrix} 1 & 2 & 3 \\ 2 & 0 & 2 \\ 3 & 2 & 1 \end{bmatrix}$ (2) $\begin{bmatrix} -1 & 1 & 1 & 1 \\ 1 & -1 & 1 & 1 \\ 1 & 1 & -1 & 1 \\ 1 & 1 & 1 & -1 \end{bmatrix}$

3 次の行列のランクを計算せよ．

(1) $\begin{bmatrix} 1 & 2 & 3 \\ 2 & 3 & 4 \\ 0 & 1 & 2 \end{bmatrix}$ (2) $\begin{bmatrix} -1 & 1 \\ 1 & -1 \\ 2 & 3 \\ 4 & 5 \end{bmatrix}$

4 問題 3 の行列について，その一般逆行列を掃き出し法で計算せよ．

---

[5] 9.4 節参照．

第 II 部
ベクトル空間と線形写像

第7章

ベクトル空間

数ベクトル空間については第1章で学んだ．そこで重要であったことは，ベクトルには和とスカラー倍が定義されているということであり，幾何学的直観というものを無視すれば，ベクトルに関する議論はこのことだけで事足りるのである．ここでは，このようなことを抽象化して，数ベクトル空間とは限らない一般的なベクトル空間について詳しく学ぶ．ある意味で線形代数を学ぶ本質的な意義はこの部分にあるので，読者はこの考え方によく習熟することが望まれる．

7.1 抽象ベクトル空間の定義

この節では，実数体 $\mathbf{R}$ または複素数体 $\mathbf{C}$，あるいは場合によっては有理数体 $\mathbf{Q}$ を K という記号で表わすことにする．こうする理由は，このどれについてもその範囲で四則演算が自由にできて，この四則演算に基づく共通の議論を行うからである．

この記号のもとで K ベクトル空間を定義しよう．

定義 7.1.1 集合 V が K **ベクトル空間**（または**抽象** K **ベクトル空間**）であるとは，V の二つの要素 $\boldsymbol{a}, \boldsymbol{b}$ に対して，その和 $\boldsymbol{a}+\boldsymbol{b}$ が V の要素として定義され，また，V の要素 $\boldsymbol{a}$ と K の要素 α に対して，スカラー倍と呼ばれる $\alpha\boldsymbol{a}$ が V の要素として定義されていて，次の 7 条件が満たされるときをいう．

(和の結合則) 任意の $\boldsymbol{a}, \boldsymbol{b}, \boldsymbol{c} \in V$ について，$\boldsymbol{a}+(\boldsymbol{b}+\boldsymbol{c})=(\boldsymbol{a}+\boldsymbol{b})+\boldsymbol{c}$

(和の可換性) 任意の $\boldsymbol{a}, \boldsymbol{b} \in V$ について，$\boldsymbol{a}+\boldsymbol{b}=\boldsymbol{b}+\boldsymbol{a}$

(0 の存在) 特別な要素 $\mathbf{0} \in V$ があって，$\boldsymbol{a}+\mathbf{0}=\mathbf{0}+\boldsymbol{a}=\boldsymbol{a}$ が任意の $\boldsymbol{a} \in V$ について成立する．

(マイナスの存在) 任意の $\boldsymbol{a} \in V$ について，$\boldsymbol{a}+\boldsymbol{a}'=\boldsymbol{a}'+\boldsymbol{a}=\mathbf{0}$ を満足する $\boldsymbol{a}' \in V$ がただ一つ存在する．普通この $\boldsymbol{a}'$ を $-\boldsymbol{a}$ と書く．

(1 によるスカラー倍) 任意の要素 $\boldsymbol{a} \in V$ について $1 \cdot \boldsymbol{a}=\boldsymbol{a}$

(スカラー倍の結合則) 任意の $\alpha, \beta \in K$ と $\boldsymbol{a} \in V$ に対して，

$$\alpha(\beta\boldsymbol{a})=(\alpha\beta)\boldsymbol{a}$$

(スカラー倍の分配則) 任意の $\boldsymbol{a}, \boldsymbol{b} \in V$ と $\alpha, \beta \in K$ に対して，

$$\alpha(\boldsymbol{a}+\boldsymbol{b})=\alpha\boldsymbol{a}+\alpha\boldsymbol{b} \quad \text{および} \quad (\alpha+\beta)\boldsymbol{a}=\alpha\boldsymbol{a}+\beta\boldsymbol{a}$$

V が K ベクトル空間であるとき，V の要素を**ベクトル**，K の要素を**スカラー**ということにする．また，文脈によって K が $\mathbf{R}, \mathbf{C}$ あるいは $\mathbf{Q}$ のどれであるかがはっきりしている場合には，K ベクトル空間というかわりに，単にベクトル空間ということも多い．

例 7.1.2 (1) 数ベクトル空間 $\mathbf{R}^n$ は $\mathbf{R}$ ベクトル空間，$\mathbf{C}^n$ は $\mathbf{C}$ ベクトル空間である．

(2) $M_{m\times n}(\mathbf{R})$ で実 $m \times n$ 行列の全体の集合とする．行列の和とスカラー倍を考えることで，これは $\mathbf{R}$ ベクトル空間である．同様，$M_{m\times n}(\mathbf{C})$ で複素 $m \times n$ 行列の全体の集合とすると，これは $\mathbf{C}$ ベクトル空間である．

(3) 実係数の x の多項式全体の集合を $\mathbf{R}[x]$ と書くと，通常の多項式の和，および定数倍を考えて，$\mathbf{R}[x]$ は $\mathbf{R}$ ベクトル空間である．また，$\mathbf{R}[x]_{\leqq n}$ で次数が n 以下の多項式の全体の集合とすると，$\mathbf{R}[x]_{\leqq n}$ は $\mathbf{R}[x]$ の部分集合であ

るが，それ自体 $\mathbf{R}$ ベクトル空間である．複素係数の多項式についても同様にして，$\mathbf{C}[x]$, $\mathbf{C}[x]_{\leqq n}$ は $\mathbf{C}$ ベクトル空間である．

(4) $\mathbf{R}$ の（開）区間 I に対して，I 上で C^i 級の関数[1)]の全体を $C^i(I)$ で表わすと通常の関数の和と定数倍で，$C^i(I)$ は $\mathbf{R}$ ベクトル空間である．

(5) $\mathbf{R}$ は通常の和と積を考えて，もちろん $\mathbf{R}$ ベクトル空間であるが，それを $\mathbf{Q}$ ベクトル空間と考えることもできる．また，$\mathbf{C}$ は $\mathbf{R}$ ベクトル空間であると同時に $\mathbf{Q}$ ベクトル空間とも考えることができる．このように，集合としては全く同じ対象でも異なるいくつかの方法でベクトル空間とみなすことが可能である．この場合，ベクトル空間としては異なるものであると考える．

(6) $\mathbf{R}$ の区間 $[0,\infty)$ には，和やスカラー倍を普通の和と積として定義できるのだが，この場合 $[0,\infty)$ の要素 a に対して，$-a$ はもはや $[0,\infty)$ の要素ではないので，このような仕方でこれを $\mathbf{R}$ ベクトル空間とすることはできない．□

例題 7.1.3　K ベクトル空間 V の任意の要素 $\boldsymbol{a}$ について，$0\cdot\boldsymbol{a}=\mathbf{0}$ および $(-1)\cdot\boldsymbol{a}=-\boldsymbol{a}$ が成り立つことを示せ．

解　まず，$\boldsymbol{a}=1\cdot\boldsymbol{a}=(1+0)\cdot\boldsymbol{a}=1\cdot\boldsymbol{a}+0\cdot\boldsymbol{a}=\boldsymbol{a}+0\cdot\boldsymbol{a}$，この両辺に $-\boldsymbol{a}$ を加えて，

$$\mathbf{0}=-\boldsymbol{a}+\boldsymbol{a}=-\boldsymbol{a}+(\boldsymbol{a}+0\cdot\boldsymbol{a})=(-\boldsymbol{a}+\boldsymbol{a})+0\cdot\boldsymbol{a}=\mathbf{0}+0\cdot\boldsymbol{a}=0\cdot\boldsymbol{a}$$

となる．また，$\boldsymbol{a}+(-1)\cdot\boldsymbol{a}=1\cdot\boldsymbol{a}+(-1)\boldsymbol{a}=(1+(-1))\cdot\boldsymbol{a}=0\cdot\boldsymbol{a}=\mathbf{0}$ の両辺に $-\boldsymbol{a}$ を加えて $(-1)\cdot\boldsymbol{a}=-\boldsymbol{a}$ を得る．□

例題 7.1.4　整数の全体の集合 $\mathbf{Z}$ において通常の和をベクトルの和と考えて，$\mathbf{Z}$ を $\mathbf{Q}$ ベクトル空間とすることはできないことを示せ．

解　$\mathbf{Z}$ が $\mathbf{Q}$ ベクトル空間になったと仮定しよう．スカラー $1\in\mathbf{Q}$ とベクトル $1\in\mathbf{Z}$ に対して[2)]，

$$1=1\cdot 1=\left(\frac{1}{2}+\frac{1}{2}\right)\cdot 1=\frac{1}{2}\cdot 1+\frac{1}{2}\cdot 1$$

となる．$\frac{1}{2}\cdot 1$ を a とおくと，これは $\mathbf{Z}$ の要素で通常の和によって $a+a=1$ が成り立たねばならないが，これは矛盾である．□

[1)] I 上の関数で i 回連続微分可能な関数のこと．

[2)] ベクトル 1 のスカラー 1 によるスカラー倍を考えて．

7.2 一次独立性

数ベクトル空間の場合と同じようにして，一般のベクトル空間においてもそのベクトルの一次独立性，一次従属性を考えることができる．

定義 7.2.1 V を K ベクトル空間とするとき，いくつかのベクトル $\boldsymbol{a}_1$，$\boldsymbol{a}_2$，$\cdots, \boldsymbol{a}_m$ と同じ個数のスカラー c_1，$c_2, \cdots, c_m$ に対して，次のようにして与えられるベクトルを $\boldsymbol{a}_1$，$\boldsymbol{a}_2$，$\cdots, \boldsymbol{a}_m$ の**一次結合**という．

$$c_1\boldsymbol{a}_1 + c_2\boldsymbol{a}_2 + \cdots + c_m\boldsymbol{a}_m = \sum_{i=1}^{m} c_i\boldsymbol{a}_i \tag{7.1}$$

また，

$$c_1\boldsymbol{a}_1 + c_2\boldsymbol{a}_2 + \cdots + c_m\boldsymbol{a}_m = \boldsymbol{0} \tag{7.2}$$

となるとき，これをベクトルの**一次関係式**という．ここで，

$$c_1 = c_2 = \cdots = c_m = 0$$

のときこの一次関係式は**自明である**といい，そうでないときに，**自明でない一次関係式**という．

定義 7.2.2 ベクトル $\boldsymbol{a}_1$，$\boldsymbol{a}_2$，$\cdots, \boldsymbol{a}_m$ について，これらの一次関係式は自明なものに限るときに，これらのベクトルは**一次独立**であるという．また，自明でない一次関係式が存在するときには，これらのベクトルは**一次従属**であるという．

ベクトル $\boldsymbol{a}_1$，$\boldsymbol{a}_2$，$\cdots, \boldsymbol{a}_m$ が一次独立であるということは，この定義から，

$$\begin{aligned} &c_1\boldsymbol{a}_1 + c_2\boldsymbol{a}_2 + \cdots + c_m\boldsymbol{a}_m = \boldsymbol{0} \\ &\Longrightarrow c_1 = c_2 = \cdots = c_m = 0 \end{aligned} \tag{7.3}$$

が成立することである．

補題 7.2.3　K ベクトル空間 V において，そのベクトルの集合 $\{\boldsymbol{a}_1, \boldsymbol{a}_2, \cdots, \boldsymbol{a}_m\}$ が一次独立とすると，その部分集合 $\{\boldsymbol{a}_{i_1}, \boldsymbol{a}_{i_2}, \cdots, \boldsymbol{a}_{i_k}\}$ (ただし，$1 \leqq i_1 < i_2 < \cdots < i_k \leqq m$) もまた一次独立である．また，$\{\boldsymbol{a}_{i_1}, \boldsymbol{a}_{i_2}, \cdots, \boldsymbol{a}_{i_k}\}$ が一次従属ならば，$\{\boldsymbol{a}_1, \boldsymbol{a}_2, \cdots, \boldsymbol{a}_m\}$ は一次従属である．

証明　$\boldsymbol{a}_1, \boldsymbol{a}_2, \cdots, \boldsymbol{a}_m$ が一次独立ならば，

$$x_1\boldsymbol{a}_1 + x_2\boldsymbol{a}_2 + \cdots + x_m\boldsymbol{a}_m = \boldsymbol{0}$$

を満たすスカラー x_i は $x_1 = x_2 = \cdots = x_m = 0$ しかないのだから，

$$x_{i_1}\boldsymbol{a}_{i_1} + x_{i_2}\boldsymbol{a}_{i_2} + \cdots + x_{i_k}\boldsymbol{a}_{i_k} = \boldsymbol{0}$$

の解も $x_{i_1} = x_{i_2} = \cdots = x_{i_k} = 0$ だけである．後半は前半の対偶である．□

補題 7.2.4　K ベクトル空間 V のベクトル $\boldsymbol{a}_1, \boldsymbol{a}_2, \cdots, \boldsymbol{a}_m$ が一次独立で，$\boldsymbol{a}_1, \boldsymbol{a}_2, \cdots, \boldsymbol{a}_m, \boldsymbol{a}_{m+1}$ は一次従属であったとする．このとき，$\boldsymbol{a}_{m+1}$ は $\boldsymbol{a}_1, \boldsymbol{a}_2, \cdots, \boldsymbol{a}_m$ の一次結合である．

証明　仮定より，自明でない一次関係式

$$c_1\boldsymbol{a}_1 + c_2\boldsymbol{a}_2 + \cdots + c_m\boldsymbol{a}_m + c_{m+1}\boldsymbol{a}_{m+1} = \boldsymbol{0}$$

が成り立つ．ここで，$c_1, c_1, \cdots, c_{m+1}$ の中には少なくとも一つ 0 でないものがある．もし $c_{m+1} = 0$ とすると，$c_1, c_2, \cdots, c_m$ の中に 0 でないものがあり，上記の関係式は，$\boldsymbol{a}_1, \boldsymbol{a}_2, \cdots, \boldsymbol{a}_m$ の自明でない一次関係式を与えるので仮定に反する．よって，$c_{m+1} \neq 0$ である．すると，上式より

$$\boldsymbol{a}_{m+1} = -\frac{c_1}{c_{m+1}}\boldsymbol{a}_1 - \frac{c_2}{c_{m+1}}\boldsymbol{a}_2 - \cdots - \frac{c_m}{c_{m+1}}\boldsymbol{a}_m$$

となる．□

例題 7.2.5　$\mathbf{R}$ を $\mathbf{Q}$ ベクトル空間とみるとき，$\mathbf{R}$ の二つの要素 $1, \sqrt{2}$ は一次独立であることを示せ．

解　一次関係式

$$a \cdot 1 + b \cdot \sqrt{2} = 0$$

が成立しているとする．ここで，a, b は有理数である．このとき，$a + b\sqrt{2} = 0$ が $\mathbf{R}$ の中で成り立つ．$b \neq 0$ なら，$\sqrt{2} = -\frac{a}{b}$ となり $\sqrt{2}$ が無理数であることに反するので，$b = 0$．すると $a = 0$ も出るので，自明な一次関係式しかない．□

7.3 部分空間

ベクトル空間の部分集合でそれ自体ベクトル空間の構造をもつようなものを**部分ベクトル空間**という．もっと正確には，

定義 7.3.1　K ベクトル空間 V の部分集合 W で，W が和とスカラー倍で閉じているとき，これを V の**部分ベクトル空間**または単に**部分空間**という．すなわち，次の性質を満たすときである．

(1)　任意の $\boldsymbol{a}, \boldsymbol{b} \in W$ について，$\boldsymbol{a}+\boldsymbol{b} \in W$

(2)　任意の $\boldsymbol{a} \in W$ と任意の $\alpha \in K$ について $\alpha\boldsymbol{a} \in W$

W が V の部分空間であるときには，W それ自身も抽象ベクトル空間である．部分空間のもっとも大切な例は次のようなものである．

定理 7.3.2　K ベクトル空間 V のいくつかのベクトル $\boldsymbol{a}_1, \boldsymbol{a}_2, \cdots, \boldsymbol{a}_r$ が与えられたとき，これら r 個のベクトルの一次結合で表わされるベクトルの全体を $\mathbf{L}(\boldsymbol{a}_1, \boldsymbol{a}_2, \cdots, \boldsymbol{a}_r)$ と表わす．

$$\mathbf{L}(\boldsymbol{a}_1, \boldsymbol{a}_2, \cdots, \boldsymbol{a}_r) = \{c_1\boldsymbol{a}_1 + c_2\boldsymbol{a}_2 + \cdots + c_r\boldsymbol{a}_r \mid c_1, c_2, \cdots, c_r \in K\} \tag{7.4}$$

このとき，$\mathbf{L}(\boldsymbol{a}_1, \boldsymbol{a}_2, \cdots, \boldsymbol{a}_r)$ は V の部分ベクトル空間である．

証明　これが定義 7.3.1 の (1), (2) の条件を満たすことを示せばよい．容易なので読者に委ねる．□

定義 7.3.3　$\mathbf{L}(\boldsymbol{a}_1, \boldsymbol{a}_2, \cdots, \boldsymbol{a}_r)$ をベクトル $\{\boldsymbol{a}_1, \boldsymbol{a}_2, \cdots, \boldsymbol{a}_r\}$ によって**生成された部分空間**といい[3]，$\{\boldsymbol{a}_1, \boldsymbol{a}_2, \cdots, \boldsymbol{a}_r\}$ をその部分空間の**生成系**と呼ぶ．特に，$V = \mathbf{L}(\boldsymbol{a}_1, \boldsymbol{a}_2, \cdots, \boldsymbol{a}_r)$ となるとき $\{\boldsymbol{a}_1, \boldsymbol{a}_2, \cdots, \boldsymbol{a}_r\}$ を V の生成系という．

---

[3] $\{\boldsymbol{a}_1, \boldsymbol{a}_2, \cdots, \boldsymbol{a}_r\}$ によって張られた部分空間という場合も多い．一次独立 linear independence，一次従属 linear dependence，一次結合 linear combination であり，部分空間は subspace であるが，ベクトル空間の部分空間であることを強調するために linear subspace ということも多い．記号 $\mathbf{L}$ は，この linear の頭文字からきている．

例題 7.3.4 K ベクトル空間 V のベクトル $\boldsymbol{a}_1, \boldsymbol{a}_2, \cdots, \boldsymbol{a}_m$ が一次独立で，$\boldsymbol{a}_1, \boldsymbol{a}_2, \cdots, \boldsymbol{a}_m, \boldsymbol{a}_{m+1}$ は一次従属であったとする．このとき，

$$\mathbf{L}(\boldsymbol{a}_1, \boldsymbol{a}_2, \cdots, \boldsymbol{a}_m, \boldsymbol{a}_{m+1}) = \mathbf{L}(\boldsymbol{a}_1, \boldsymbol{a}_2, \cdots, \boldsymbol{a}_m)$$

であることを示せ．

解 $\mathbf{L}(\boldsymbol{a}_1, \cdots, \boldsymbol{a}_m, \boldsymbol{a}_{m+1}) \supseteqq \mathbf{L}(\boldsymbol{a}_1, \cdots, \boldsymbol{a}_m)$ となることは定義より明らかであるから，

$$\mathbf{L}(\boldsymbol{a}_1, \cdots, \boldsymbol{a}_m, \boldsymbol{a}_{m+1}) \subseteqq \mathbf{L}(\boldsymbol{a}_1, \cdots, \boldsymbol{a}_m)$$

を示す．$\mathbf{L}(\boldsymbol{a}_1, \cdots, \boldsymbol{a}_m, \boldsymbol{a}_{m+1})$ の任意の要素 $\boldsymbol{x}$ は，$\boldsymbol{x} = c_1\boldsymbol{a}_1 + \cdots + c_m\boldsymbol{a}_m + c_{m+1}\boldsymbol{a}_{m+1}$ と表わされるが，補題 7.2.4 によると，$\boldsymbol{a}_{m+1} = d_1\boldsymbol{a}_1 + \cdots + d_m\boldsymbol{a}_m$ と書くことができるので，これを代入して，

$$\boldsymbol{x} = (c_1 + c_{m+1}d_1)\boldsymbol{a}_1 + \cdots + (c_m + c_{m+1}d_m)\boldsymbol{a}_m$$

となる．よって，$\boldsymbol{x} \in \mathbf{L}(\boldsymbol{a}_1, \cdots, \boldsymbol{a}_m)$ となる．□

補題 7.3.5 K ベクトル空間 V のベクトル $\boldsymbol{a}_1, \boldsymbol{a}_2, \cdots, \boldsymbol{a}_m$ が一次独立であると仮定する．このとき，任意のベクトル $\boldsymbol{x}$ について，

(1) $\boldsymbol{x} \in \mathbf{L}(\boldsymbol{a}_1, \boldsymbol{a}_2, \cdots, \boldsymbol{a}_m)$ ならば，$\boldsymbol{a}_1, \boldsymbol{a}_2, \cdots, \boldsymbol{a}_m, \boldsymbol{x}$ は一次従属で，$\boldsymbol{x}$ は $\boldsymbol{a}_1, \boldsymbol{a}_2, \cdots, \boldsymbol{a}_m$ の一次結合として一通りに表わされる．

(2) $\boldsymbol{x} \notin \mathbf{L}(\boldsymbol{a}_1, \boldsymbol{a}_2, \cdots, \boldsymbol{a}_m)$ ならば，$\boldsymbol{a}_1, \boldsymbol{a}_2, \cdots, \boldsymbol{a}_m, \boldsymbol{x}$ は一次独立である．

証明 (1) $\boldsymbol{x}$ が $\boldsymbol{a}_1, \boldsymbol{a}_2, \cdots, \boldsymbol{a}_m$ の一次結合で表わされることは定義から明らか．この表わし方が一通りであることを示すために，

$$\boldsymbol{x} = c_1\boldsymbol{a}_1 + c_2\boldsymbol{a}_2 + \cdots + c_m\boldsymbol{a}_m = d_1\boldsymbol{a}_1 + d_2\boldsymbol{a}_2 + \cdots + d_m\boldsymbol{a}_m$$

と仮定してみると，これより，

$$(c_1 - d_1)\boldsymbol{a}_1 + (c_2 - d_2)\boldsymbol{a}_2 + \cdots + (c_m - d_m)\boldsymbol{a}_m = \mathbf{0}$$

となるので，$\boldsymbol{a}_1, \boldsymbol{a}_2, \cdots, \boldsymbol{a}_m$ の一次独立性から，

$$c_1 = d_1, \quad c_2 = d_2, \quad \cdots, \quad c_m = d_m$$

が出る．すなわち一通りの表わし方しかない．

(2) もし $\boldsymbol{a}_1, \boldsymbol{a}_2, \cdots, \boldsymbol{a}_m, \boldsymbol{x}$ が一次従属であると仮定すると，例題 7.3.4 より，

$$\mathbf{L}(\boldsymbol{a}_1, \boldsymbol{a}_2, \cdots, \boldsymbol{a}_m, \boldsymbol{x}) = \mathbf{L}(\boldsymbol{a}_1, \boldsymbol{a}_2, \cdots, \boldsymbol{a}_m)$$

となるので，ここに $\boldsymbol{x}$ が属することになってしまう．□

定理 7.3.6 (とり換え定理)　K ベクトル空間 V の部分空間 $W = \mathbf{L}(\boldsymbol{a}_1, \boldsymbol{a}_2, \cdots, \boldsymbol{a}_m)$ について，W の中の一次独立なベクトル $\boldsymbol{b}_1, \boldsymbol{b}_2, \cdots, \boldsymbol{b}_r$（ただし $r \leqq m$）が与えられたとする．このとき，$\boldsymbol{a}_1, \boldsymbol{a}_2, \cdots, \boldsymbol{a}_m$ のうち適当な $(m-r)$ 個 $\boldsymbol{a}_{i_{r+1}}, \boldsymbol{a}_{i_{r+2}}, \cdots, \boldsymbol{a}_{i_m}$ を選んで，

$$W = \mathbf{L}(\boldsymbol{b}_1, \cdots, \boldsymbol{b}_r, \boldsymbol{a}_{i_{r+1}}, \cdots, \boldsymbol{a}_{i_m})$$

とすることができる．すなわち，$\boldsymbol{a}_1, \boldsymbol{a}_2, \cdots, \boldsymbol{a}_m$ のうち適当な r 個を $\boldsymbol{b}_1, \boldsymbol{b}_2, \cdots, \boldsymbol{b}_r$ でとり換えて W の生成系とすることができる．

証明　r に関する数学的帰納法で証明する．$r = 0$ のときには，定理は自明である．$r > 0$ として，$r - 1$ までは定理が正しいと仮定する．この帰納法の仮定によって，必要があれば $\boldsymbol{a}_i$ の順序を入れ換えて，$W = \mathbf{L}(\boldsymbol{b}_1, \boldsymbol{b}_2, \cdots, \boldsymbol{b}_{r-1}, \boldsymbol{a}_r, \boldsymbol{a}_{r+1}, \cdots, \boldsymbol{a}_m)$ とすることができる．$\boldsymbol{b}_r \in W$ であるから，

$$\boldsymbol{b}_r = c_1\boldsymbol{b}_1 + c_2\boldsymbol{b}_2 + \cdots + c_{r-1}\boldsymbol{b}_{r-1} + d_r\boldsymbol{a}_r + \cdots + d_m\boldsymbol{b}_m$$

と表わすことができる．ここで，もし $d_r = d_{r+1} = \cdots = d_m = 0$ ならば，この式は $\boldsymbol{b}_r$ が $\boldsymbol{b}_1, \boldsymbol{b}_2, \cdots, \boldsymbol{b}_{r-1}$ の一次結合で表わされることになり，一次独立性の仮定に反する．よって，$d_r, d_{r+1}, \cdots, d_m$ の中に 0 でないものが存在する．必要なら $\boldsymbol{a}_i$ の順序を入れ換えて $d_r \neq 0$ としても一般性は失われない．このとき，

$$\boldsymbol{a}_r = \frac{1}{d_r}\boldsymbol{b}_r - \frac{c_1}{d_r}\boldsymbol{b}_1 - \cdots - \frac{c_{r-1}}{d_r}\boldsymbol{b}_{r-1} - \frac{d_{r+1}}{d_r}\boldsymbol{a}_{r+1} - \cdots - \frac{d_m}{d_r}\boldsymbol{a}_m$$

となるので，

$$\boldsymbol{a}_r \in \mathbf{L}(\boldsymbol{b}_1, \cdots, \boldsymbol{b}_{r-1}, \boldsymbol{b}_r, \boldsymbol{a}_{r+1}, \cdots, \boldsymbol{a}_m)$$

である．従って，

$$W = \mathbf{L}(\boldsymbol{b}_1, \cdots, \boldsymbol{b}_{r-1}, \boldsymbol{a}_r, \boldsymbol{a}_{r+1}, \cdots, \boldsymbol{a}_m) \subseteqq \mathbf{L}(\boldsymbol{b}_1, \cdots, \boldsymbol{b}_{r-1}, \boldsymbol{b}_r, \boldsymbol{a}_{r+1}, \cdots, \boldsymbol{a}_m)$$

となる．逆の包含関係は $\boldsymbol{b}_r \in W$ より明らかだから，実はこれは等号である．これで r 個すべてをとり換えることができた．□

系 7.3.7　K ベクトル空間 V の部分空間 $W = \mathbf{L}(\boldsymbol{a}_1, \boldsymbol{a}_2, \cdots, \boldsymbol{a}_m)$ について，W の中には m 個より多くの一次独立なベクトルは存在しない．

証明　一次独立なベクトル $\boldsymbol{b}_1, \boldsymbol{b}_2, \cdots, \boldsymbol{b}_n$ が W の中にあって，$n > m$ であったと仮定しよう．このとき，最初の m 個 $\boldsymbol{b}_1, \boldsymbol{b}_2, \cdots, \boldsymbol{b}_m$ も一次独立だから，とり換え定理によって，$\boldsymbol{a}_1, \boldsymbol{a}_2, \cdots, \boldsymbol{a}_m$ をこれでとり換えて，$W = \mathbf{L}(\boldsymbol{b}_1, \boldsymbol{b}_2, \cdots, \boldsymbol{b}_m)$ とできる

はずである．ところが，

$$\boldsymbol{b}_{m+1} \in W = \mathbf{L}(\boldsymbol{b}_1, \boldsymbol{b}_2, \cdots, \boldsymbol{b}_m)$$

であるから，補題 7.3.5 によって，$\boldsymbol{b}_1, \boldsymbol{b}_2, \cdots, \boldsymbol{b}_m, \boldsymbol{b}_{m+1}$ は一次従属となって，仮定に矛盾する．従って，$n > m$ とはなり得ない．□

系 7.3.8 K ベクトル空間 V の部分空間 W が $W = \mathbf{L}(\boldsymbol{a}_1, \boldsymbol{a}_2, \cdots, \boldsymbol{a}_m) = \mathbf{L}(\boldsymbol{b}_1, \boldsymbol{b}_2, \cdots, \boldsymbol{b}_n)$ と二通りに表わされ，かつ $\boldsymbol{a}_1, \boldsymbol{a}_2, \cdots, \boldsymbol{a}_m$ も $\boldsymbol{b}_1, \boldsymbol{b}_2, \cdots, \boldsymbol{b}_n$ も共に一次独立と仮定するとき，$m = n$ である．

証明 $\boldsymbol{b}_1, \boldsymbol{b}_2, \cdots, \boldsymbol{b}_n$ は $W = \mathbf{L}(\boldsymbol{a}_1, \boldsymbol{a}_2, \cdots, \boldsymbol{a}_m)$ に含まれる一次独立なベクトルであるから，前系より $n \leqq m$ である．$m \leqq n$ も同様にして示すことができる．□

7.4 基底と次元

基底と次元 以下この節では，K ベクトル空間 V を固定して考える．

定義 7.4.1 $V = \mathbf{L}(\boldsymbol{a}_1, \cdots, \boldsymbol{a}_m)$ と書けて，かつ $\boldsymbol{a}_1, \cdots, \boldsymbol{a}_m$ が一次独立であるとき，この生成系 $\{\boldsymbol{a}_1, \cdots, \boldsymbol{a}_m\}$ を V の**基底**[4] という．

前述のとり換え定理の系 7.3.8 は次のようにいうこともできる．

定理 7.4.2 V に有限個のベクトルからなる基底が存在するときには，この基底のベクトルの個数は常に一定である．すなわち，$\{\boldsymbol{a}_1, \cdots, \boldsymbol{a}_m\}$ と $\{\boldsymbol{b}_1, \cdots, \boldsymbol{b}_n\}$ が共に V の基底であるとすると，$m = n$ である．

定義 7.4.3 V に m 個のベクトルからなる基底が存在するとき，この m を K ベクトル空間 V の**次元**といって

$$\dim_K V = m$$

と表わす．

例 7.4.4 (1) 数ベクトル空間 $\mathbf{R}^n$ には基本ベクトルからなる**標準基底** $\{\boldsymbol{e}_1, \cdots, \boldsymbol{e}_n\}$ が存在する．よって，$\mathbf{R}^n$ は n 次元である．複素数ベクトル空間

[4] base.

$\mathbf{C}^n$ についても同様.

$$\dim_{\mathbf{R}} \mathbf{R}^n = n, \quad \dim_{\mathbf{C}} \mathbf{C}^n = n \tag{7.5}$$

(2) $\mathbf{R}$ ベクトル空間として $M_{m\times n}(\mathbf{R})$ には mn 個の行列単位 $\{E_{ij} | 1 \leqq i \leqq m,\ 1 \leqq j \leqq n\}$ からなる基底がある[5]. 従って,

$$\dim_{\mathbf{R}} M_{m\times n}(\mathbf{R}) = mn$$

である.

(3) $\mathbf{R}[x]_{\leqq n}$ には $(n+1)$ 個の要素からなる基底 $\{1, x, x^2, \cdots, x^n\}$ がある. 従って,

$$\dim_{\mathbf{R}} \mathbf{R}[x]_{\leqq n} = n+1$$

である. 同様に,

$$\dim_{\mathbf{C}} \mathbf{C}[x]_{\leqq n} = n+1$$

である. □

一方で, 多項式全体を考えたとき, $\mathbf{R}[x]$ には有限個の要素からなる基底は存在しない. たとえば, どんな大きな n について $\{1, x, x^2, \cdots, x^n\}$ をとっても, $\mathbf{L}(1, x, x^2, \cdots, x^n)$ は n 次以下の多項式の集合を表わし, $\mathbf{R}[x]$ 全体を生成することはできない. $\mathbf{R}[x]$ の生成系としては, たとえば $\{1, x, x^2, \cdots, x^n, \cdots\}$ のように無限個の要素が必要となる. このような意味で, $\mathbf{R}[x]$ は**無限次元ベクトル空間**という.

$$\dim_{\mathbf{R}} \mathbf{R}[x] = \infty \tag{7.6}$$

一般に無限次元ベクトル空間にも基底が存在することが知られている. しかし, その存在を論理的にきちんとした形で証明するには, 選択公理と呼ばれる集合論の公理を使う必要があるので, ここでは割愛せざるを得ない. また, 選択公理を使って存在が証明された基底は具体的に書き下すことが難しい場合も多い. たとえば, $\mathbf{Q}$ ベクトル空間としての $\mathbf{R}$ の基底[6]は存在はするのだが, それを具体的に書き下そうとする努力はほぼ絶望的であろう. 以下本書では主に有限次元のベクトル空間の理論に関心があるので, 特に断らない限りベクトル空間は有限次元のものだけを考えることにする.

---

[5] 行列単位については 2.3 節をみよ.

[6] ハメル基ということがある.

基底の延長

定理 7.4.5

(1) K ベクトル空間 V の一次独立なベクトル $\boldsymbol{a}_1, \boldsymbol{a}_2, \cdots, \boldsymbol{a}_r$ が与えられたとき，これを延長して $\{\boldsymbol{a}_1, \cdots, \boldsymbol{a}_r, \boldsymbol{a}_{r+1}, \cdots, \boldsymbol{a}_n\}$ を V の基底にすることができる．

(2) n 次元 K ベクトル空間 V の一次独立な n 個のベクトルの集合 $\{\boldsymbol{a}_1, \boldsymbol{a}_2, \cdots, \boldsymbol{a}_n\}$ は V の基底になる．

(3) K ベクトル空間 V とその部分空間 W について，

$$\dim_K W \leqq \dim_K V$$

である．

(4) K ベクトル空間 V とその部分空間 W について，$\dim_K W = \dim_K V$ ならば $W = V$ である．

証明 (1) $\mathbf{L}(\boldsymbol{a}_1, \boldsymbol{a}_2, \cdots, \boldsymbol{a}_r)$ を考える．もしこれが V に一致すれば，$\{\boldsymbol{a}_1, \boldsymbol{a}_2, \cdots, \boldsymbol{a}_r\}$ が V の基底となるのでよい．もし，$\boldsymbol{a}_{r+1} \notin \mathbf{L}(\boldsymbol{a}_1, \boldsymbol{a}_2, \cdots, \boldsymbol{a}_r)$ となる V のベクトル $\boldsymbol{a}_{r+1}$ があれば，補題 7.3.5 によって，$\{\boldsymbol{a}_1, \cdots, \boldsymbol{a}_r, \boldsymbol{a}_{r+1}\}$ は一次独立である．次には $\mathbf{L}(\boldsymbol{a}_1, \boldsymbol{a}_2, \cdots, \boldsymbol{a}_{r+1})$ を考えて，同様の手順をとる．以下，同様にもしあるなら一次独立になるように延長していくのである．V は有限次元なのでこの操作は何回かのうちに終わり，V の基底が得られる．

(2) もし $\{\boldsymbol{a}_1, \boldsymbol{a}_2, \cdots, \boldsymbol{a}_n\}$ が V の基底でなければ，(1) よりそれにいくつかのベクトルをつけ加えて基底にすることができるはずである．しかし，基底のベクトルの個数は全部で n 個であるはずなので，実際には何もつけ加えなくても $\{\boldsymbol{a}_1, \boldsymbol{a}_2, \cdots, \boldsymbol{a}_n\}$ 自体が基底になっているということである．

(3) W の基底 $\{\boldsymbol{a}_1, \boldsymbol{a}_2, \cdots, \boldsymbol{a}_r\}$ をとる．ただし，$r = \dim_K W$ である．このベクトルは一次独立なので，これを延長して V の基底が作れる．この基底のベクトルの個数が V の次元なので，$r \leqq \dim_K V$ である．

(4) W の基底をとるとき，(2) よりそれは V の基底でもある．その生成する空間を考えて，$W = V$ である．□

例題 7.4.6 K ベクトル空間 V の二つの部分空間 W, W' について，

(1) $W \cap W'$ も V の部分空間になることを示せ．

(2) $W \cup W'$ は必ずしも V の部分空間となるとは限らない．このような例をあげよ．

解 (1) $u, v \in W \cap W'$ のとき，W, W' が部分空間であることから，

$$u + v \in W \quad かつ \quad u + v \in W',$$

すなわち $u + v \in W \cap W'$ となる．c がスカラーのとき，$cu \in W \cap W'$ となることも同様．

(2) $\mathbf{R}^2$ の部分空間として，$W = \mathbf{L}(\begin{bmatrix} 1 \\ 0 \end{bmatrix})$，$W' = \mathbf{L}(\begin{bmatrix} 0 \\ 1 \end{bmatrix})$ を考える．$W \cup W'$ の要素はベクトル $\begin{bmatrix} x \\ y \end{bmatrix}$ で $x = 0$ または $y = 0$ となるものである．$\begin{bmatrix} 1 \\ 0 \end{bmatrix} + \begin{bmatrix} 0 \\ 1 \end{bmatrix} = \begin{bmatrix} 1 \\ 1 \end{bmatrix}$ は $W \cup W'$ には属さないので，$W \cup W'$ は部分空間でない．□

注意 7.4.7 上の例題の (2) によると $W \cup W'$ は部分空間とは限らない．そこで，部分空間 W と W' の「和」というときには，この両方の部分空間を含む最小の部分空間という意味で，

$$W + W' = \{u + u' \mid u \in W, u' \in W'\}$$

を考えるのが普通である[7]．

7.5 基底変換

n 次元ベクトル空間 V に二つの基底 $\{\boldsymbol{a}_1, \boldsymbol{a}_2, \cdots, \boldsymbol{a}_n\}$，$\{\boldsymbol{b}_1, \boldsymbol{b}_2, \cdots, \boldsymbol{b}_n\}$ が与えられている場合を考える．各 $\boldsymbol{a}_j$ $(1 \leqq j \leqq n)$ を基底 $\{\boldsymbol{b}_i \mid 1 \leqq i \leqq n\}$ の一次結合で表わして，

$$\boldsymbol{a}_j = \sum_{i=1}^{n} p_{ij} \boldsymbol{b}_i \quad (1 \leqq j \leqq n) \tag{7.7}$$

と書くとき，n 次行列 $P = [p_{ij}]$ を得る．この (7.7) 式を次のように（形式的に行列の積として）表わしておくと覚えやすい．

$$[\boldsymbol{a}_1, \boldsymbol{a}_2, \cdots, \boldsymbol{a}_n] = [\boldsymbol{b}_1, \boldsymbol{b}_2, \cdots, \boldsymbol{b}_n]P \tag{7.8}$$

この n 次行列 P のことを，基底 $\{\boldsymbol{b}_1, \cdots, \boldsymbol{b}_n\}$ から基底 $\{\boldsymbol{a}_1, \cdots, \boldsymbol{a}_n\}$ への変

[7] これについては，11.2 節で詳しく考察する．

換行列という．

次には同様に，基底 $\{\boldsymbol{a}_1, \cdots, \boldsymbol{a}_n\}$ から基底 $\{\boldsymbol{b}_1, \cdots, \boldsymbol{b}_n\}$ への変換行列 Q を考えて，

$$\boldsymbol{b}_j = \sum_{i=1}^{n} q_{ij}\boldsymbol{a}_i \quad (1 \leqq j \leqq n)$$

または，

$$[\boldsymbol{b}_1, \boldsymbol{b}_2, \cdots, \boldsymbol{b}_n] = [\boldsymbol{a}_1, \boldsymbol{a}_2, \cdots, \boldsymbol{a}_n]Q \tag{7.9}$$

となる．この二つの変換を合成すると，

$$\boldsymbol{a}_j = \sum_{i=1}^{n} p_{ij}\boldsymbol{b}_i = \sum_{i=1}^{n} p_{ij} \sum_{k=1}^{n} q_{ki}\boldsymbol{a}_k = \sum_{k=1}^{n} \left(\sum_{i=1}^{n} q_{ki}p_{ij} \right) \boldsymbol{a}_k$$

となる．補題 7.3.5 (1) によって，基底の一次結合としてベクトルを表わす仕方は一通りであったから，これより $\sum_{i=1}^{n} q_{ki}p_{ij} = \delta_{kj}$，すなわち $QP = E_n$ となる．特に，P, Q は正則行列であって，$P^{-1} = Q$ である．これによって，次のことが示された．

定理 7.5.1　ベクトル空間 V のある基底 $\{\boldsymbol{a}_1, \cdots, \boldsymbol{a}_n\}$ から別の基底 $\{\boldsymbol{b}_1, \cdots, \boldsymbol{b}_n\}$ への変換行列は正則行列で，その逆行列は，基底 $\{\boldsymbol{b}_1, \cdots, \boldsymbol{b}_n\}$ から基底 $\{\boldsymbol{a}_1, \cdots, \boldsymbol{a}_n\}$ への変換行列である．

例 7.5.2　数ベクトル空間 $\mathbf{R}^2$ の基底として $\boldsymbol{a}_1 = \begin{bmatrix} 1 \\ 2 \end{bmatrix}, \boldsymbol{a}_2 = \begin{bmatrix} 3 \\ 4 \end{bmatrix}$ をとるとき，これを基本ベクトル $\boldsymbol{e}_1, \boldsymbol{e}_2$ の一次結合で表わすと，$\boldsymbol{a}_1 = \boldsymbol{e}_1 + 2\boldsymbol{e}_2, \boldsymbol{a}_2 = 3\boldsymbol{e}_1 + 4\boldsymbol{e}_2$ なので，

$$[\boldsymbol{a}_1, \boldsymbol{a}_2] = [\boldsymbol{e}_1, \boldsymbol{e}_2] \begin{bmatrix} 1 & 3 \\ 2 & 4 \end{bmatrix}$$

となる．この場合の基底の変換行列 $\begin{bmatrix} 1 & 3 \\ 2 & 4 \end{bmatrix}$ は，二つの基底ベクトルを並べた行列に等しいことに注意せよ．□

7.6 数ベクトル空間の基底

ここでは，V として数ベクトル空間 K^n を考えて，その基底について考えてみよう．ただし，K は $\mathbf{R}, \mathbf{C}, \mathbf{Q}$ のいずれかである．数ベクトル空間には基本ベクトルからなる標準基底 $\{\boldsymbol{e}_1, \boldsymbol{e}_2, \cdots, \boldsymbol{e}_n\}$ がある．任意の基底 $\{\boldsymbol{a}_1, \boldsymbol{a}_2, \cdots, \boldsymbol{a}_n\}$ は，定理 7.5.1 によると，ある n 次正則行列 P があって，

$$[\boldsymbol{a}_1, \boldsymbol{a}_2, \cdots, \boldsymbol{a}_n] = [\boldsymbol{e}_1, \boldsymbol{e}_2, \cdots, \boldsymbol{e}_n]P \tag{7.10}$$

と表わすことができる．例 7.5.2 と同様の計算で，この行列 P は数ベクトル $\boldsymbol{a}_1, \boldsymbol{a}_2, \cdots, \boldsymbol{a}_n$ を横に並べた行列に等しい．特に，基底のベクトルを並べた行列は正則であることがわかる．実は，この逆も成立する．

定理 7.6.1 数ベクトル空間 K^n の n 個のベクトル $\boldsymbol{a}_1, \boldsymbol{a}_2, \cdots, \boldsymbol{a}_n$ について，次の条件はみな同値である．

(1) $\boldsymbol{a}_1, \boldsymbol{a}_2, \cdots, \boldsymbol{a}_n$ は K^n の基底である．

(2) $\boldsymbol{a}_1, \boldsymbol{a}_2, \cdots, \boldsymbol{a}_n$ は一次独立である．

(3) $\boldsymbol{a}_1, \boldsymbol{a}_2, \cdots, \boldsymbol{a}_n$ は K^n を生成する．すなわち，

$$\mathbf{L}(\boldsymbol{a}_1, \boldsymbol{a}_2, \cdots, \boldsymbol{a}_n) = K^n$$

(4) この n 個の数ベクトルを横に並べてできる n 次正方行列は正則行列である．

証明 (1) $\Leftrightarrow$ (2)：基底ならば一次独立は定義から明らかである．逆は，定理 7.4.5 (2) ですでに示した．

(1) $\Leftrightarrow$ (3)：(1) なら (3) は定義から明らか．逆を示すために，

$$\mathbf{L}(\boldsymbol{a}_1, \boldsymbol{a}_2, \cdots, \boldsymbol{a}_n) = K^n$$

と仮定する．ここで，もし $\boldsymbol{a}_1, \boldsymbol{a}_2, \cdots, \boldsymbol{a}_n$ が一次従属であると仮定する．すると，このうちの一つのベクトルは他のベクトルの一次結合で表わされるので，それを除いても K^n を生成することになる．特に，K^n は n 個より少ない個数のベクトルで生成されることになる．しかし，とり換え定理の系 7.3.7 によると K^n の中には n 個の一次独立なベクトルは存在しないことになってしまう．K^n は n 次元ベクトル空間であるから，こんなことはあり得ない．よって，$\boldsymbol{a}_1, \boldsymbol{a}_2, \cdots, \boldsymbol{a}_n$ は一次独立である．

(1) $\Rightarrow$ (4)：すでに定理の前に示した．

(4) $\Rightarrow$ (3)：例 7.5.2 と同様にして，ベクトル $\boldsymbol{a}_1, \boldsymbol{a}_2, \cdots, \boldsymbol{a}_n$ を基本ベクトルの一次

結合で表わして，(7.10) 式が成立する．ただし，行列 P は n 次行列 $[\boldsymbol{a}_1, \boldsymbol{a}_2, \cdots, \boldsymbol{a}_n]$ である．もし P が正則行列なら，(7.10) 式に P^{-1} をかけて，

$$[\boldsymbol{e}_1, \boldsymbol{e}_2, \cdots, \boldsymbol{e}_n] = [\boldsymbol{a}_1, \boldsymbol{a}_2, \cdots, \boldsymbol{a}_n]P^{-1}$$

がわかる．これは，基本ベクトルが $\boldsymbol{a}_1, \boldsymbol{a}_2, \cdots, \boldsymbol{a}_n$ の一次結合で表わされることを意味しているので，$\mathbf{L}(\boldsymbol{a}_1, \boldsymbol{a}_2, \cdots, \boldsymbol{a}_n) = K^n$ となる．□

演 習 問 題

1 次の $\mathbf{R}^2$ の部分集合のうち部分空間となるものはどれか．

(1) $B = \left\{ \begin{bmatrix} x \\ y \end{bmatrix} \middle| \, x \geqq 0, y \geqq 0 \right\}$

(2) $C = \left\{ \begin{bmatrix} x \\ y \end{bmatrix} \middle| \, x + y = 0 \right\}$

(3) $D = \left\{ \begin{bmatrix} x \\ y \end{bmatrix} \middle| \, x + y = 1 \right\}$

2 次の $M_{2\times 2}(\mathbf{C})$ の部分集合は部分空間であることを示し，その次元を計算せよ．

(1) $U = \left\{ \begin{bmatrix} x & y \\ 0 & z \end{bmatrix} \middle| \, x, y, z \in \mathbf{C} \right\}$

(2) $V = \left\{ \begin{bmatrix} x & y \\ -y & x \end{bmatrix} \middle| \, x, y \in \mathbf{C} \right\}$

3 $W = \{f(x) \in \mathbf{R}[x]_{\leqq n} \mid f(1) = 0\}$ は $\mathbf{R}[x]_{\leqq n}$ の部分空間であることを示せ．また，W の基底を一つあげて，W の次元を求めよ．

4 $\mathbf{R}^3$ の基底として $\boldsymbol{a}_1 = \begin{bmatrix} -1 \\ 1 \\ 1 \end{bmatrix}, \boldsymbol{a}_2 = \begin{bmatrix} 1 \\ -1 \\ 1 \end{bmatrix}, \boldsymbol{a}_3 = \begin{bmatrix} 1 \\ 1 \\ -1 \end{bmatrix}$ をとるとき，この基底から標準基底 $\boldsymbol{e}_1, \boldsymbol{e}_2, \boldsymbol{e}_3$ への基底の変換行列は何か．

第8章

線形写像

線形写像とは，数ベクトル空間に関してはすでに 2.6 節で述べたように，線形現象の数学的記述の仕方そのものである．行列とは線形写像を数値的に表現したものに他ならない．行列の理論の本質はこの線形写像にあるわけで，行列の理解には不可欠の概念である．

8.1 線形写像の定義

この章でも K という記号で $\mathbf{R}$ または $\mathbf{C}$，あるいは場合によっては $\mathbf{Q}$ を表わすことにする．しかし，最初は $K = \mathbf{R}$ として読み通しても構わない．線形写像の概念はすでに数ベクトル空間に対しては定義したが，ここでは一般のベクトル空間に対しても同じように考えてみよう．

定義 8.1.1 二つの K ベクトル空間 U と V の間の写像 $f : U \to V$ について，これが次の 2 条件を満たすとき，f を**線形写像**という．

(1) 任意のベクトル $\boldsymbol{a}, \boldsymbol{b} \in U$ について，$f(\boldsymbol{a}+\boldsymbol{b}) = f(\boldsymbol{a}) + f(\boldsymbol{b})$

(2) 任意のベクトル $\boldsymbol{a} \in U$ とスカラー $c \in K$ について，$f(c\boldsymbol{a}) = cf(\boldsymbol{a})$

この条件 (1), (2) はひとまとめにして，次の条件としてもよい [1)]．

(3) 任意のベクトル $\boldsymbol{a}_1, \boldsymbol{a}_2, \cdots, \boldsymbol{a}_r \in U$ とスカラー $c_1, c_2, \cdots, c_r \in K$ について，

$$f(c_1\boldsymbol{a}_1 + c_2\boldsymbol{a}_2 + \cdots + c_r\boldsymbol{a}_r) = c_1 f(\boldsymbol{a}_1) + c_2 f(\boldsymbol{a}_2) + \cdots + c_r f(\boldsymbol{a}_r) \tag{8.1}$$

---

1) 補題 2.6.2 参照．

これらの条件を**線形性の条件**と呼ぶことも多い．線形性の条件から，たとえば $f(\mathbf{0})=\mathbf{0}$ となることに注意しよう（条件 (2) で $c=0$ の場合を考えればよい）．次の例で示すように，線形写像はすでに多くの場面で登場してきた．

例 8.1.2　(1)　実数ベクトル空間 $\mathbf{R}^n$ の一つのベクトル $\boldsymbol{a}$ を固定して，内積によって，

$$f(\boldsymbol{x})=(\boldsymbol{x},\boldsymbol{a})$$

と定義すると，$f:\mathbf{R}^n\to\mathbf{R}$ は線形写像である．$n=3$ のときには，内積のかわりに外積を使って，$g:\mathbf{R}^3\to\mathbf{R}^3$ を $g(\boldsymbol{x})=\boldsymbol{x}\times\boldsymbol{a}$ と定義しても線形写像が得られるが，写像の値域となるベクトル空間が内積の場合とは異なることに注意が必要である．

(2)　数ベクトル空間 K^n の $(n-1)$ 個のベクトル $\boldsymbol{a}_1,\boldsymbol{a}_2,\cdots,\boldsymbol{a}_{n-1}$ を固定して，写像 $f:K^n\to K$ を

$$f(\boldsymbol{x})=\det\left[\boldsymbol{x},\boldsymbol{a}_1,\cdots,\boldsymbol{a}_{n-1}\right]$$

で定義するとこれは線形写像である．

(3)　数ベクトル空間 K^n から K^m への線形写像 f は，ある $m\times n$ 行列 A があって $f(\boldsymbol{x})=A\boldsymbol{x}$ と書けるものであった[2)]．今後，このように行列 A によって定義される数ベクトル空間の線形写像を f_A という記号で表わすことにする．□

8.2　線形写像の行列表現

前節の例 8.1.2 (3) のように，数ベクトル空間の間の線形写像は行列を使って表わすことができるのだが，同じように一般のベクトル空間でも線形写像を行列で表示できることを示そう．

今，U と V をそれぞれ n 次元，m 次元 K ベクトル空間で，その基底としてそれぞれ $\{\boldsymbol{a}_1,\boldsymbol{a}_2,\cdots,\boldsymbol{a}_n\}$，$\{\boldsymbol{b}_1,\boldsymbol{b}_2,\cdots,\boldsymbol{b}_m\}$ をもつものとしよう．このとき，線形写像 $f:U\to V$ はどのように記述できるのであろうか．このために，まず任意のベクトル $\boldsymbol{x}\in U$ を，U の基底を使って，

[2)] 定理 2.6.5 参照．

$$\boldsymbol{x} = x_1\boldsymbol{a}_1 + x_2\boldsymbol{a}_2 + \cdots + x_n\boldsymbol{a}_n$$

と表わしておく．このとき，$f(\boldsymbol{x})$ は f が線形写像であることを使って，

$$f(\boldsymbol{x}) = x_1 f(\boldsymbol{a}_1) + x_2 f(\boldsymbol{a}_2) + \cdots + x_n f(\boldsymbol{a}_n)$$

となる．従って，$f(\boldsymbol{a}_1), f(\boldsymbol{a}_2), \cdots, f(\boldsymbol{a}_n)$ さえ知れば，任意のベクトルの f による行き先もわかるのである．ところで，これらの $f(\boldsymbol{a}_j)$ についても，それを V の基底を使って，

$$f(\boldsymbol{a}_j) = \sum_{i=1}^{m} a_{ij}\boldsymbol{b}_i \quad (1 \leqq j \leqq n) \tag{8.2}$$

と表わすことができる．ここに $m \times n$ 行列 $A = [a_{ij}]$ が現われる．逆に，$m \times n$ 行列 $A = [a_{ij}]$ が与えられれば，この (8.2) 式で線形写像 f を定義することができる．

定義 8.2.1　線形写像 $f : U \to V$ と，U, V の固定した基底に対して，上のようにして得られる $m \times n$ 行列 A を線形写像 f のこの基底に関する**行列表現**という．

また，上の (8.2) 式は行列の積の定義を流用して次のように書いておくと覚えやすい．

$$f(\boldsymbol{a}_1, \boldsymbol{a}_2, \cdots, \boldsymbol{a}_n) = [\boldsymbol{b}_1, \boldsymbol{b}_2, \cdots, \boldsymbol{b}_m]A \tag{8.3}$$

線形写像の行列表現は，あくまで固定されたベクトル空間の基底について定義できるもので，異なる基底で考えれば異なる行列表現が得られることに注意しよう．

例題 8.2.2　線形写像 $f_A : K^n \to K^m$ が $m \times n$ 行列 A を使って，

$$f_A(\boldsymbol{x}) = A\boldsymbol{x}$$

と定義されるとき，K^n, K^m のそれぞれの標準基底を使った f_A の行列表現は，行列 A に等しいことを示せ．

解　K^n, K^m のそれぞれの標準基底を $\{\boldsymbol{e}_1, \boldsymbol{e}_2, \cdots, \boldsymbol{e}_n\}$, $\{\boldsymbol{e}'_1, \boldsymbol{e}'_2, \cdots, \boldsymbol{e}'_m\}$ とするとき，

$$f_A(\boldsymbol{e}_j) = A\boldsymbol{e}_j = (A \text{ の第 } j \text{ 列})$$

となるので，これを $\boldsymbol{e}'_1, \boldsymbol{e}'_2, \cdots, \boldsymbol{e}'_m$ の一次結合で表わしたとき，その $\boldsymbol{e}'_i$ の係数は a_{ij} である．□

8.3 基底変換と行列表現

前節で述べたように，線形写像の行列表現はベクトル空間の固定された基底について定義されるので，異なる基底をとって行列表現を考えると異なる行列が現われる．ここのところをもう少し詳しく調べてみよう．今，線形写像 $f : U \to V$ が与えられているとする．U の基底として二通りの基底 $\{\boldsymbol{a}_1, \boldsymbol{a}_2, \cdots, \boldsymbol{a}_n\}$ と $\{\boldsymbol{a}'_1, \boldsymbol{a}'_2, \cdots, \boldsymbol{a}'_n\}$ が，また V の基底として $\{\boldsymbol{b}_1, \boldsymbol{b}_2, \cdots, \boldsymbol{b}_m\}$ と $\{\boldsymbol{b}'_1, \boldsymbol{b}'_2, \cdots, \boldsymbol{b}'_m\}$ が与えられていると仮定しよう．このとき，それぞれの基底の変換行列 P, Q がある．

$$\begin{aligned}[\boldsymbol{a}'_1, \boldsymbol{a}'_2, \cdots, \boldsymbol{a}'_n] &= [\boldsymbol{a}_1, \boldsymbol{a}_2, \cdots, \boldsymbol{a}_n]P, \\ [\boldsymbol{b}'_1, \boldsymbol{b}'_2, \cdots, \boldsymbol{b}'_m] &= [\boldsymbol{b}_1, \boldsymbol{b}_2, \cdots, \boldsymbol{b}_m]Q\end{aligned} \tag{8.4}$$

U, V の基底 $\{\boldsymbol{a}_1, \boldsymbol{a}_2, \cdots, \boldsymbol{a}_n\}, \{\boldsymbol{b}_1, \boldsymbol{b}_2, \cdots, \boldsymbol{b}_m\}$ に関する f の行列表現を A，基底 $\{\boldsymbol{a}'_1, \boldsymbol{a}'_2, \cdots, \boldsymbol{a}'_n\}$, $\{\boldsymbol{b}'_1, \boldsymbol{b}'_2, \cdots, \boldsymbol{b}'_m\}$ に関する行列表現を A' としよう．(8.3) の記号法で，

$$\begin{aligned}f(\boldsymbol{a}_1, \boldsymbol{a}_2, \cdots, \boldsymbol{a}_n) &= (\boldsymbol{b}_1, \boldsymbol{b}_2, \cdots, \boldsymbol{b}_m)A, \\ f(\boldsymbol{a}'_1, \boldsymbol{a}'_2, \cdots, \boldsymbol{a}'_n) &= (\boldsymbol{b}'_1, \boldsymbol{b}'_2, \cdots, \boldsymbol{b}'_m)A'\end{aligned} \tag{8.5}$$

である．上記 2 組の等式から，

$$\begin{aligned}f(\boldsymbol{a}'_1, \boldsymbol{a}'_2, \cdots, \boldsymbol{a}'_n) &= f([\boldsymbol{a}_1, \boldsymbol{a}_2, \cdots, \boldsymbol{a}_n]P) = f(\boldsymbol{a}_1, \boldsymbol{a}_2, \cdots, \boldsymbol{a}_n)P \\ &= [\boldsymbol{b}_1, \boldsymbol{b}_2, \cdots, \boldsymbol{b}_m]AP = [\boldsymbol{b}'_1, \boldsymbol{b}'_2, \cdots, \boldsymbol{b}'_m]Q^{-1}AP\end{aligned} \tag{8.6}$$

となるので，実は $A' = Q^{-1}AP$ である．

定理 8.3.1　線形写像 $f : U \to V$ のある基底による行列表現を A とするとき，これらの基底をそれぞれ P, Q という変換行列をもつ他の基底でとり換えた場合，この線形写像 f の新しい基底に関する行列表現は $Q^{-1}AP$ となる．

この定理によって，行列 A と $Q^{-1}AP$ は同じ線形写像の異なる基底による行列表現にすぎないのだから，線形写像としての性質を議論するときには，こ

の両者の行列は同じ性質のものである．

定義 8.3.2 線形写像 $f: U \to V$ において，$U = V$ のとき f を U 上の**線形変換**という．

f が U 上の線形変換である場合には，f の行列表現を考えるとき，定義域としての U の基底と，値域としての U の基底は同じものをとるのが普通である．上記の記号では $m = n$ であり，$\boldsymbol{a}_i = \boldsymbol{b}_i$ $(1 \leqq i \leqq n)$ ととるのである．これを別の基底 $\{\boldsymbol{a}'_i | \ 1 \leqq i \leqq n\}$ に変換する際には，定理 8.3.1 で $Q = P$ とおいて，次の系が得られる．

系 8.3.3 ベクトル空間 U 上の線形変換 f のある基底に関する行列表現が A で与えられているとする．この基底を変換行列 P で別の基底に変換したとき，f の新しい基底に関する行列表現は $P^{-1}AP$ となる．

8.4 線形写像の像と核

線形写像の像と核 線形写像 $f: U \to V$ があるとき，これにともなって二つの重要な部分空間が定義される．

定義 8.4.1 集合として次のように定義する．

(1) f の像[3]： $\mathrm{Im}(f) = \{f(\boldsymbol{x}) \mid \boldsymbol{x} \in U\}$

(2) f の核[4]： $\mathrm{Ker}(f) = \{\boldsymbol{x} \in U \mid f(\boldsymbol{x}) = \boldsymbol{0}\}$

補題 8.4.2 線形写像 $f: U \to V$ について，$\mathrm{Ker}(f)$ は U の部分空間である．また，$\mathrm{Im}(f)$ は V の部分空間である．

証明 $\boldsymbol{x}, \boldsymbol{y} \in U$ と $c \in K$ について，

$$f(\boldsymbol{x} + \boldsymbol{y}) = f(\boldsymbol{x}) + f(\boldsymbol{y}), \quad f(c\boldsymbol{x}) = cf(\boldsymbol{x})$$

である．これから，$\mathrm{Im}(f)$ が和とスカラー倍で閉じていることがわかるので，$\mathrm{Im}(f)$

---

[3] Image. $\mathrm{Im}(f)$ は「イメージエフ」と読む．

[4] Kernel. $\mathrm{Ker}(f)$ は「カーネルエフ」と読む．

は部分空間である．また，これらの等式から，$\boldsymbol{x}, \boldsymbol{y} \in \mathrm{Ker}(f) \Rightarrow \boldsymbol{x}+\boldsymbol{y}, c\boldsymbol{x} \in \mathrm{Ker}(f)$ となるので，$\mathrm{Ker}(f)$ も部分空間である．□

補題 8.4.3 $m\times n$ 行列 A が m 次元数ベクトルを n 個横に並べた形で，$A = [\boldsymbol{a}_1, \boldsymbol{a}_2, \cdots, \boldsymbol{a}_n]$ と書かれるとき，$\mathrm{Im}(f_A)$ は部分空間 $\mathbf{L}(\boldsymbol{a}_1, \boldsymbol{a}_2, \cdots, \boldsymbol{a}_n)$ に等しい．

証明 n 次元数ベクトル $\boldsymbol{x} = \begin{bmatrix} x_1 \\ x_2 \\ \vdots \\ x_n \end{bmatrix}$ に対して，$f_A(\boldsymbol{x}) = x_1\boldsymbol{a}_1 + x_2\boldsymbol{a}_2 + \cdots + x_n\boldsymbol{a}_n$ である．$\mathrm{Im}(f_A)$ とは，ここで $x_1, \cdots, x_n$ を任意に動かしたときのこのようなベクトルの集合なのだから，これは $\mathbf{L}(\boldsymbol{a}_1, \boldsymbol{a}_2, \cdots, \boldsymbol{a}_n)$ に一致する．□

例題 8.4.4 線形写像 $f_A : \mathbf{R}^3 \to \mathbf{R}^2$ が 2×3 行列

$$A = \begin{bmatrix} 1 & 0 & 3 \\ 2 & 1 & 0 \end{bmatrix}$$

によって定義されるとき，$\mathrm{Ker}(f_A)$ と $\mathrm{Im}(f_A)$ を求め，さらにそれらの次元を計算せよ．

解 $\boldsymbol{x} = \begin{bmatrix} x \\ y \\ z \end{bmatrix}$ が $\mathrm{Ker}(f_A)$ のベクトルとすると，$A\boldsymbol{x} = \mathbf{0}$ より，$x + 3z = 0$, $2x + y = 0$ となる．これを解いて，$\boldsymbol{x} = \begin{bmatrix} -3z \\ 6z \\ z \end{bmatrix}$，ただし z は任意．これより，$\mathrm{Ker}(f_A) = \mathbf{L}(\begin{bmatrix} -3 \\ 6 \\ 1 \end{bmatrix})$ となるので，この次元は 1 である．像については，補題 8.4.3 より，

$$\mathrm{Im}(f_A) = \mathbf{L}(\begin{bmatrix} 1 \\ 2 \end{bmatrix}, \begin{bmatrix} 0 \\ 1 \end{bmatrix}, \begin{bmatrix} 3 \\ 0 \end{bmatrix}) = \mathbf{L}(\begin{bmatrix} 0 \\ 1 \end{bmatrix}, \begin{bmatrix} 1 \\ 0 \end{bmatrix})$$

なので，$\mathrm{Im}(f_A)$ は 2 次元である．□

次元公式 線形写像の核と像の次元については，次のとても重要な公式が成立する．

定理 8.4.5 (次元公式) 線形写像 $f : U \to V$ について，次の等式が成り立つ．

$$\dim_K \mathrm{Ker}(f) + \dim_K \mathrm{Im}(f) = \dim_K U \tag{8.7}$$

証明 $\mathrm{Ker}(f)$ の次元を r として，その基底 $\{\boldsymbol{a}_1, \boldsymbol{a}_2, \cdots, \boldsymbol{a}_r\}$ をとる．定理 7.4.5(1) によって，これを延長して U の基底を，$\{\boldsymbol{a}_1, \boldsymbol{a}_2, \cdots, \boldsymbol{a}_r, \boldsymbol{b}_1, \boldsymbol{b}_2, \cdots, \boldsymbol{b}_{n-r}\}$ ととることができる．ただし，ここで $n = \dim U$ である．$\dim \mathrm{Im}(f) = n - r$ を示したいのだから，$\{f(\boldsymbol{b}_1), f(\boldsymbol{b}_2), \cdots, f(\boldsymbol{b}_{n-r})\}$ が $\mathrm{Im}(f)$ の基底になることを示せばよい．

任意の $\mathrm{Im}(f)$ のベクトルは $f(\boldsymbol{x})$ $(\boldsymbol{x} \in U)$ という形であるが，この $\boldsymbol{x}$ は $\boldsymbol{a}_1, \cdots, \boldsymbol{a}_r, \boldsymbol{b}_1, \cdots, \boldsymbol{b}_{n-r}$ の一次結合であって，$f(\boldsymbol{a}_1) = \cdots = f(\boldsymbol{a}_r) = \boldsymbol{0}$ なのだから，実は $f(\boldsymbol{x})$ は $f(\boldsymbol{b}_1), \cdots, f(\boldsymbol{b}_{n-r})$ の一次結合である．よって，

$$\mathrm{Im}(f) = \mathbf{L}(f(\boldsymbol{b}_1), \cdots, f(\boldsymbol{b}_{n-r}))$$

となる．

あとは，$f(\boldsymbol{b}_1), \cdots, f(\boldsymbol{b}_{n-r})$ が一次独立であることを示せば証明は終わる．そのために一次関係式 $c_1 f(\boldsymbol{b}_1) + c_2 f(\boldsymbol{b}_2) + \cdots + c_{n-r} f(\boldsymbol{b}_{n-r}) = \boldsymbol{0}$ を考える．この c_i が全て 0 になることを示したいのだが，$f(c_1\boldsymbol{b}_1 + c_2\boldsymbol{b}_2 + \cdots + c_{n-r}\boldsymbol{b}_{n-r}) = \boldsymbol{0}$ なので，

$$c_1\boldsymbol{b}_1 + c_2\boldsymbol{b}_2 + \cdots + c_{n-r}\boldsymbol{b}_{n-r} \in \mathrm{Ker}(f).$$

よって，$\mathrm{Ker}(f)$ の基底を使って，

$$c_1\boldsymbol{b}_1 + c_2\boldsymbol{b}_2 + \cdots + c_{n-r}\boldsymbol{b}_{n-r} = d_1\boldsymbol{a}_1 + d_2\boldsymbol{a}_2 + \cdots + d_r\boldsymbol{a}_r$$

と表わせる．しかし，$\boldsymbol{a}_1, \cdots, \boldsymbol{a}_r, \boldsymbol{b}_1, \cdots, \boldsymbol{b}_{n-r}$ は一次独立なので，$c_1 = \cdots = c_{n-r} = d_1 = \cdots = d_r = 0$ が結論される．□

次元公式は次の図によって覚えておくとよい．

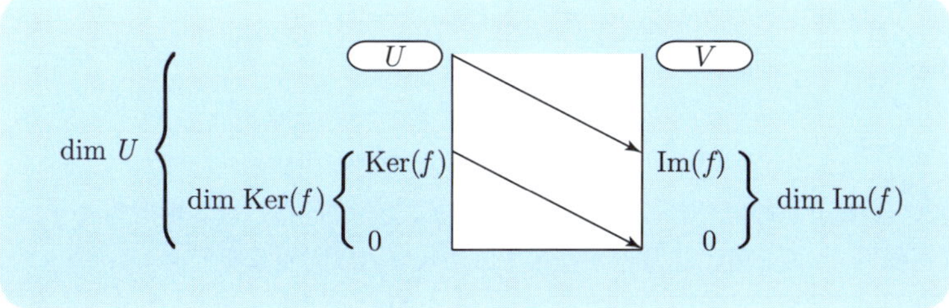

8.5 ベクトル空間の同型

線形写像 $f : U \to V$ が全単射（すなわち，1対1上への写像）であるときに，この線形写像 f を**同型写像**であるといい，この場合に二つのベクトル空間 U と V は**同型**であるという．同型なベクトル空間は，同型写像によって両者のベクトルの間には過不足ない対応があり，さらにこの対応によって和は和に，スカラー倍はスカラー倍にそれぞれ対応するので，ベクトル空間としての議論をするときには，この二つのベクトル空間を区別する必要がないということである．たとえば，同型な二つのベクトル空間の次元は等しい．U と V が同型であることを $U \cong V$ と書くこともある．

例 8.5.1 $f : \mathbf{R}^{n+1} \to \mathbf{R}[x]_{\leqq n}$ を

$$f\left(\begin{bmatrix} a_0 \\ a_1 \\ \vdots \\ a_n \end{bmatrix}\right) = a_0 + a_1 x + \cdots + a_n x^n$$

と定義すれば，これは $\mathbf{R}^{n+1}$ と $\mathbf{R}[x]_{\leqq n}$ の間の同型写像である[5)]．□

例題 8.5.2 n 次行列 A によって与えられる K^n 上の線形変換が同型写像であるための必要十分条件は A が正則行列であることである．このことを証明せよ．

解 線形写像 $f_A : K^n \to K^n$ は $f_A(\boldsymbol{x}) = A\boldsymbol{x}$ によって定義される．この f_A が同型写像であるとすると，その逆写像 f_A^{-1} が存在する．この f_A^{-1} もまた線形写像である．f_A^{-1} の標準基底に関する行列表現を B とすると，任意の $\boldsymbol{x} \in K^n$ に対して，

$$\boldsymbol{x} = f_A^{-1}(f_A(\boldsymbol{x})) = BA\boldsymbol{x}$$

であるから，

$$BA = E_n$$

となり B は A の逆行列になる．よって A は正則行列である．

逆に A が正則行列であるときには，A^{-1} によって与えられる線形写像 $f_{A^{-1}}$ が f_A の逆写像 f_A^{-1} になる．逆写像が存在するから f_A は同型写像である．□

[5)] $\mathbf{R}[x]_{\leqq n}$ の定義については例 6.1.2 (3) を参照．

定理 8.5.3　線形写像 $f: U \to V$ が単射であるための必要十分条件は

$$\mathrm{Ker}(f) = \{\mathbf{0}\}$$

となることである．

証明　f が単射であるとは,「$f(\boldsymbol{x}) = f(\boldsymbol{y}) \Rightarrow \boldsymbol{x} = \boldsymbol{y}$」が成立することである．もし，これが成立しているとするとき，

$$\begin{aligned} \boldsymbol{x} \in \mathrm{Ker}(f) &\Longrightarrow f(\boldsymbol{x}) = \mathbf{0} = f(\mathbf{0}) \\ &\Longrightarrow \boldsymbol{x} = \mathbf{0} \end{aligned}$$

となるので，$\mathrm{Ker}(f) = \{\mathbf{0}\}$．逆に，$\mathrm{Ker}(f) = \{\mathbf{0}\}$ と仮定すると，

$$\begin{aligned} f(\boldsymbol{x}) = f(\boldsymbol{y}) &\Longrightarrow f(\boldsymbol{x} - \boldsymbol{y}) = 0 \\ &\Longrightarrow \boldsymbol{x} - \boldsymbol{y} = \mathbf{0} \\ &\Longrightarrow \boldsymbol{x} = \boldsymbol{y} \end{aligned}$$

となり f は単射である．□

この定理を使うと，例 8.5.1 よりも一般的に次のことがいえる．

定理 8.5.4　任意の n 次元 K ベクトル空間は K^n と同型である．

証明　V が K ベクトル空間でその基底が $\boldsymbol{a}_1, \boldsymbol{a}_2, \cdots, \boldsymbol{a}_n$ と与えられたとき，線形写像 $f: K^n \to V$ を

$$f(\begin{bmatrix} x_1 \\ x_2 \\ \vdots \\ x_n \end{bmatrix}) = x_1\boldsymbol{a}_1 + x_2\boldsymbol{a}_2 + \cdots + x_n\boldsymbol{a}_n$$

と定義する．これが実際に線形写像になることは読者自ら確かめてほしい．$\{\boldsymbol{a}_i\}$ が一次独立であることの定義から，

$$\boldsymbol{x} \in \mathrm{Ker}(f) \Longrightarrow \boldsymbol{x} = \mathbf{0}$$

が出るので，

$$\mathrm{Ker}(f) = \{\mathbf{0}\}$$

となる．従って，定理 8.5.3 より f は単射である．また，f が全射になることは $\{\boldsymbol{a}_i\}$ が V を生成することから帰結される．□

8.6 線形写像と行列のランク

定義 8.6.1 線形写像 $f: U \to V$ に対して，$\mathrm{Im}(f)$ の次元を f の**ランク**または**階数**といって $\mathrm{rank}(f)$ と表わす．また，$m \times n$ 行列 A については，それが与える線形写像 $f_A: K^n \to K^m$ のランクのことを A のランクといって，その値を $\mathrm{rank}\,(A)$ と書く．

行列 A を $A = [\boldsymbol{a}_1, \boldsymbol{a}_2, \cdots, \boldsymbol{a}_n]$ と書き表わしておくと，補題 8.4.3 によれば，$\mathrm{Im}(f_A)$ は $\mathbf{L}(\boldsymbol{a}_1, \boldsymbol{a}_2, \cdots, \boldsymbol{a}_n)$ に等しいので，次の等式が成り立つ．

$$\mathrm{rank}(A) = \dim \mathbf{L}(\boldsymbol{a}_1, \boldsymbol{a}_2, \cdots, \boldsymbol{a}_n) \tag{8.8}$$

行列のランクについては，すでに 6.3 節 でその定義を与えたが，ここで与えたものとそれが一致することを示そう．そのために，まず次のことに注意しよう．

定理 8.6.2 A を $m \times n$ 行列，P を n 次正則行列，Q を m 次正則行列とするとき，定義 8.6.1 で与えたランクについて，次式が成立する．

$$\mathrm{rank}(QAP) = \mathrm{rank}(A) \tag{8.9}$$

証明 今までのように，線形写像 $f_A, f_{QAP}: K^n \to K^m$ を

$$f_A(\boldsymbol{x}) = A\boldsymbol{x}, \quad f_{QAP}(\boldsymbol{x}) = QAP\boldsymbol{x}$$

とする．また，正則行列 Q による K^n の線形変換を f_Q としよう．すなわち，$f_Q(\boldsymbol{y}) = Q\boldsymbol{y}$ である．このとき，任意の $\boldsymbol{x} \in K^n$ に対して，

$$f_Q(f_A(\boldsymbol{x})) = QA\boldsymbol{x} = QAP(P^{-1}\boldsymbol{x}) = f_{QAP}(P^{-1}\boldsymbol{x}) \tag{8.10}$$

なので，任意の $\boldsymbol{c} \in \mathrm{Im}(f_A)$ について，$f_Q(\boldsymbol{c}) \in \mathrm{Im}(f_{QAP})$ となることがわかる．従って，f_Q を $\mathrm{Im}(f_A)$ に制限して考えた写像

$$g: \mathrm{Im}(f_A) \to \mathrm{Im}(f_{QAP})$$

が得られる．これが同型写像になることを示そう．もしこれが示されれば，$\dim_K \mathrm{Im}(f_A) = \dim_K \mathrm{Im}(f_{QAP})$ なので定理の等式が得られるからである．

f_Q は K^m からそれ自身への同型写像，特に単射であるから，それを $\mathrm{Im}(f_A)$ に制限した写像 g も単射である．次に，任意の $\mathrm{Im}(f_{QAP})$ のベクトルは適当な $\boldsymbol{y} \in K^n$ によって $f_{QAP}(\boldsymbol{y})$ の形に表わされるが，$\boldsymbol{x} = P\boldsymbol{y}$ とおくと，(8.10) 式より，$f_Q(f_A(\boldsymbol{x})) = f_{QAP}(\boldsymbol{y})$ となるので，この $f_{QAP}(\boldsymbol{y})$ は g の像に属する．これ

より，g が全射でもあることがわかる．□[6)]

これによって，

定理 8.6.3　$m \times n$ 行列 A に対して，6.3 節の定義 6.3.2 で与えたランクの定義と本節のランクの定義 8.6.1 は一致する．

証明　定理 6.4.4 と定理 8.6.2 によると，はじめから $A = [\boldsymbol{e}_1, \boldsymbol{e}_2, \cdots, \boldsymbol{e}_r, \boldsymbol{0}, \cdots, \boldsymbol{0}]$ という形の行列の場合に二つのランクが同じ値であることを証明すればよい．ただし，$\boldsymbol{e}_i$ は m 次元基本ベクトルを表わし，この r が第 6 章で与えたランクである．このとき，

$$\mathrm{Im}(f_A) = \mathbf{L}(\boldsymbol{e}_1, \boldsymbol{e}_2, \cdots, \boldsymbol{e}_r)$$

であるので，その次元は r に等しくなるので，本節のランクの定義でも $\mathrm{rank}(A) = r$ である．□

この定理によって第 6 章の定義 6.3.2 の後に述べた懸案が解決される．実際，A が二通りの基本変形の仕方で変形される場合，それを QAP と $Q'AP'$ と書いておくと，定理 8.6.2 より

$$\mathrm{rank}(QAP) = \mathrm{rank}(A) = \mathrm{rank}(Q'AP')$$

となって，同じ値を得るからである．第 6 章で定義したランクは行列の基本変形で変化しないものであった．この事実は重要なので，念のために書き記しておく．

定理 8.6.4　行列 A に基本変形を施して行列 B を得たとき，

$$\mathrm{rank}(A) = \mathrm{rank}(B)$$

が成立する．

行列のランクは，行列に付随したもっとも重要な値である．しかし，それは行列そのものではなくて，それが定義する線形写像によって決まる値であることを記憶しておくべきであろう．

行列のランクの基本的性質として第 6 章の (6.3) 式で示したことは，この章の定義を使っても証明ができる．

---

6) 基底の変換行列として Q^{-1}, P をもつ基底をそれぞれ K^n, K^m にとって，定理 8.3.1 を使っても証明できる．

例題 8.6.5 A が $m \times n$ 行列であるとき,

$$\operatorname{rank}(A) \leqq n \quad \text{かつ} \quad \operatorname{rank}(A) \leqq m$$

となることを,この節のランクの定義 8.6.1 を使って証明せよ.

解 $f_A : K^n \to K^m$ なので,$\operatorname{Im}(f_A)$ は K^m の部分空間である.特に,

$$\operatorname{rank}(A) = \dim \operatorname{Im}(f_A) \leqq \dim K^m = m$$

となる.また,次元公式(定理 8.4.5)によると,$\operatorname{rank}(A) = \dim \operatorname{Im}(f_A) = n - \dim \operatorname{Ker}(f_A) \leqq n$ である.□

最後に行列式を使ったランクの特徴付けを与えておく.

定理 8.6.6 $m \times n$ 行列 A について,A の r 次の小行列式が 0 でないような r の最大値を $r(A)$ とおく.このとき,

(1) $r(A)$ の値は行列の基本変形で変わらない.

(2) つねに等式 $r(A) = \operatorname{rank}(A)$ が成立する.

証明 (1) A' が A に列基本変形をして得られる行列としたとき $r(A') = r(A)$ を示す.(行基本変形についても同様である.)もし A' が A に,二つの列の入れ換え,またはある列に 0 でないスカラー c をかけて,得られるときには,A' のどの r 次の小行列式も対応する A の小行列式に ± 1 または c をかけたものになるので,それが 0 であるか 0 でないかという条件は変わらない.よって $r(A') = r(A)$ である.

次に,A の第 i 列を c 倍して第 j 列に加えて A' が得られるときを考えよう.このとき,A' の第 j 列を含まない小行列式は対応する A の小行列式と同じ値をとる.また,第 j 列を含む A' の小行列式は,$\Delta + c\Delta'$ と書くことができる.ただし,Δ は対応する A の小行列式で,Δ' は A の第 j 列を第 i 列で置き換えた行列の Δ に対応する小行列式である.もし,この値が 0 でなければ,Δ または Δ' のどちらかは 0 でないので,$r(A') \leqq r(A)$ が得られる.A' に列基本変形をして A を得ることもできるのだから,逆の不等式 $r(A) \leqq r(A')$ も成立する.従って,この場合にも $r(A') = r(A)$ を得る.

(2) A が $A = [\boldsymbol{e}_1, \cdots, \boldsymbol{e}_r, \boldsymbol{0}, \cdots, \boldsymbol{0}]$, ただし $\boldsymbol{e}_i$ は m 次元基本ベクトル,のときには,$\operatorname{rank}(A) = r$ であり,また $r(A) = r$ であることも明らかだから,この場合には $r(A) = \operatorname{rank}(A)$ が成り立つ.任意の行列 A は基本変形でこの形に変形でき,ランクも $r(A)$ の値もこの変形で変化しないのだから,等式 $r(A) = \operatorname{rank}(A)$ はいつでも成立する.□

系 8.6.7 任意の行列 A に対して,

$$\mathrm{rank}(A) = \mathrm{rank}({}^t A) \tag{8.11}$$

である.

証明 定理の $r(A)$ については, $r(A) = r({}^t A)$ となることは明らかであるから, 定理より (8.11) 式が得られる. □

演 習 問 題

1 次の行列のランクを計算せよ.

(1) $\begin{bmatrix} 1 & 1 & 1 \\ 1 & \omega & \omega^2 \\ 1 & \omega^2 & \omega \end{bmatrix}$ $(\omega^3 = 1, \omega \neq 1)$ (2) $\begin{bmatrix} 1 & x & x \\ x & 1 & x \\ x & x & 1 \end{bmatrix}$

(3) $\begin{bmatrix} 1 & a & a^3 \\ 1 & b & b^3 \\ 1 & c & c^3 \end{bmatrix}$

2 微分写像

$$d/dx : \mathbf{R}[x]_{\leqq n} \to \mathbf{R}[x]_{\leqq n}$$

は線形写像であることを確かめよ. また, $\mathbf{R}[x]_{\leqq n}$ の基底として $\{1, x, \cdots, x^n\}$ をとるとき, この線形写像の行列表現を求めよ. また, この線形写像のランクを計算せよ.

3 2 次の実行列の全体 $M_{2\times 2}(\mathbf{R})$ は基底として行列単位 $\{E_{11}, E_{12}, E_{21}, E_{22}\}$ をもつ 4 次元の $\mathbf{R}$ ベクトル空間である. 行列 $A = \begin{bmatrix} 1 & 1 \\ 0 & 1 \end{bmatrix}$ に対して, 写像 $g : M_{2\times 2}(\mathbf{R}) \to M_{2\times 2}(\mathbf{R})$ を $g(X) = AX$ と定義するとき, g は線形写像であることを示せ. また, g のこの基底に関する行列表現を求めて, $\mathrm{rank}(g)$ を計算せよ.

4 行列 A が $A = \begin{bmatrix} B & O \\ O & C \end{bmatrix}$ と表わされるとき, $\mathrm{rank}(A) = \mathrm{rank}(B) + \mathrm{rank}(C)$ であることを示せ.

5 $m \geqq 2, n \geqq 2$ のとき, $m \times n$ 行列 A に対して, A の第 1 行と第 1 列をとり除いた $(m-1) \times (n-1)$ 行列を A_{11} と書くことにする. A をさまざまな行列を動かしたときの

$$\mathrm{rank}(A) - \mathrm{rank}(A_{11})$$

の最小値と最大値を求めよ.

第9章

連立一次方程式

この章では，今まで学んできたベクトル空間や線形写像の知識を利用して，連立一次方程式を解く方法について学習していく．

9.1 同次連立一次方程式の場合

もっとも一般的には連立一次方程式は，次のように表わされる．

$$\left\{\begin{array}{l} a_{11}x_1 + a_{12}x_2 + \cdots + a_{1n}x_n = b_1 \\ a_{21}x_1 + a_{22}x_2 + \cdots + a_{2n}x_n = b_2 \\ \qquad\qquad\cdots \\ a_{m1}x_1 + a_{m2}x_2 + \cdots + a_{mn}x_n = b_m \end{array}\right. \tag{9.1}$$

ただし，a_{ij}, b_k は定数である．ここから，各 x_i を求めるということが，この連立一次方程式を解くということである．この方程式を行列を使って表わすには，まず $m \times n$ 行列 $A = [a_{ij}]$ と m 次元ベクトル $\boldsymbol{b} = \begin{bmatrix} b_1 \\ b_2 \\ \vdots \\ b_m \end{bmatrix}$ を考えて，n 次元の未知ベクトル $\boldsymbol{x} = \begin{bmatrix} x_1 \\ x_2 \\ \vdots \\ x_n \end{bmatrix}$ について，

$$A\boldsymbol{x} = \boldsymbol{b} \tag{9.2}$$

とすればよい．

連立一次方程式 (9.1) または (9.2) において，$\boldsymbol{b} = \boldsymbol{0}$ であるとき，この方程式は**同次方程式**であるという．ここでは，まず同次方程式の場合について考えてみよう．

以前のように，行列 A によって定まる数ベクトル空間の間の線形写像

$$f_A : K^n \to K^m; \quad f_A(\boldsymbol{x}) = A\boldsymbol{x}$$

を考える．同次方程式の場合には，(9.2) 式は $A\boldsymbol{x} = \boldsymbol{0}$ となるから，求める方程式の解は $\{\boldsymbol{x} |\ A\boldsymbol{x} = \boldsymbol{0}\}$，すなわち $\mathrm{Ker}(f_A)$ のことである．$\mathrm{Ker}(f_A)$ のことを同次連立一次方程式 $A\boldsymbol{x} = \boldsymbol{0}$ の**解空間**ということもある．$\mathrm{Ker}(f_A)$ の基底が $\boldsymbol{c}_1, \boldsymbol{c}_2, \cdots, \boldsymbol{c}_s$ と与えられれば，任意の解 $\boldsymbol{x} \in \mathrm{Ker}(f_A)$ は，これらの一次結合で表わされるので，この $\boldsymbol{c}_1, \boldsymbol{c}_2, \cdots, \boldsymbol{c}_s$ は**基本解**と呼ばれる．結局，同次連立一次方程式を解くということは，$\mathrm{Ker}(f_A)$ の基底を求めることに他ならない．次元公式 (定理 8.4.5) によると，

$$\dim \mathrm{Ker}(f_A) = n - \dim \mathrm{Im}(f_A) = n - \mathrm{rank}(A) \tag{9.3}$$

であるから，$\mathrm{rank}(A)$ の値を知れば基本解の個数を簡単に知ることができる．

特に，解空間 $\mathrm{Ker}(f_A)$ の次元が 0 のときには $\boldsymbol{x} = \boldsymbol{0}$ のみが解である．

定理 9.1.1　同次連立一次方程式 $A\boldsymbol{x} = \boldsymbol{0}$ が $\boldsymbol{x} = \boldsymbol{0}$ のみを解にもつ必要十分条件は，$\mathrm{rank}(A) = n$ となることである．

証明　(9.3) 式によれば，$\mathrm{Ker}(f_A) = \{\boldsymbol{0}\}$ となることと $\mathrm{rank}(A) = n$ となることは同値である．□

9.2　非同次の場合の解の存在

さて，一般の非同次連立一次方程式 $A\boldsymbol{x} = \boldsymbol{b}$ を考えてみよう．この場合，$A\boldsymbol{x} = \boldsymbol{0}$ という方程式をこれに対応する**同次方程式**という．もし，$A\boldsymbol{x} = \boldsymbol{b}$ の解 $\boldsymbol{x}_1$ が一つでもみつかれば，他の解 $\boldsymbol{x}_2$ について，

$$A(\boldsymbol{x}_1 - \boldsymbol{x}_2) = A\boldsymbol{x}_1 - A\boldsymbol{x}_2 = \boldsymbol{b} - \boldsymbol{b} = \boldsymbol{0}$$

であるから，$\boldsymbol{x}_1 - \boldsymbol{x}_2$ は対応する同次方程式 $A\boldsymbol{x} = \boldsymbol{0}$ の解である．従って，$A\boldsymbol{x} = \boldsymbol{0}$ の解を求めるには，次の二つのことをすればよい．

(1) $A\boldsymbol{x} = \boldsymbol{b}$ の解 $\boldsymbol{x}_1$ を一つみつけること．
(2) $A\boldsymbol{x} = \boldsymbol{0}$ の解を全てみつけること．

そうすれば，$A\boldsymbol{x} = \boldsymbol{b}$ の任意の解は $\boldsymbol{x}_1 + \boldsymbol{x}_0$ （ただし $\boldsymbol{x}_0$ は $A\boldsymbol{x} = \boldsymbol{0}$ の解）と表わすことができる．この $\boldsymbol{x}_1$ を**特殊解**という．

定理 9.2.1 $A\boldsymbol{x} = \boldsymbol{b}$ の解は，存在すれば，その特殊解 $\boldsymbol{x}_1$ と対応する同次方程式 $A\boldsymbol{x} = \boldsymbol{0}$ の解 $\boldsymbol{x}_0$ によって，$\boldsymbol{x} = \boldsymbol{x}_0 + \boldsymbol{x}_1$ と表わすことができる．

この定理の系として，定理 9.1.1 に対応して次の結果を得る．

系 9.2.2 $A\boldsymbol{x} = \boldsymbol{b}$ の解が存在する場合，それがただ一つであるための必要十分条件は，$\mathrm{rank}(A) = n$ となることである．

証明 特殊解 $\boldsymbol{x}_1$ があったとしよう．もし $\mathrm{rank}(A) = n$ なら，定理 9.1.1 によって $A\boldsymbol{x} = \boldsymbol{0}$ の解は $\boldsymbol{x} = \boldsymbol{0}$ のみである．よって，定理 9.2.1 から $A\boldsymbol{x} = \boldsymbol{b}$ の解は $\boldsymbol{x} = \boldsymbol{x}_1$ のみである．逆に，もし $\mathrm{rank}(A) < n$ なら定理 9.1.1 より，$A\boldsymbol{x} = \boldsymbol{0}$ の解が多数あるので，定理 9.2.1 から $A\boldsymbol{x} = \boldsymbol{b}$ の解も多数あることになる．□

さて，問題はいつ解が存在するかということである．これについては次の定理が有効である．

定理 9.2.3 $m \times n$ 行列 A に第 $(n+1)$ 列目として $\boldsymbol{b}$ をつけ加えた行列 $[A|\ \boldsymbol{b}]$ を考える．このとき，連立一次方程式 $A\boldsymbol{x} = \boldsymbol{b}$ に解が存在するための必要十分条件は，

$$\mathrm{rank}(A) = \mathrm{rank}(A|\ \boldsymbol{b})$$

となることである．

証明 $A = [\boldsymbol{a}_1, \boldsymbol{a}_2, \cdots, \boldsymbol{a}_n]$ と表わすとき，$\mathrm{rank}(A)$ は $\mathbf{L}(\boldsymbol{a}_1, \boldsymbol{a}_2, \cdots, \boldsymbol{a}_n)$ の次元であった[1)]．また，$\mathrm{rank}(A|\boldsymbol{b})$ は $\mathbf{L}(\boldsymbol{a}_1, \boldsymbol{a}_2, \cdots, \boldsymbol{a}_n, \boldsymbol{b})$ の次元である．もし，$A\boldsymbol{x} = \boldsymbol{b}$

[1)] 定理 8.6.1 をみよ．

の解 $\boldsymbol{x} = \begin{bmatrix} x_1 \\ x_2 \\ \vdots \\ x_n \end{bmatrix}$ があれば,

$$\boldsymbol{b} = x_1\boldsymbol{a}_1 + x_2\boldsymbol{a}_2 + \cdots + x_n\boldsymbol{a}_n$$

と一次結合で表わされるのだから,

$$\mathbf{L}(\boldsymbol{a}_1, \cdots, \boldsymbol{a}_n, \boldsymbol{b}) = \mathbf{L}(\boldsymbol{a}_1, \cdots, \boldsymbol{a}_n)$$

となり, $\mathrm{rank}(A) = \mathrm{rank}(A|\ \boldsymbol{b})$ がわかる. 逆に, 解が存在しない場合には, $\boldsymbol{b}$ がこのように $\boldsymbol{a}_i$ の一次結合で決して表わされないのだから,

$$\boldsymbol{b} \notin \mathbf{L}(\boldsymbol{a}_1, \cdots, \boldsymbol{a}_n)$$

となり, $\mathbf{L}(\boldsymbol{a}_1, \cdots, \boldsymbol{a}_n, \boldsymbol{b})$ は $\mathbf{L}(\boldsymbol{a}_1, \cdots, \boldsymbol{a}_n)$ より真に大きな部分空間となる. よって, 定理 7.4.5 (4) より,

$$\dim \mathbf{L}(\boldsymbol{a}_1, \cdots, \boldsymbol{a}_n) < \dim \mathbf{L}(\boldsymbol{a}_1, \cdots, \boldsymbol{a}_n, \boldsymbol{b})$$

でなくてはならないので, $\mathrm{rank}(A) < \mathrm{rank}(A|\ \boldsymbol{b})$ となる. □

9.3 クラメールの公式

ここでは, 連立一次方程式 $A\boldsymbol{x} = \boldsymbol{b}$ において, $m = n$ の場合, すなわち A が n 次正方行列である場合について考えてみよう.

このとき, もし A が正則行列ならば, 等式 $A\boldsymbol{x} = \boldsymbol{b}$ の両辺に左から A^{-1} をかけて,

$$\boldsymbol{x} = A^{-1}\boldsymbol{b}$$

を得るので, これが解であり, これ以外に解は存在しない.

実は, この逆も成立する. 実際, もし解が存在してただ一つと仮定すると, 系 9.2.2 によって $\mathrm{rank}(A) = n$ となる. すると, 定理 6.4.5 より, A は正則行列でなくてはならない.

定理 9.3.1 連立一次方程式 $A\boldsymbol{x} = \boldsymbol{b}$ において, A が n 次正方行列とする. このとき, 解が存在してただ一つであるための必要十分条件は, A が正則行列になることである.

次にこの定理の条件が成り立つときに, 解を求める公式を与えよう.

定理 9.3.2 (クラメールの公式)[2]　n 次正方行列 A が $[\boldsymbol{a}_1, \boldsymbol{a}_2, \cdots, \boldsymbol{a}_n]$, ただし $\boldsymbol{a}_i$ は n 次元数ベクトル，と表わされ，かつ A は正則行列であるとき，連立一次方程式 $A\boldsymbol{x} = \boldsymbol{b}$ の解 $\boldsymbol{x} = \begin{bmatrix} x_1 \\ x_2 \\ \vdots \\ x_n \end{bmatrix}$ はただ一つ存在して，その各成分は次の公式で与えられる．

$$x_i = \frac{\det[\boldsymbol{a}_1, \cdots, \boldsymbol{a}_{i-1}, \boldsymbol{b}, \boldsymbol{a}_{i+1}, \cdots \boldsymbol{a}_n]}{\det[\boldsymbol{a}_1, \cdots, \boldsymbol{a}_n]} \tag{9.4}$$

証明　A は正則行列なので，その逆行列が存在して

$$A^{-1} = \frac{1}{\det(A)} \operatorname{Cof}(A)$$

と与えられる．従って，$A\boldsymbol{x} = \boldsymbol{b}$ の解は

$$\boldsymbol{x} = A^{-1}\boldsymbol{b} = \frac{1}{\det(A)} \operatorname{Cof}(A)\boldsymbol{b}$$

である．定理の公式を示すには，$\operatorname{Cof}(A)\boldsymbol{b}$ の第 i 成分が $\det[\boldsymbol{a}_1, \cdots, \boldsymbol{a}_{i-1}, \boldsymbol{b}, \boldsymbol{a}_{i+1}, \cdots \boldsymbol{a}_n]$ に等しいことをいえばよい．ところが，行列 $[\boldsymbol{a}_1, \cdots, \boldsymbol{a}_{i-1}, \boldsymbol{b}, \boldsymbol{a}_{i+1}, \cdots \boldsymbol{a}_n]$ の (k, i) 余因子は A の (k, i) 余因子 $\Delta(A)_{ki}$ と同じだから，行列式 $\det[\boldsymbol{a}_1, \cdots, \boldsymbol{a}_{i-1}, \boldsymbol{b}, \boldsymbol{a}_{i+1}, \cdots, \boldsymbol{a}_n]$ をその第 i 列で余因子展開して，その値は，

$$b_1\Delta(A)_{1i} + b_2\Delta(A)_{2i} + \cdots + b_n\Delta(A)_{ni}$$

に等しいことがわかる．これは，$\operatorname{Cof}(A)\boldsymbol{b}$ の第 i 成分に等しい．□

例題 9.3.3　$|c| > 1$ とするとき，次の連立一次方程式の解を求めよ．

$$\begin{cases} x_1 + cx_2 + \cdots + cx_{n-1} + cx_n = 1 \\ cx_1 + x_2 + \cdots + cx_{n-1} + cx_n = 1 \\ \cdots \\ cx_1 + cx_2 + \cdots + cx_{n-1} + x_n = 1 \end{cases}$$

[2] Gabriel Cramer (1704～1752).

解[3] 行列 A を

$$A = \begin{bmatrix} 1 & c & \cdots & c \\ c & 1 & \cdots & c \\ \vdots & \vdots & \ddots & \vdots \\ c & c & \cdots & 1 \end{bmatrix}$$

とおくと，例題 5.6.4 より $\det(A) = \{1 + (n-1)c\}(1-c)^{n-1}$ である．$|c| > 1$ なので，この値は 0 とは異なる．従って，A は正則行列であり，方程式の解はただ一つ存在する．すると，クラメールの公式から，

$$\begin{aligned} x_1 &= \frac{1}{\{1+(n-1)c\}(1-c)^{n-1}} \begin{vmatrix} 1 & c & \cdots & c \\ 1 & 1 & \cdots & c \\ \vdots & \vdots & \ddots & \vdots \\ 1 & c & \cdots & 1 \end{vmatrix} \\ &= \frac{1}{\{1+(n-1)c\}(1-c)^{n-1}} \begin{vmatrix} 1 & c & \cdots & c \\ 0 & 1-c & \cdots & 0 \\ \vdots & \vdots & \ddots & \vdots \\ 0 & 0 & \cdots & 1-c \end{vmatrix} \\ &= \frac{(1-c)^{n-1}}{\{1+(n-1)c\}(1-c)^{n-1}} = \frac{1}{1+(n-1)c} \end{aligned}$$

となる．x_1 以外の x_i についても同様にして，同じ値 $x_i = 1/\{1+(n-1)c\}$ を得る．
□

例題 9.3.4 (x, y) 平面上に n 個の点 $\mathrm{P}_1(x_1, y_1), \mathrm{P}_2(x_2, y_2), \cdots, \mathrm{P}_n(x_n, y_n)$ が与えられているとする．ただし，$x_1 < x_2 < \cdots < x_n$ とする．このとき，この n 個の点を通る高々 $(n-1)$ 次の曲線

$$y = c_0 + c_1 x + c_2 x^2 + \cdots + c_{n-1} x^{n-1}$$

を求めよ[4]．

解 曲線がこれら n 個の点を通るという条件を書き下すと，

---

[3] この方程式は未知数 x_i について対称なので，解は $x_1 = x_2 = \cdots = x_n$ となるはずである．この値を x として，もとの方程式から x は容易に得られる．こうすればクラメールの公式を使うまでもない問題である．

[4] 5 章の演習問題 5 を参照せよ．

$$\begin{cases} c_0 + c_1x_1 + c_2x_1^2 + \cdots + c_{n-1}x_1^{n-1} = y_1 \\ c_0 + c_1x_2 + c_2x_2^2 + \cdots + c_{n-1}x_2^{n-1} = y_2 \\ \cdots \\ c_0 + c_1x_n + c_2x_n^2 + \cdots + c_{n-1}x_n^{n-1} = y_n \end{cases}$$

となり，この連立一次方程式を c_i について解けばよい．$A = \begin{bmatrix} 1 & x_1 & x_1^2 & \cdots & x_1^{n-1} \\ \vdots & \vdots & \vdots & \ddots & \vdots \\ 1 & x_n & x_n^2 & \cdots & x_n^{n-1} \end{bmatrix}$，

$\boldsymbol{c} = \begin{bmatrix} c_0 \\ c_1 \\ \vdots \\ c_{n-1} \end{bmatrix}$，$\boldsymbol{y} = \begin{bmatrix} y_1 \\ y_2 \\ \vdots \\ y_n \end{bmatrix}$ とおいて，この方程式は $A\boldsymbol{c} = \boldsymbol{y}$ と表わされる．A は系 5.6.2 で考えた行列の転置行列であることと，x_i が互いに異なる数であることから，A は正則行列である．従って，$\boldsymbol{c}$ についての方程式 $A\boldsymbol{c} = \boldsymbol{y}$ の解はただ一通りに存在して，クラメールの公式により，

$$c_{i-1} = \frac{1}{\det A} \begin{vmatrix} 1 & x_1 & x_1^2 & \cdots & y_1 & \cdots & x_1^{n-1} \\ \vdots & \vdots & \vdots & \ddots & \vdots & \ddots & \vdots \\ 1 & x_n & x_n^2 & \cdots & \underset{\substack{\uparrow \\ \text{第 } i \text{ 列}}}{y_n} & \cdots & x_n^{n-1} \end{vmatrix} \quad (1 \leqq i \leqq n)$$

□

9.4 一般逆行列による解法♣

6.5 節で述べたように，$m \times n$ 行列 A の一般逆行列 A^- とは，$AA^-A = A$ を満足するような $n \times m$ 行列であった．これを使って連立一次方程式を解くこともできる．

定理 9.4.1　A が $m \times n$ 行列のとき，連立一次方程式

$$A\boldsymbol{x} = \boldsymbol{b}$$

に解が存在するときには，その任意の解は，次のように表わすことができる．

$$\boldsymbol{x} = A^-\boldsymbol{b} + (E_n - A^-A)\boldsymbol{c} \quad (\text{ただし } \boldsymbol{c} \text{ は任意の } n \text{ 次元ベクトル}) \tag{9.5}$$

証明　解が少なくとも一つは存在するという仮定だから，$\boldsymbol{b} = A\boldsymbol{x}_0$ となる $\boldsymbol{x}_0$ がある．このとき，(9.5) 式の右辺に A を左からかけて，$\boldsymbol{b}$ のところに $A\boldsymbol{x}_0$ を代入すると，

$$\begin{aligned} A(A^-\boldsymbol{b}+(E_n-A^-A)\boldsymbol{c}) &= AA^-\boldsymbol{b}+(A-AA^-A)\boldsymbol{c} \\ &= AA^-A\boldsymbol{x}_0+(A-AA^-A)\boldsymbol{c}=A\boldsymbol{x}_0+(A-A)\boldsymbol{c}=\boldsymbol{b} \end{aligned}$$

となるので，(9.5) 式は確かに $A\boldsymbol{x}=\boldsymbol{b}$ の解を与える．

次に $\boldsymbol{x}$ が任意の解であるとき，$A^-\boldsymbol{b}+(E_n-A^-A)\boldsymbol{x}=A^-A\boldsymbol{x}+\boldsymbol{x}-A^-A\boldsymbol{x}=\boldsymbol{x}$ となるので，この $\boldsymbol{x}$ は (9.5) 式の形に書き表わされている．□

例題 9.4.2 $A=\begin{bmatrix} 1 & 2 & 3 \\ 4 & 5 & 6 \end{bmatrix}$ とするとき，$A^-=\begin{bmatrix} -5/3 & 2/3 \\ 4/3 & -1/3 \\ 0 & 0 \end{bmatrix}$ ととることができることを使って，連立一次方程式 $A\begin{bmatrix} x \\ y \\ z \end{bmatrix}=\begin{bmatrix} 1 \\ -2 \end{bmatrix}$ を解け．

解 計算によって，$E_3-A^-A=\begin{bmatrix} 0 & 0 & 1 \\ 0 & 0 & -2 \\ 0 & 0 & 1 \end{bmatrix}$，$A^-\begin{bmatrix} 1 \\ -2 \end{bmatrix}=\begin{bmatrix} -3 \\ 2 \\ 0 \end{bmatrix}$ となる．定理より解が存在すれば，それらは c_1, c_2, c_3 を任意定数として，

$$\boldsymbol{x}=\begin{bmatrix} -3 \\ 2 \\ 0 \end{bmatrix}+\begin{bmatrix} 0 & 0 & 2 \\ 0 & 0 & -2 \\ 0 & 0 & 1 \end{bmatrix}\begin{bmatrix} c_1 \\ c_2 \\ c_3 \end{bmatrix}=\begin{bmatrix} -3 \\ 2 \\ 0 \end{bmatrix}+c_3\begin{bmatrix} 1 \\ -2 \\ 1 \end{bmatrix}$$

と表わされる．これは確かに解なので，定理よりこれは全ての解を表わしている．□

演 習 問 題

1 $A=\begin{bmatrix} 1 & 7 & -8 & 4 \\ 2 & -4 & 11 & 8 \\ 3 & 7 & -3 & 15 \\ 1 & 3 & -2 & 4 \end{bmatrix}$，$\boldsymbol{b}=\begin{bmatrix} a \\ 0 \\ 10 \\ 5 \end{bmatrix}$ のとき，連立方程式 $A\boldsymbol{x}=\boldsymbol{b}$ が解をもつように a の値を定めよ．また，そのときに連立方程式を解け．

2 x, y, z, w を未知数とする次の連立一次方程式が解をもつための条件を a, b, c, d で表わせ．

$$\begin{cases} x+y=a \\ y+z=b \\ z+w=c \\ w+x=d \end{cases}$$

第10章

計量ベクトル空間

実ベクトル空間 $\mathbf{R}^n$ のベクトルには，長さや二つのベクトルの間の角度といったものが考えられたが，それらの基本となったのは内積という概念であった．抽象的なベクトル空間にも内積が定義せられる場合があって，ベクトルに長さや角度というものが考えられるようになることがある．いわば「計量」という付加的な構造がベクトル空間に加わることで幾何学的な考え方ができるようになるのである．

10.1 内　積

ここではまず実ベクトル空間の場合を考えよう．そのために，V で $\mathbf{R}$ 上の n 次元 (抽象) ベクトル空間を表わすことにする．

定義 10.1.1　V の二つのベクトル $\boldsymbol{a}, \boldsymbol{b}$ に $(\boldsymbol{a}, \boldsymbol{b})$ と書かれるスカラー（実数）が対応せられていて，次の 3 条件を満たすとき，この記号 $(\ ,\ )$ を V 上の**内積**という．

任意の $\boldsymbol{a}, \boldsymbol{b}, \boldsymbol{c} \in V$ と $x \in \mathbf{R}$ に対して，

(1)　$(\boldsymbol{a}, \boldsymbol{b}) = (\boldsymbol{b}, \boldsymbol{a})$

(2)　$(\boldsymbol{a}, \boldsymbol{b}+\boldsymbol{c}) = (\boldsymbol{a}, \boldsymbol{b}) + (\boldsymbol{a}, \boldsymbol{c})$

(3)　$(x\boldsymbol{a}, \boldsymbol{b}) = x(\boldsymbol{a}, \boldsymbol{b})$

(4)　常に $(\boldsymbol{a}, \boldsymbol{a}) \geqq 0$ であり，「$(\boldsymbol{a}, \boldsymbol{a}) = 0 \iff \boldsymbol{a} = \boldsymbol{0}$」

条件 (1), (2), (3) を使えば，たとえば $(\boldsymbol{a}+\boldsymbol{b}, \boldsymbol{c}) = (\boldsymbol{a}, \boldsymbol{c}) + (\boldsymbol{b}, \boldsymbol{c})$, $(\boldsymbol{a}, x\boldsymbol{b}) = x(\boldsymbol{a}, \boldsymbol{b})$ も成立することに注意しよう．補題 1.4.1 と同様に，条件 (1) を内積の対称性，(2), (3) を線形性，(4) を正定値性という．

ベクトル空間 V 上に内積が与えられたとき，このことを強調するために V のことを**計量ベクトル空間**という．また，計量ベクトル空間 V の任意のベクトル $\boldsymbol{a}$ に対しては，$(\boldsymbol{a},\boldsymbol{a})$ は正または 0 の実数であるから，その平方根を $||\boldsymbol{a}||$ と書き表わし，これをベクトル $\boldsymbol{a}$ の**長さ**という．

$$||\boldsymbol{a}|| = \sqrt{(\boldsymbol{a},\boldsymbol{a})} \tag{10.1}$$

例 10.1.2　(1)　$\mathbf{R}^n$ のベクトル $\boldsymbol{a},\boldsymbol{b}$ に対して，$(\boldsymbol{a},\boldsymbol{b}) = {}^t\boldsymbol{a}\boldsymbol{b}$ と定義すると，これは 1.4 節で考えた内積で，**標準内積**と呼ばれる．この場合のベクトルの長さは，通常の (ユークリッドの) 長さである．

しかし，たとえば $c_1, c_2, \cdots, c_n$ を任意の正の実数として，$\boldsymbol{a} = \begin{bmatrix} a_1 \\ a_2 \\ \vdots \\ a_n \end{bmatrix}$，$\boldsymbol{b} = \begin{bmatrix} b_1 \\ b_2 \\ \vdots \\ b_n \end{bmatrix}$ に対して，

$$(\boldsymbol{a},\boldsymbol{b}) = c_1a_1b_1 + c_2a_2b_2 + \cdots + c_na_nb_n \tag{10.2}$$

と定めても，これは内積の定義を満たす．この場合には，基本ベクトル $\boldsymbol{e}_i$ の長さは $\sqrt{c_i}$ である．

(2)　$\mathbf{R}$ の閉区間 $I = [a,b]$ について，I 上で連続な関数の全体の集合 $C^0(I)$ は $\mathbf{R}$ 上の無限次元ベクトル空間であるが，ここには次のようにして内積を定義できる．$f, g \in C^0(I)$ に対して，

$$(f,g) = \int_a^b f(x)g(x)\,dx \tag{10.3}$$

これが内積の条件 (1) ～ (3) を満たすことは明らかである．条件 (4) を証明しておこう．$(f,f) = \displaystyle\int_a^b f(x)^2\,dx$ であり，$f(x)^2 \geqq 0$ であるから，この内積の

値は $\geqq 0$ である．また，$\displaystyle\int_a^b f(x)^2\,dx = 0$ と仮定した場合，$f(x)^2$ は常に正または 0 の値をとる連続関数だから，$f \equiv 0$ しかあり得ない．

(3)　実係数の n 次以下の多項式の全体の集合 $\mathbf{R}[x]_{\leqq n}$ は $\mathbf{R}$ 上の $(n+1)$ 次元ベクトル空間であった．二つの多項式 f, g に対して，

$$(f, g) = \int_0^1 f(x)g(x)\,dx \tag{10.4}$$

と定義すると，(2) の場合と同じ理由によって，これは内積になる．

(4)　実数を成分にもつ $m \times n$ 行列の全体 $M_{m\times n}(\mathbf{R})$ は $\mathbf{R}$ 上 mn 次元のベクトル空間であるが，ここに，$A, B \in M_{m\times n}(\mathbf{R})$ に対して，$(A, B) = \mathrm{tr}(A\,{}^tB)$ と定義すると，これは $M_{m\times n}(\mathbf{R})$ 上の内積を与える．実際，内積の条件 (1) ～ (3) が満たされることは明らかである．また，$A = [a_{ij}], B = [b_{ij}]$ とすると，$A\,{}^tB$ の (i, k) 成分は $\sum_{j=1}^n a_{ij}b_{kj}$ であるから，

$$(A, B) = \mathrm{tr}(A\,{}^tB) = \sum_{i=1}^m \sum_{j=1}^n a_{ij}b_{ij}$$

となる．従って，$(A, A) = \sum_{i=1}^m \sum_{j=1}^n a_{ij}^2$ となり，a_{ij} は実数だから，これは $\geqq 0$ である．さらに，

$$(A, A) = \sum_{i=1}^m \sum_{j=1}^n a_{ij}^2 = 0 \implies \text{全ての } a_{ij} = 0 \implies A = O$$

となるので，条件 (4) も満たされる．□

一般的な計量ベクトル空間においても，補題 1.4.4 の証明と全く同じようにして，次のことが示される．

補題 10.1.3

(1) (シュヴァルツの不等式)　$|(\boldsymbol{a}, \boldsymbol{b})| \leqq ||\boldsymbol{a}||\ ||\boldsymbol{b}||$

(2) (三角不等式)　$||\boldsymbol{a} + \boldsymbol{b}|| \leqq ||\boldsymbol{a}|| + ||\boldsymbol{b}||$

シュヴァルツの不等式から，$\boldsymbol{a}, \boldsymbol{b}$ が $\mathbf{0}$ でないベクトルのとき，$(\boldsymbol{a}, \boldsymbol{b})/||\boldsymbol{a}||\ ||\boldsymbol{b}||$ の絶対値は $\leqq 1$ となるので，これを $\cos\theta$ とする角 θ が $0 \leqq \theta \leqq \pi$ として定

まる．この θ をベクトル $\boldsymbol{a}, \boldsymbol{b}$ のなす角度という．

$$\cos\theta = \frac{(\boldsymbol{a}, \boldsymbol{b})}{||\boldsymbol{a}||\ ||\boldsymbol{b}||} \tag{10.5}$$

また，この角度が $\pi/2$ のとき，すなわち $(\boldsymbol{a}, \boldsymbol{b}) = \boldsymbol{0}$ のとき，$\boldsymbol{a}$ と $\boldsymbol{b}$ は**直交する**という．補題 1.4.5 と全く同じ証明で次が成立する．

補題 10.1.4　$\boldsymbol{a}_1, \boldsymbol{a}_2, \cdots, \boldsymbol{a}_r$ が計量ベクトル空間 V の $\boldsymbol{0}$ でないベクトルのとき，このどの二つも互いに直交すると仮定すると，$\boldsymbol{a}_1, \boldsymbol{a}_2, \cdots, \boldsymbol{a}_r$ は一次独立である．

例題 10.1.5　例 10.1.2(3) の計量ベクトル空間 $\mathbf{R}[x]_{\leqq n}$ において $n \geqq 2$ とするとき，$x, x^2 \in \mathbf{R}[x]_{\leqq n}$ の長さとそれらの間の角度 θ を求めよ．

解　$||x||^2 = (x, x) = \int_0^1 x^2 dx = 1/3, ||x^2||^2 = (x^2, x^2) = \int_0^1 x^4 dx = 1/5,$ $(x, x^2) = \int_0^1 x^3 dx = 1/4$ であるから，

$$||x|| = \frac{1}{\sqrt{3}}, \quad ||x^2|| = \frac{1}{\sqrt{5}}, \quad \theta = \cos^{-1}\frac{\sqrt{15}}{4}.$$

□

10.2　複素内積

複素内積　前節では，実ベクトル空間の内積を考えたが，今度は複素ベクトル空間について考えてみよう．まず，以下で必要な複素数の話をまとめておくことにする．

複素数 $z = x + iy$ $(x, y \in \mathbf{R})$ があるとき，この x を z の**実部**といって $x = \mathrm{Re}(z)$，y を**虚部**といって $y = \mathrm{Im}(z)$ とそれぞれ書く．z の絶対値は

$$|z| = \sqrt{x^2 + y^2}$$

で与えられる．また，$z = x + iy$ に対し，その**複素共役**

$$\overline{z} = x - iy$$

が定義される．複素共役に関して次のことが成立することを注意しておく．

補題 10.2.1　複素数 z, z_1, z_2 に対して，次のことが成立する．

(1)　$\overline{\overline{z}} = z, \quad |z| = \sqrt{z\overline{z}}, \quad \mathrm{Re}(z) = \dfrac{1}{2}(z + \overline{z}), \quad \mathrm{Im}(z) = \dfrac{1}{2i}(z - \overline{z})$

(2)　$\overline{z_1 + z_2} = \overline{z_1} + \overline{z_2}, \quad \overline{z_1 z_2} = \overline{z_1}\ \overline{z_2}$

(3)　z が実数 $\iff z = \overline{z}$

複素ベクトル空間において内積を定義する場合，やはりベクトルの長さは実数であるべきであることを考慮して，次のように定義する．

定義 10.2.2　$\mathbf{C}$ 上のベクトル空間 V において，二つのベクトル $\boldsymbol{a}, \boldsymbol{b}$ に $(\boldsymbol{a}, \boldsymbol{b})$ と書かれるスカラー（複素数）が対応せられていて，次の 4 条件を満たすとき，この記号 (,) を V 上の**複素内積**または**エルミート内積**[1] という．任意の $\boldsymbol{a}, \boldsymbol{b}, \boldsymbol{c} \in V$ と $z \in \mathbf{C}$ に対して，

(1)　$(\boldsymbol{a}, \boldsymbol{b}) = \overline{(\boldsymbol{b}, \boldsymbol{a})}$

(2)　$(\boldsymbol{a} + \boldsymbol{b}, \boldsymbol{c}) = (\boldsymbol{a}, \boldsymbol{c}) + (\boldsymbol{b}, \boldsymbol{c}), \quad (\boldsymbol{a}, \boldsymbol{b} + \boldsymbol{c}) = (\boldsymbol{a}, \boldsymbol{b}) + (\boldsymbol{a}, \boldsymbol{c})$

(3)　$(z\boldsymbol{a}, \boldsymbol{b}) = z(\boldsymbol{a}, \boldsymbol{b}), \quad (\boldsymbol{a}, z\boldsymbol{b}) = \overline{z}(\boldsymbol{a}, \boldsymbol{b})$

(4)　常に $(\boldsymbol{a}, \boldsymbol{a})$ は正または 0 の実数であり，「$(\boldsymbol{a}, \boldsymbol{a}) = 0 \iff \boldsymbol{a} = \boldsymbol{0}$」が成立する．

条件 (1) より $(\boldsymbol{a}, \boldsymbol{a}) = \overline{(\boldsymbol{a}, \boldsymbol{a})}$ であるから，これは実数であるのだが，条件 (4) ではそれがいつも $\geqq 0$ であって，$= 0$ となるの零ベクトルに限るといっているのである．また，条件 (3) の 2 番目の式では z を内積の括弧の外に出すときに $\overline{z}$ となることに注意しよう．

計量ベクトル空間　複素内積が定義せられている $\mathbf{C}$ 上のベクトル空間を前と同じように**計量ベクトル空間**という．計量ベクトル空間では，ベクトルの長さが前節と同様にして定義される．

$$||\boldsymbol{a}|| = \sqrt{(\boldsymbol{a}, \boldsymbol{a})} \tag{10.6}$$

また，ベクトル $\boldsymbol{a}, \boldsymbol{b}$ に対して $(\boldsymbol{a}, \boldsymbol{b}) = 0$ となるとき，$\boldsymbol{a}$ と $\boldsymbol{b}$ は直交するということも前と同じである．シュヴァルツの不等式と三角不等式も同様に成立するのだが，念のために証明を与えておく．

[1] Charles Hermite (1822～1901).

補題 10.2.3

(1) (シュヴァルツの不等式) $|(\boldsymbol{a}, \boldsymbol{b})| \leqq ||\boldsymbol{a}||\ ||\boldsymbol{b}||$

(2) (三角不等式) $||\boldsymbol{a} + \boldsymbol{b}|| \leqq ||\boldsymbol{a}|| + ||\boldsymbol{b}||$

証明 (1) 任意の複素数 z に対して，$0 \leqq (z\boldsymbol{a}+\boldsymbol{b}, z\boldsymbol{a}+\boldsymbol{b})$ であるが，$(z\boldsymbol{a}+\boldsymbol{b}, z\boldsymbol{a}+\boldsymbol{b}) = |z|^2||\boldsymbol{a}||^2 + z(\boldsymbol{a}, \boldsymbol{b}) + \overline{z}\overline{(\boldsymbol{a}, \boldsymbol{b})} + ||\boldsymbol{b}||^2$ なので，ここで $z = -\overline{(\boldsymbol{a}, \boldsymbol{b})}/||\boldsymbol{a}||^2$ とおいて，

$$
\begin{aligned}
0 &\leqq \frac{|(\boldsymbol{a}, \boldsymbol{b})|^2}{||\boldsymbol{a}||^2} - \frac{|(\boldsymbol{a}, \boldsymbol{b})|^2}{||\boldsymbol{a}||^2} - \frac{|(\boldsymbol{a}, \boldsymbol{b})|^2}{||\boldsymbol{a}||^2} + ||\boldsymbol{b}||^2 \\
&= \frac{-|(\boldsymbol{a}, \boldsymbol{b})|^2 + ||\boldsymbol{a}||^2||\boldsymbol{b}||^2}{||\boldsymbol{a}||^2}
\end{aligned}
$$

となる．よって，$|(\boldsymbol{a}, \boldsymbol{b})| \leqq ||\boldsymbol{a}||\ ||\boldsymbol{b}||$ を得る．

(2) シュヴァルツの不等式を使って，

$$
\begin{aligned}
(||\boldsymbol{a}|| + ||\boldsymbol{b}||)^2 &= ||\boldsymbol{a}||^2 + 2||\boldsymbol{a}||\ ||\boldsymbol{b}|| + ||\boldsymbol{b}||^2 \geqq ||\boldsymbol{a}||^2 + 2|(\boldsymbol{a}, \boldsymbol{b})| + ||\boldsymbol{b}||^2 \\
&\geqq ||\boldsymbol{a}||^2 + 2\ \mathrm{Re}(\boldsymbol{a}, \boldsymbol{b}) + ||\boldsymbol{b}||^2 \\
&= ||\boldsymbol{a}||^2 + (\boldsymbol{a}, \boldsymbol{b}) + \overline{(\boldsymbol{a}, \boldsymbol{b})} + ||\boldsymbol{b}||^2 \\
&= ||\boldsymbol{a} + \boldsymbol{b}||^2
\end{aligned}
$$

となるので，$||\boldsymbol{a} + \boldsymbol{b}|| \leqq ||\boldsymbol{a}|| + ||\boldsymbol{b}||$ が出る．□

また，補題 10.1.4 は複素ベクトル空間についても成立する．その証明は全く同じである．

補題 10.2.4 $\boldsymbol{a}_1, \boldsymbol{a}_2, \cdots, \boldsymbol{a}_r$ が計量ベクトル空間 V の $\boldsymbol{0}$ でないベクトルのとき，このどの二つも互いに直交すると仮定すると，$\{\boldsymbol{a}_1, \boldsymbol{a}_2, \cdots, \boldsymbol{a}_r\}$ は一次独立である．

例 10.2.5 $\mathbf{C}^n$ のベクトル $\boldsymbol{a}$ について $\overline{\boldsymbol{a}}$ で，その成分の全ての複素共役をとったベクトルを表わすことにする．

$$
\boldsymbol{a} = \begin{bmatrix} a_1 \\ a_2 \\ \vdots \\ a_n \end{bmatrix} \text{ のとき，} \overline{\boldsymbol{a}} = \begin{bmatrix} \overline{a_1} \\ \overline{a_2} \\ \vdots \\ \overline{a_n} \end{bmatrix} \tag{10.7}
$$

$\mathbf{C}^n$ の二つのベクトル $\boldsymbol{a}, \boldsymbol{b}$ に対して，$(\boldsymbol{a}, \boldsymbol{b}) = {}^t\boldsymbol{a}\overline{\boldsymbol{b}}$ と定義するとき，これを $\mathbf{C}^n$ の**標準複素内積**という．

また，$c_1, c_2, \cdots, c_n$ を任意の正の実数として，$\boldsymbol{a} = \begin{bmatrix} a_1 \\ a_2 \\ \vdots \\ a_n \end{bmatrix}, \boldsymbol{b} = \begin{bmatrix} b_1 \\ b_2 \\ \vdots \\ b_n \end{bmatrix}$ のときに，

$$(\boldsymbol{a}, \boldsymbol{b}) = c_1 a_1 \overline{b_1} + c_2 a_2 \overline{b_2} + \cdots + c_n a_n \overline{b_n} \tag{10.8}$$

と定めても，これは複素内積の定義を満たす．この場合には，基本ベクトル $\boldsymbol{e}_i$ の長さは $\sqrt{c_i}$ であり，$i \neq j$ のとき $\boldsymbol{e}_i$ と $\boldsymbol{e}_j$ は直交する．□

10.3 直交基底

この節では，V を $\mathbf{R}$ または $\mathbf{C}$ 上の計量ベクトル空間とし，$(\ ,\ )$ でそれぞれの場合に内積または複素内積を表わすことにする．

定義 10.3.1　V の $\mathbf{0}$ でないベクトルの集合 $\{\boldsymbol{a}_1, \boldsymbol{a}_2, \cdots, \boldsymbol{a}_n\}$ について，

$$i \neq j \quad \Longrightarrow \quad (\boldsymbol{a}_i, \boldsymbol{a}_j) = 0 \tag{10.9}$$

が成立するとき，$\{\boldsymbol{a}_1, \boldsymbol{a}_2, \cdots, \boldsymbol{a}_n\}$ を**直交系**であるという．また，さらに，

$$\text{任意の } i \text{ について } (\boldsymbol{a}_i, \boldsymbol{a}_i) = 1 \quad (\text{すなわち } ||\boldsymbol{a}_i|| = 1) \tag{10.10}$$

でもあるとき，$\{\boldsymbol{a}_1, \boldsymbol{a}_2, \cdots, \boldsymbol{a}_n\}$ を**正規直交系**であるという．
$\{\boldsymbol{a}_1, \boldsymbol{a}_2, \cdots, \boldsymbol{a}_n\}$ が V の基底であって，さらに直交系または正規直交系でもあるとき，それぞれ**直交基底**，**正規直交基底**であるという．

$\boldsymbol{a}$ が $\mathbf{0}$ でないベクトルのとき，$\boldsymbol{a}^\sharp = (1/||\boldsymbol{a}||)\boldsymbol{a}$ とおくと $\boldsymbol{a}^\sharp$ は長さが 1 のベクトルになることは明らかであろう．同様に，$\boldsymbol{a}_1, \boldsymbol{a}_2, \cdots, \boldsymbol{a}_n$ が直交系であるときには，$\boldsymbol{a}_1^\sharp, \boldsymbol{a}_2^\sharp, \cdots, \boldsymbol{a}_n^\sharp$ は正規直交系である．特に，直交基底があれば，それから正規直交基底を作ることができる．直交基底がいつも存在することは次の定理で明らかになる．

定理 10.3.2 (シュミットの直交化)[2]　n 次元計量ベクトル空間において直交系 $\{\boldsymbol{a}_1, \boldsymbol{a}_2, \cdots, \boldsymbol{a}_r\}$ が与えられたとする．ただし，$0 \leqq r \leqq n$ とする．このとき，$(n-r)$ 個のベクトル $\boldsymbol{a}_{r+1}, \boldsymbol{a}_{r+2}, \cdots, \boldsymbol{a}_n$ をこれにつけ加えて，$\{\boldsymbol{a}_1, \cdots, \boldsymbol{a}_r, \boldsymbol{a}_{r+1}, \cdots, \boldsymbol{a}_n\}$ を V の直交基底にすることができる．

特に $r = 0$ の場合を考えて，直交基底はいつも存在する．

証明　$s < n$ となる s に対して，s 個のベクトル $\boldsymbol{a}_1, \boldsymbol{a}_2, \cdots, \boldsymbol{a}_s$ が直交系であるときに，これにもう 1 個のベクトル $\boldsymbol{a}_{s+1}$ をつけ加えて $\boldsymbol{a}_1, \boldsymbol{a}_2, \cdots, \boldsymbol{a}_{s+1}$ が直交系となるようにできることをまず証明しよう．

そのために，とりあえず $\boldsymbol{a}_1, \boldsymbol{a}_2, \cdots, \boldsymbol{a}_s, \boldsymbol{b}$ が一次独立になるように $\boldsymbol{b}$ をとる．これには，$\boldsymbol{b} \notin \mathbf{L}(\boldsymbol{a}_1, \cdots, \boldsymbol{a}_s)$ ととれば十分である．これを少し調整して直交系になるようにする．そこで，

$$\boldsymbol{a}_{s+1} = \boldsymbol{b} - \frac{(\boldsymbol{b}, \boldsymbol{a}_1)}{||\boldsymbol{a}_1||^2}\,\boldsymbol{a}_1 - \frac{(\boldsymbol{b}, \boldsymbol{a}_2)}{||\boldsymbol{a}_2||^2}\,\boldsymbol{a}_2 - \cdots - \frac{(\boldsymbol{b}, \boldsymbol{a}_s)}{||\boldsymbol{a}_s||^2}\,\boldsymbol{a}_s \tag{10.11}$$

とおいてみよう．$\boldsymbol{a}_1, \boldsymbol{a}_2, \cdots, \boldsymbol{a}_s, \boldsymbol{b}$ が一次独立であることから，この $\boldsymbol{a}_{s+1}$ は $\mathbf{0}$ とはならない．また，$1 \leqq i \leqq s$ のとき，$\boldsymbol{a}_1, \boldsymbol{a}_2, \cdots, \boldsymbol{a}_s$ が直交系であることから，

$$(\boldsymbol{a}_{s+1}, \boldsymbol{a}_i) = (\boldsymbol{b}, \boldsymbol{a}_i) - \frac{(\boldsymbol{b}, \boldsymbol{a}_i)}{||\boldsymbol{a}_i||^2}\,(\boldsymbol{a}_i, \boldsymbol{a}_i) = 0$$

となるので $\boldsymbol{a}_1, \boldsymbol{a}_2, \cdots, \boldsymbol{a}_{s+1}$ は直交系となる．

さて，この方法を順次繰り返して $\boldsymbol{a}_1, \boldsymbol{a}_2, \cdots, \boldsymbol{a}_r$ から出発して n 個のベクトル $\boldsymbol{a}_1, \boldsymbol{a}_2, \cdots, \boldsymbol{a}_n$ を直交系とするようにできる．補題 10.2.4 より，この n 個は一次独立で V の次元も n であることから，この $\boldsymbol{a}_1, \boldsymbol{a}_2, \cdots, \boldsymbol{a}_n$ は V の基底でなくてはならない．□

具体例では，基底 $\boldsymbol{a}_1, \boldsymbol{a}_2, \cdots, \boldsymbol{a}_n$ が与えられたとき，(10.11) 式を $s = 1, 2, \cdots$ に対して使って，この基底を直交化することができる．また，$\boldsymbol{a}_1, \boldsymbol{a}_2, \cdots, \boldsymbol{a}_s$ が正規直交系であるようにとれているときには，(10.11) 式は次のようになって，計算が幾分やさしくなる．

$$\boldsymbol{a}_{s+1} = \boldsymbol{b} - (\boldsymbol{b}, \boldsymbol{a}_1)\,\boldsymbol{a}_1 - (\boldsymbol{b}, \boldsymbol{a}_2)\,\boldsymbol{a}_2 - \cdots - (\boldsymbol{b}, \boldsymbol{a}_s)\,\boldsymbol{a}_s \tag{10.12}$$

従って，基底　$\boldsymbol{a}_1, \boldsymbol{a}_2, \boldsymbol{a}_3, \cdots$　が与えられたとき，次のようにして，

[2] Erhaldt Schmidt (1876～1959).

$\boldsymbol{b}_1, \boldsymbol{b}_2, \boldsymbol{b}_3, \cdots$ を定めて正規直交基底が構成できる．これを**シュミットの直交化法**という．

$$\begin{aligned} \boldsymbol{b}'_1 &= \boldsymbol{a}_1, & \boldsymbol{b}_1 &= (1/\|\boldsymbol{b}'_1\|)\, \boldsymbol{b}'_1, \\ \boldsymbol{b}'_2 &= \boldsymbol{a}_2 - (\boldsymbol{a}_2, \boldsymbol{b}_1)\, \boldsymbol{b}_1, & \boldsymbol{b}_2 &= (1/\|\boldsymbol{b}'_2\|)\, \boldsymbol{b}'_2, \\ \boldsymbol{b}'_3 &= \boldsymbol{a}_3 - (\boldsymbol{a}_3, \boldsymbol{b}_1)\, \boldsymbol{b}_1 - (\boldsymbol{a}_3, \boldsymbol{b}_2)\, \boldsymbol{b}_2, & \boldsymbol{b}_3 &= (1/\|\boldsymbol{b}'_3\|)\, \boldsymbol{b}'_3, \\ &\vdots & &\vdots \end{aligned} \tag{10.13}$$

例題 10.3.3　$\mathbf{R}^4$ の基底 $\boldsymbol{a}_1 = \begin{bmatrix} 1 \\ -1 \\ 1 \\ -1 \end{bmatrix}, \boldsymbol{a}_2 = \begin{bmatrix} 0 \\ 2 \\ 0 \\ 2 \end{bmatrix}, \boldsymbol{a}_3 = \begin{bmatrix} 0 \\ 0 \\ 1 \\ 2 \end{bmatrix},$ $\boldsymbol{a}_4 = \begin{bmatrix} 0 \\ 0 \\ 0 \\ 5 \end{bmatrix}$ にシュミットの直交化法を使って，それから正規直交基底を構成せよ．

解　(10.13) 式に順次代入していく．$\|\boldsymbol{a}_1\| = 2$ なので，$\boldsymbol{b}_1 = \frac{1}{2}\begin{bmatrix} 1 \\ -1 \\ 1 \\ -1 \end{bmatrix}$．次に，

$$\boldsymbol{b}'_2 = \begin{bmatrix} 0 \\ 2 \\ 0 \\ 2 \end{bmatrix} - (-2) \times \frac{1}{2}\begin{bmatrix} 1 \\ -1 \\ 1 \\ -1 \end{bmatrix} = \begin{bmatrix} 1 \\ 1 \\ 1 \\ 1 \end{bmatrix}, \quad \boldsymbol{b}_2 = \frac{1}{2}\begin{bmatrix} 1 \\ 1 \\ 1 \\ 1 \end{bmatrix}$$

また，

$$\boldsymbol{b}'_3 = \begin{bmatrix} 0 \\ 0 \\ 1 \\ 2 \end{bmatrix} - \left(-\frac{1}{2}\right) \times \frac{1}{2}\begin{bmatrix} 1 \\ -1 \\ 1 \\ -1 \end{bmatrix} - \frac{3}{2} \times \frac{1}{2}\begin{bmatrix} 1 \\ 1 \\ 1 \\ 1 \end{bmatrix} = \frac{1}{2}\begin{bmatrix} -1 \\ -2 \\ 1 \\ 2 \end{bmatrix}$$

より，$\boldsymbol{b}_3 = \dfrac{1}{\sqrt{10}}\begin{bmatrix} -1 \\ -2 \\ 1 \\ 2 \end{bmatrix}$ となる．最後に，

$$\begin{aligned}\boldsymbol{b}_4' &= \begin{bmatrix} 0 \\ 0 \\ 0 \\ 5 \end{bmatrix} + \frac{5}{2} \times \frac{1}{2}\begin{bmatrix} 1 \\ -1 \\ 1 \\ -1 \end{bmatrix} - \frac{5}{2} \times \frac{1}{2}\begin{bmatrix} 1 \\ 1 \\ 1 \\ 1 \end{bmatrix} - \sqrt{10} \times \frac{1}{\sqrt{10}}\begin{bmatrix} -1 \\ -2 \\ 1 \\ 2 \end{bmatrix} \\ &= \frac{1}{2}\begin{bmatrix} 2 \\ -1 \\ -2 \\ 1 \end{bmatrix}\end{aligned}$$

よって，$\boldsymbol{b}_4 = \dfrac{1}{\sqrt{10}}\begin{bmatrix} 2 \\ -1 \\ -2 \\ 1 \end{bmatrix}$ となり，この $\boldsymbol{b}_1, \boldsymbol{b}_2, \boldsymbol{b}_3, \boldsymbol{b}_4$ が正規直交基底になる．□

定理 10.3.4 計量ベクトル空間 V の正規直交基底 $\boldsymbol{e}_1, \boldsymbol{e}_2, \cdots, \boldsymbol{e}_n$ が与えられたとき，任意のベクトル $\boldsymbol{a} \in V$ は，

$$\boldsymbol{a} = (\boldsymbol{a}, \boldsymbol{e}_1)\,\boldsymbol{e}_1 + (\boldsymbol{a}, \boldsymbol{e}_2)\,\boldsymbol{e}_2 + \cdots + (\boldsymbol{a}, \boldsymbol{e}_n)\,\boldsymbol{e}_n \tag{10.14}$$

と表わされる．また，次の等式（**パーセバルの等式**[3]という）が成立する．

$$||\boldsymbol{a}||^2 = |(\boldsymbol{a}, \boldsymbol{e}_1)|^2 + |(\boldsymbol{a}, \boldsymbol{e}_2)|^2 + \cdots + |(\boldsymbol{a}, \boldsymbol{e}_n)|^2 \tag{10.15}$$

証明 $\boldsymbol{a}$ を基底ベクトルの一次結合として表わして，$\boldsymbol{a} = \sum_{i=1}^{n} x_i \boldsymbol{e}_i$ と書いたとき，$\boldsymbol{e}_1, \boldsymbol{e}_2, \cdots, \boldsymbol{e}_n$ が正規直交系であることから，$(\boldsymbol{a}, \boldsymbol{e}_i) = (\sum_{j=1}^{n} x_j \boldsymbol{e}_j, \boldsymbol{e}_i) = \sum_{j=1}^{n} x_j (\boldsymbol{e}_j, \boldsymbol{e}_i) = x_i$ となるので，最初の等式を得る．次に，

$$||\boldsymbol{a}||^2 = (\boldsymbol{a}, \boldsymbol{a}) = \sum_{i=1}^{n}\sum_{j=1}^{n} x_i \overline{x_j} (\boldsymbol{e}_i, \boldsymbol{e}_j) = \sum_{i=1}^{n} |x_i|^2$$

なので，ここに $x_i = (\boldsymbol{a}, \boldsymbol{e}_i)$ を代入してパーセバルの等式が得られる．□

---

[3] M. A. Parseval (1755～1836).

10.4 随伴行列とグラム行列

定義 10.4.1 複素数を成分にもつ行列 A に対して，一般に $\overline{A}$ で A の成分の全てをその複素共役で置き換えた行列を表わす．さらに，その転置行列 ${}^t\overline{A}$ を A^* という記号で表わし，A の**随伴行列**という．

$$A^* = {}^t\overline{A} \tag{10.16}$$

実行列 A に対しては，$A^* = {}^tA$ である．

転置行列と積の関係について ${}^t(AB) = {}^tB\,{}^tA$ であったのと同じで，

$$(AB)^* = B^*A^*$$

が成り立つ．また，A が正方行列のときには，補題 10.2.1 より，その行列式について，

$$\det(A^*) = \det({}^t\overline{A}) = \det(\overline{A}) = \overline{\det(A)} \tag{10.17}$$

が成立する．

n 次元計量ベクトル空間 V の正規直交基底 $\boldsymbol{e}_1, \boldsymbol{e}_2, \cdots, \boldsymbol{e}_n$ と，それとは別に n 個のベクトル $\boldsymbol{a}_1, \boldsymbol{a}_2, \cdots, \boldsymbol{a}_n$ が与えられたとしよう．定理 10.3.4 によると，各 $\boldsymbol{a}_i$ は (10.14) 式のように表わされる．

$$\boldsymbol{a}_i = (\boldsymbol{a}_i, \boldsymbol{e}_1)\,\boldsymbol{e}_1 + (\boldsymbol{a}_i, \boldsymbol{e}_2)\,\boldsymbol{e}_2 + \cdots + (\boldsymbol{a}_i, \boldsymbol{e}_n)\,\boldsymbol{e}_n = \sum_{k=1}^{n} (\boldsymbol{a}_i, \boldsymbol{e}_k)\,\boldsymbol{e}_k \tag{10.18}$$

そこで，$(\boldsymbol{a}_i, \boldsymbol{a}_j)$ を考えると，

$$(\boldsymbol{a}_i, \boldsymbol{a}_j) = \left(\sum_{k=1}^{n} (\boldsymbol{a}_i, \boldsymbol{e}_k)\,\boldsymbol{e}_k, \boldsymbol{a}_j\right) = \sum_{k=1}^{n} (\boldsymbol{a}_i, \boldsymbol{e}_k)(\boldsymbol{e}_k, \boldsymbol{a}_j) = \sum_{k=1}^{n} (\boldsymbol{a}_i, \boldsymbol{e}_k)\overline{(\boldsymbol{a}_j, \boldsymbol{e}_k)} \tag{10.19}$$

定義 10.4.2 n 個のベクトル $\boldsymbol{a}_1, \boldsymbol{a}_2, \cdots, \boldsymbol{a}_n$ に対して，その (i, j) 成分が $(\boldsymbol{a}_i, \boldsymbol{a}_j)$ であるような n 次正方行列を $\boldsymbol{a}_1, \boldsymbol{a}_2, \cdots, \boldsymbol{a}_n$ の**グラム行列**という [4)] また，グラム行列の行列式を**グラム行列式**という．

---

4) J. P. Gram (1850〜1916).

定理 10.4.3 n 個のベクトル $\boldsymbol{a}_1, \boldsymbol{a}_2, \cdots, \boldsymbol{a}_n$ に対するグラム行列を A とすると，適当な n 次行列 B があって，$A = BB^*$ と書き表わされる．特に，グラム行列式については，

$$\det(A) = |\det(B)|^2 \tag{10.20}$$

となり，この値は常に正または 0 の実数である．
また，$\boldsymbol{a}_1, \boldsymbol{a}_2, \cdots, \boldsymbol{a}_n$ が基底となるための必要十分条件はそのグラム行列式が正，すなわち $\det(A) > 0$，となることである．

証明 n 次行列 $B = [b_{ij}]$ を $b_{ij} = (\boldsymbol{a}_i, \boldsymbol{e}_j)$ と定めると，(10.19) 式より，$(\boldsymbol{a}_i, \boldsymbol{a}_j) = \sum_{k=1}^{n} b_{ik}\overline{b_{jk}}$ となるが，これは $A = BB^*$ を意味している．次に，これから $\det(A) = \det(B)\det(B^*) = \det(B)\overline{\det(B)} = |\det(B)|^2$ となる．

$\boldsymbol{a}_1, \boldsymbol{a}_2, \cdots, \boldsymbol{a}_n$ が基底であるときには，(10.18) 式より行列 B は基底 $\boldsymbol{e}_1, \cdots, \boldsymbol{e}_n$ から基底 $\boldsymbol{a}_1, \cdots, \boldsymbol{a}_n$ への基底変換の行列だから，B は正則行列である．よって，$\det(A) = |\det(B)|^2$ は 0 ではない．次に $\det(A) > 0$ とすると，$\det(B) \neq 0$ だから，B は正則行列であり，この B を基底変換の行列にもつように基底 $\boldsymbol{e}_1, \cdots, \boldsymbol{e}_n$ を変換すると基底 $\boldsymbol{a}_1, \cdots, \boldsymbol{a}_n$ が得られる．□

例題 10.4.4 n 次ヒルベルト行列 H_n とは次のように定義される行列のことである[5]．

$$H_n = \begin{bmatrix} 1 & \frac{1}{2} & \frac{1}{3} & \cdots & \frac{1}{n} \\ \frac{1}{2} & \frac{1}{3} & \frac{1}{4} & \cdots & \frac{1}{n+1} \\ \frac{1}{3} & \frac{1}{4} & \frac{1}{5} & \cdots & \frac{1}{n+2} \\ \vdots & \vdots & \vdots & \ddots & \vdots \\ \frac{1}{n} & \frac{1}{n+1} & \frac{1}{n+2} & \cdots & \frac{1}{2n-1} \end{bmatrix} \tag{10.21}$$

この行列の行列式 $\det(H_n)$ は常に正であることを示せ．

解 定理より，この行列がある基底のグラム行列になることを示せば十分である．実係数で $(n-1)$ 次以下の多項式の全体 $\mathbf{R}[x]_{\leqq n-1}$ を考えよう．これは n 次元実ベクトル空間で，例 10.1.2(3) のようにして内積を考えることができる．$\mathbf{R}[x]_{\leqq n-1}$ の基底として $1, x, x^2, \cdots, x^{n-1}$ をとって，このグラム行列を考えよう．

[5] David Hilbert (1862～1943).

$$(x^{i-1}, x^{j-1}) = \int_0^1 x^{i-1} x^{j-1}\, dx = \int_0^1 x^{i+j-2}\, dx = \frac{1}{i+j-1}$$

であるから，これはちょうどヒルベルト行列 H_n の (i,j) 成分に等しい．すなわち，H_n はこの基底のグラム行列である．□

10.5　直交行列とユニタリ行列

ベクトル空間 V からそれ自身への線形写像 $f: V \to V$ を線形変換と呼ぶことは前に述べた．ここでは，このような線形変換のうちでベクトルの長さや二つのベクトルの間の角度を変えないような変換について考えてみよう．これは内積の値を変えない変換といってもよい．2 章で扱った平面ベクトルの回転や鏡映はこのようなものの例である．

定義 10.5.1　V を計量ベクトル空間としてその上の線形変換 f が，

$$\text{任意のベクトル } \boldsymbol{a}, \boldsymbol{b} \text{ に対して，} \quad (f(\boldsymbol{a}), f(\boldsymbol{b})) = (\boldsymbol{a}, \boldsymbol{b}) \tag{10.22}$$

を満たすとする．V が実ベクトル空間のとき，このような f を**直交変換**，V が複素ベクトル空間のときは，f を**ユニタリ変換**という[6]．

以下の議論ではもっぱらユニタリ変換について考えることにするが，直交変換についても全く同様である[7]．計量ベクトル空間 V には正規直交基底 $\boldsymbol{e}_1, \boldsymbol{e}_2, \cdots, \boldsymbol{e}_n$ が存在するので，線形変換 f はこの基底によって行列表現が可能である．(8.1) 式によれば，$f(\boldsymbol{e}_j) = \sum_{i=1}^n a_{ij}\boldsymbol{e}_i$，$A = [a_{ij}]$ とおいて，この A が f の行列表現である．このとき，$(\boldsymbol{e}_i, \boldsymbol{e}_j) = \delta_{ij}$ に注意して，

$$\begin{aligned}(f(\boldsymbol{e}_i), f(\boldsymbol{e}_j)) &= \left(\sum_{k=1}^n a_{ki}\boldsymbol{e}_k, \sum_{l=1}^n a_{lj}\boldsymbol{e}_l\right) = \sum_{k=1}^n \sum_{l=1}^n a_{ki}\overline{a_{lj}}(\boldsymbol{e}_k, \boldsymbol{e}_l) \\ &= \sum_{k=1}^n a_{ki}\overline{a_{kj}}\end{aligned} \tag{10.23}$$

---

[6] unitary は“1 の”という意味．後でみるようにユニタリ行列の行列式の絶対値は 1 である．

[7] スカラー $\overline{z}$ に対して z となるところを z に読みかえればよい．

となることに注意しておこう．従って，もし f がユニタリ変換なら，この値は $(\boldsymbol{e}_i, \boldsymbol{e}_j) = \delta_{ij}$ なので，

$$\sum_{k=1}^{n} a_{ki}\overline{a_{kj}} = \delta_{ij} \tag{10.24}$$

となる．これを行列でいい表わすと，$AA^* = E_n$ ということである．直交変換の場合は全ての a_{ij} は実数なので，これは $A\,{}^tA = E_n$ ということである．

定義 10.5.2　n 次実行列 A が $A\,{}^tA = E_n$ を満たすとき，A を**直交行列**という[8]．また，n 次複素行列が $AA^* = E_n$ を満たすとき，A を**ユニタリ行列**という．

定理 10.5.3　計量ベクトル空間 V 上の線形変換 f について，f がユニタリ変換であるための必要十分条件は，V の一つの正規直交基底についての f の行列表現 A がユニタリ行列となることである．同様に，f が直交変換であるための必要十分条件は A が直交行列となることである．

証明　直交変換についても同様であるから，ここではユニタリ変換の場合についてのみ証明を与える．

f がユニタリ変換のとき A がユニタリ行列になることは，上でみた通りである．逆に A がユニタリ行列であるときを考えよう．このとき，A の成分について (10.24) 式が成立している．任意の V のベクトル $\boldsymbol{a}, \boldsymbol{b}$ は $\boldsymbol{a} = \sum_{i=1}^{n} a_i\boldsymbol{e}_i$, $\boldsymbol{b} = \sum_{j=1}^{n} b_j\boldsymbol{e}_j$ と書けるので，

$$(\boldsymbol{a}, \boldsymbol{b}) = \left(\sum_{i=1}^{n} a_i\boldsymbol{e}_i, \sum_{j=1}^{n} b_j\boldsymbol{e}_j\right) = \sum_{i=1}^{n}\sum_{j=1}^{n} a_i\overline{b_j}(\boldsymbol{e}_i, \boldsymbol{e}_j) = \sum_{i=1}^{n} a_i\overline{b_i}$$

となる．一方，f で変換したベクトルについては，(10.23) 式と (10.24) 式より，

$$(f(\boldsymbol{a}), f(\boldsymbol{b})) = \sum_{i=1}^{n}\sum_{j=1}^{n} a_i\overline{b_j}(f(\boldsymbol{e}_i), f(\boldsymbol{e}_j)) = \sum_{i=1}^{n}\sum_{j=1}^{n} a_i\overline{b_j}\delta_{ij} = \sum_{i=1}^{n} a_i\overline{b_i}$$

となるので，$(f(\boldsymbol{a}), f(\boldsymbol{b})) = (\boldsymbol{a}, \boldsymbol{b})$ が任意のベクトル $\boldsymbol{a}, \boldsymbol{b}$ に対して成り立っている．
□

[8] これはすでに第 2 章で扱った．

この定理より，複素 n 次行列 A について，線形写像 $f_A : \mathbf{C}^n \to \mathbf{C}^n$ を考えるとき，A がユニタリ行列であるということと f_A がユニタリ変換であることは同値である．同じく，実行列 A が直交行列ということと $f_A : \mathbf{R}^n \to \mathbf{R}^n$ が直交変換であることは同値である．

例題 10.5.4 A が n 次直交行列であるとき，

$$\det(A) = \pm 1$$

となることを示せ．また，ユニタリ行列のときには，$\det(A)$ は絶対値が 1 の複素数であることを示せ．

解 $A\,{}^tA = E_n$ ならば

$$1 = \det(E_n) = \det(A\,{}^tA) = \det(A)\det({}^tA) = (\det(A))^2$$

となるので，これから $\det(A) = \pm 1$ である．

また，$AA^* = E_n$ のときには，

$$1 = \det(E_n) = \det(AA^*) = \det(A)\det(A^*) = \det(A)\overline{\det(A)} = |\det(A)|^2$$

となる．$|\det(A)|$ は正または 0 の実数だから，$|\det(A)| = 1$ となる．□

例題 10.5.5 A と B が共に n 次ユニタリ行列のとき，AB および A^{-1} もユニタリ行列であることを示せ．

解 $A^*A = B^*B = E_n$ であるとき，

$$(AB)^*(AB) = B^*(A^*A)B = B^*B = E_n$$

となるので，AB もユニタリ行列である．

次に，$A^*A = E_n$ のとき $A^* = A^{-1}$ であることに注意しよう．これより，

$$(A^{-1})^* = (A^*)^* = A$$

となるので，$(A^{-1})^*A^{-1} = E_n$ となり，A^{-1} もユニタリ行列であることがわかる．□

10.6 対称行列とエルミート行列

定義 10.6.1 計量ベクトル空間 V 上の線型変換 f が次の条件を満たすとき，f を対称変換という．

$$\text{任意のベクトル } \boldsymbol{a}, \boldsymbol{b} \text{ について } (f(\boldsymbol{a}), \boldsymbol{b}) = (\boldsymbol{a}, f(\boldsymbol{b}))$$

対称変換はどのような行列に対応しているのであろうか．このために，次のような行列の定義を考えておくとよい．

定義 10.6.2　n 次正方行列 A について，${}^tA = A$ が満足されるとき，この A を**対称行列**という．さらに A の成分が全て実数であるときには**実対称行列**という．また，$A^* = A$ となるとき A を**エルミート行列**という．

$A = [a_{ij}]$ と表わすときには，

$$\begin{aligned} &A \text{ が対称行列} &&\iff \text{任意の } i, j \text{ について } a_{ij} = a_{ji} \\ &A \text{ がエルミート行列} &&\iff \text{任意の } i, j \text{ について } a_{ij} = \overline{a_{ji}} \end{aligned} \tag{10.25}$$

である．

例 10.6.3　$\begin{bmatrix} 1 & i \\ i & 1 \end{bmatrix}$ は対称行列だが実対称行列でない．$\begin{bmatrix} 1 & -i \\ i & 1 \end{bmatrix}$ はエルミート行列である．□

実際は次の定理が成立する．

定理 10.6.4

(1)　n 次実行列 A と，それが与える線形写像 $f_A : \mathbf{R}^n \to \mathbf{R}^n$ について考える．$\mathbf{R}^n$ には標準内積を入れて計量ベクトル空間とみなす．このとき，f_A が対称変換であるための必要十分条件は，A が対称行列であることである．

(2)　n 次複素行列 A と，それが与える線形写像 $f_A : \mathbf{C}^n \to \mathbf{C}^n$ について考えるときには，$\mathbf{C}^n$ に標準複素内積を入れて計量ベクトル空間とみなしたとき，f_A が対称変換であるための必要十分条件は，A がエルミート行列であることである．

証明　ここでは (2) のみを証明する．$A = [a_{ij}]$ のとき，$\mathbf{C}^n$ の標準複素内積で，

$$(f_A(\boldsymbol{e}_i), \boldsymbol{e}_j) = (A\boldsymbol{e}_i, \boldsymbol{e}_j) = a_{ji}, \quad (\boldsymbol{e}_i, f_A(\boldsymbol{e}_j)) = (\boldsymbol{e}_i, A\boldsymbol{e}_j) = \overline{a_{ij}}$$

となるので，もし f_A が対称変換なら $a_{ji} = \overline{a_{ij}}$ となり，A はエルミート行列である．逆に，A がエルミート行列なら $(f_A(\boldsymbol{e}_i), \boldsymbol{e}_j) = (\boldsymbol{e}_i, f_A(\boldsymbol{e}_j))$ が成り立つ．

このとき，任意の $\boldsymbol{a}, \boldsymbol{b}$ は

$$\boldsymbol{a} = \sum_{i=1}^{n} a_i \boldsymbol{e}_i, \quad \boldsymbol{b} = \sum_{j=1}^{n} b_j \boldsymbol{e}_j$$

と表わせるので，

$$\begin{aligned}(f_A(\boldsymbol{a}), \boldsymbol{b}) &= \left(\sum_{i=1}^{n} a_i f_A(\boldsymbol{e}_i), \sum_{j=1}^{n} b_j \boldsymbol{e}_j\right) = \sum_{i=1}^{n}\sum_{j=1}^{n} a_i \overline{b_j}(f_A(\boldsymbol{e}_i), \boldsymbol{e}_j) \\ &= \sum_{i=1}^{n}\sum_{j=1}^{n} a_i \overline{b_j}(\boldsymbol{e}_i, f_A(\boldsymbol{e}_j)) = \left(\sum_{i=1}^{n} a_i \boldsymbol{e}_i, \sum_{j=1}^{n} b_j f_A(\boldsymbol{e}_j)\right) \\ &= (\boldsymbol{a}, f_A(\boldsymbol{b}))\end{aligned}$$

となり，f_A は対称変換になる．□

例題 10.6.5　(1)　エルミート行列の行列式は実数であることを示せ．

(2)　エルミート行列の逆行列は，またエルミート行列であることを示せ．同様に，対称行列の逆行列も対称行列であることを示せ．

解　(1)　$A^* = A$ とすると，

$$\det(A) = \det(A^*) = \det({}^t\overline{A}) = \det(\overline{A}) = \overline{\det(A)}$$

となるので，$\det(A)$ は実数である．

(2)　A をエルミート行列とするとき，$E_n = AA^{-1}$ の両辺の随伴行列をとって，

$$E_n = (AA^{-1})^* = (A^{-1})^* A$$

となるので，$(A^{-1})^*$ は A の逆行列になる．よって，$(A^{-1})^* = A^{-1}$ が成り立ち，A^{-1} がエルミート行列であることがわかる．この証明で随伴行列のかわりに転置行列をとれば，対称行列についても同様のことが示される．□

例題 10.6.6　任意の正方行列 A は $A = B + iC$ (ただし B, C はエルミート行列) と一意的に表わすことができる．これを証明せよ．

解　$B = (1/2)(A + A^*)$, $C = (-i/2)(A - A^*)$ とおくと，$A = B + iC$ となることは明らか．

$$B^* = \frac{1}{2}(A^* + A) = B, \quad C^* = \left(\frac{\overline{-i}}{2}\right)(A^* - A) = \frac{i}{2}(A^* - A) = C$$

であるから，B, C はエルミート行列である．

逆に，$A = B + iC$（B, C はエルミート行列）と表わされるとき，$A^* = B^* - iC^* = B - iC$ となるので，$B = (1/2)(A + A^*)$, $C = (-i/2)(A - A^*)$ となる．これより一意性が出る．□

演 習 問 題

1 $\mathbf{R}^4$ の部分空間

$$W=\left\{\begin{bmatrix} x \\ y \\ z \\ w \end{bmatrix} \middle|\ x+y+z+w=0\right\}$$

の正規直交基底を一つ求めよ.

2 実2次行列全体の集合 $M_{2\times 2}(\mathbf{R})$ を例 10.1.2 (4) のようにして計量ベクトル空間とみなす. このとき, $(1/\sqrt{2})E_2$ は長さ1である. これを含む $M_{2\times 2}(\mathbf{R})$ の正規直交基底を求めよ.

3 $\begin{bmatrix} 1/\sqrt{3} & 1/\sqrt{3} & 1/\sqrt{3} \\ 0 & 1/\sqrt{2} & -1/\sqrt{2} \\ a & b & c \end{bmatrix}$ が直交行列となるように a, b, c を定めよ.

4 第1行が $[i\ \ 1\ \ 1]$ のスカラー倍であるような3次のユニタリ行列を一つ求めよ.

5 A と B が n 次のエルミート行列であるとき, 次のことを証明せよ.

(1) $A+B$, $AB+BA$ もまたエルミート行列である.

(2) 積 AB がエルミート行列であるための必要十分条件は

$$AB=BA$$

が成立することである.

6 正方行列 A が ${}^tA=-A$ を満たすとき, A を交代行列という. 任意の行列は, 対称行列と交代行列の和として一意的に表わされることを示せ.

7 n 次正方行列 A が

$$A^*=-A$$

を満たすとき, A を交代エルミート行列という. E_n+A が正則であるような交代エルミート行列 A に対して,

$$(E_n-A)(E_n+A)^{-1}$$

はユニタリ行列であることを示せ.

第11章

直　和

この章では，二つのベクトル空間の直積からはじめて，ベクトル空間の直和分解について学ぶ．一般にどのような数体上のベクトル空間についてもできる議論のみをするのであるが，その都度スカラーである数について言及するのは面倒であるので，ここでは簡単のために複素数体上のベクトル空間について考えることにする．従って，スカラーといえばこの章では複素数のことである．

11.1 直　積

$\mathbf{C}$ 上の二つのベクトル空間 U と V があるとき，これから直積と呼ばれる新しいベクトル空間を考えることができる．

定義 11.1.1　ベクトル空間 U, V に対して，U の任意の要素 $\boldsymbol{a}$ と V の任意の要素 $\boldsymbol{b}$ を組にしたもの（これを $[\boldsymbol{a}, \boldsymbol{b}]$ と書く）の全体の集合 $U \times V$ を考える．

$$U \times V = \{[\boldsymbol{a}, \boldsymbol{b}] \mid \boldsymbol{a} \in U, \boldsymbol{b} \in V\} \tag{11.1}$$

ただし $U \times V$ の要素 $[\boldsymbol{a}, \boldsymbol{b}]$，$[\boldsymbol{a}', \boldsymbol{b}']$ について，これらが等しいとは $\boldsymbol{a} = \boldsymbol{a}'$，$\boldsymbol{b} = \boldsymbol{b}'$ となることである．また，これらの和とスカラー倍を次のように定義する．

$$[\boldsymbol{a}, \boldsymbol{b}] + [\boldsymbol{a}', \boldsymbol{b}'] = [\boldsymbol{a} + \boldsymbol{a}', \boldsymbol{b} + \boldsymbol{b}'], \quad x[\boldsymbol{a}, \boldsymbol{b}] = [x\boldsymbol{a}, x\boldsymbol{b}] \tag{11.2}$$

（左辺の値を右辺で定義するのである．）この和とスカラー倍の定義によって，$U \times V$ はベクトル空間になる．これを U と V の**直積空間**という．
二つのベクトル空間に限らず，一般に n 個のベクトル空間 $U_1, U_2, \cdots, U_n$ の直積空間 $U_1 \times U_2 \times \cdots \times U_n$ が同じようにして定義される．その要素は n 個のベクトルの組 $[\boldsymbol{a}_1, \boldsymbol{a}_2, \cdots, \boldsymbol{a}_n]$ である．

例 11.1.2 直積 $\mathbf{C}^n \times \mathbf{C}^m$ は $\mathbf{C}^{n+m}$ と同型である．実際，$\mathbf{C}^n \times \mathbf{C}^m$ のベクトルは，組として $[\boldsymbol{a}, \boldsymbol{b}]$ であるが，これを $\mathbf{C}^{n+m}$ のベクトル $\begin{bmatrix} \boldsymbol{a} \\ \boldsymbol{b} \end{bmatrix}$ と同一視して考えればよい．もともと，数ベクトル空間 $\mathbf{C}^n$ 自体は 1 次元ベクトル空間 $\mathbf{C}^1$ の n 個を直積して考えられたものである．

$$\mathbf{C}^n \cong \mathbf{C}^1 \times \mathbf{C}^1 \times \cdots \times \mathbf{C}^1 \tag{11.3}$$

□

一般に，直積空間 $U \times V$ の零ベクトルは，U, V の零ベクトルを並べた $[\mathbf{0}, \mathbf{0}]$ であることを注意しておく．

定理 11.1.3

$$\dim U \times V = \dim U + \dim V \tag{11.4}$$

証明 U の基底を $\boldsymbol{e}_1, \cdots, \boldsymbol{e}_r,$，$V$ の基底を $\boldsymbol{e}'_1, \cdots, \boldsymbol{e}'_s$ ととるとき，$U \times V$ の基底として，$[\boldsymbol{e}_1, \mathbf{0}], \cdots, [\boldsymbol{e}_r, \mathbf{0}], [\mathbf{0}, \boldsymbol{e}'_1], \cdots, [\mathbf{0}, \boldsymbol{e}'_s]$ をとることができる．この個数を数えて定理の等式が成り立つ．□

11.2 部分空間の和

ベクトル空間 V を固定してその部分空間 U_1 と U_2 が与えられた場合を考えてみよう．このとき，

定義 11.2.1 この U_1 と U_2 の両方を含む V の最小の部分空間を $U_1 + U_2$ と書き，U_1 と U_2 の和という．

具体的には，和 $U_1 + U_2$ は次のような集合である．

$$U_1 + U_2 = \{\boldsymbol{a}_1 + \boldsymbol{a}_2 \mid \boldsymbol{a}_1 \in U_1,\ \boldsymbol{a}_2 \in U_2\} \tag{11.5}$$

実際，U_1, U_2 を含む部分空間はそこに含まれるベクトルの和を含まなくてはいけないから，この右辺を含む．一方，この右辺自体が V の部分空間になることは容易にわかるから，この右辺の集合が U_1 と U_2 を含む最小の部分空間 $U_1 + U_2$ である．

例 11.2.2 V の部分空間 U_1 と U_2 はそれぞれベクトルの集合 $\boldsymbol{a}_1, \boldsymbol{a}_2, \cdots, \boldsymbol{a}_r$ と $\boldsymbol{b}_1, \boldsymbol{b}_2, \cdots, \boldsymbol{b}_s$ で生成されているとする．すなわち，$U_1 = \mathbf{L}(\boldsymbol{a}_1, \cdots, \boldsymbol{a}_r)$，$U_2 = \mathbf{L}(\boldsymbol{b}_1, \cdots, \boldsymbol{b}_s)$．このときには，定義から，

$$U_1 + U_2 = \mathbf{L}(\boldsymbol{a}_1, \cdots, \boldsymbol{a}_r, \boldsymbol{b}_1, \cdots, \boldsymbol{b}_s) \tag{11.6}$$

である．□

補題 11.2.3 V の部分空間 U_1, U_2 をそれ自体ベクトル空間とみなして直積 $U_1 \times U_2$ を考える．

(1) このとき，いつでも自然に定義される線形写像 $f : U_1 \times U_2 \to U_1 + U_2$ があって，これはいつでも全射である．

(2) (1) の線形写像 f が同型であるための必要十分条件は，$U_1 \cap U_2 = \{\mathbf{0}\}$ となることである．

証明 f を次のように定義する．

$$[\boldsymbol{a}, \boldsymbol{b}] \in U_1 \times U_2 \text{ に対して，} f([\boldsymbol{a}, \boldsymbol{b}]) = \boldsymbol{a} + \boldsymbol{b} \tag{11.7}$$

このように定義しておけば，写像 $f : U_1 \times U_2 \to U_1 + U_2$ が線形写像になることは明らかであろう．実際，

$$\begin{aligned} &f(x[\boldsymbol{a}, \boldsymbol{b}]) = x(\boldsymbol{a} + \boldsymbol{b}) = xf([\boldsymbol{a}, \boldsymbol{b}]), \\ &f([\boldsymbol{a}, \boldsymbol{b}] + [\boldsymbol{a}', \boldsymbol{b}']) = \boldsymbol{a} + \boldsymbol{a}' + \boldsymbol{b} + \boldsymbol{b}' = f([\boldsymbol{a}, \boldsymbol{b}]) + f([\boldsymbol{a}', \boldsymbol{b}']) \end{aligned}$$

となるからである．また，任意の $U_1 + U_2$ の要素はこの $f([\boldsymbol{a}, \boldsymbol{b}])$ の形で表わされるから，f は常に全射である．

次に定理 8.5.3 より，線形写像 f が単射であることと $\mathrm{Ker}(f) = \{\mathbf{0}\}$ となることは同値であったことを思い出しておく．$U_1 \cap U_2 = \{\mathbf{0}\}$ と仮定するとき，$[\boldsymbol{a}, \boldsymbol{b}] \in U_1 \times U_2$ について，

$$\begin{aligned} f([\boldsymbol{a}, \boldsymbol{b}]) = \mathbf{0} &\Longrightarrow \boldsymbol{a} + \boldsymbol{b} = \mathbf{0} \Longrightarrow \boldsymbol{a} = -\boldsymbol{b} \in U_1 \cap U_2 = \{\mathbf{0}\} \\ &\Longrightarrow \boldsymbol{a} = -\boldsymbol{b} = \mathbf{0} \Longrightarrow [\boldsymbol{a}, \boldsymbol{b}] = [\mathbf{0}, \mathbf{0}] \end{aligned}$$

となるので，f は単射である．逆に，f が単射のときには，$\boldsymbol{a} \in U_1 \cap U_2$ に対して，$[\boldsymbol{a}, -\boldsymbol{a}] \in \mathrm{Ker}(f) = \{\mathbf{0}\}$ より，$\boldsymbol{a} = \mathbf{0}$ となる．よって，$U_1 \cap U_2 = \{\mathbf{0}\}$ である．□

定義 11.2.4 V の部分空間 U_1, U_2 に対して前補題の条件 (2)，すなわち $U_1 \cap U_2 = \{\mathbf{0}\}$ となること，が成立するとき，和 $U_1 + U_2$ を**直和**といって，これを $U_1 \oplus U_2$ と表わす．

定理 11.2.5 V の部分空間 U_1, U_2 に対して，次の条件は全部同値である．

(1) 和 $U_1 + U_2$ は直和である．すなわち，$U_1 + U_2 = U_1 \oplus U_2$ となる．

(2) $U_1 + U_2$ は直積 $U_1 \times U_2$ と同型である．

(3) $U_1 \cap U_2 = \{\mathbf{0}\}$

(4) $\dim(U_1 + U_2) = \dim U_1 + \dim U_2$

(5) 和 $U_1 + U_2$ の任意の要素について，それを $\boldsymbol{a} + \boldsymbol{b}$ $(\boldsymbol{a} \in U_1, \boldsymbol{b} \in U_2)$ と表わす仕方は一通りである．

(6) 任意の $\boldsymbol{a} \in U_1, \boldsymbol{b} \in U_2$ に対して，$\boldsymbol{a} + \boldsymbol{b} = \mathbf{0} \implies \boldsymbol{a} = \boldsymbol{b} = \mathbf{0}$ が成立する．

証明 (1), (2), (3) が同値な条件であることは定義と前補題から明らかなことである．

定理 11.1.3 によれば，

$$\dim(U_1 \times U_2) = \dim U_1 + \dim U_2$$

だから (2) から (4) が出る．逆に，(4) を仮定しよう．補題の写像 $f : U_1 \times U_2 \to U_1 + U_2$ に次元公式を適用すると，

$$\dim(U_1 + U_2) + \dim \mathrm{Ker}(f) = \dim(U_1 \times U_2) = \dim U_1 + \dim U_2$$

なので，(4) から $\dim \mathrm{Ker}(f) = 0$，よって $\mathrm{Ker}(f) = \{\mathbf{0}\}$ が帰結され，f が同型であることが導かれる．

条件 (5) はいいかえると，$\boldsymbol{a}, \boldsymbol{a}' \in U_1$ と $\boldsymbol{b}, \boldsymbol{b}' \in U_2$ について，

$$「\boldsymbol{a} + \boldsymbol{b} = \boldsymbol{a}' + \boldsymbol{b}' \implies \boldsymbol{a} = \boldsymbol{a}', \boldsymbol{b} = \boldsymbol{b}'」$$

が成立することである．ここで，$\boldsymbol{a}' = \boldsymbol{b}' = \mathbf{0}$ の場合を考えると，(5) ⇒ (6) がわかる．

(6) が成り立つときには，$U_1 \cap U_2$ の要素 $\boldsymbol{x}$ について，$\boldsymbol{x} + (-\boldsymbol{x}) = \mathbf{0}$ $(\boldsymbol{x} \in U_1, -\boldsymbol{x} \in U_2)$ となるから，$\boldsymbol{x} = \mathbf{0}$ である．よって，(3) が成り立つ．

最後に，条件 (3) を仮定したとき，$\boldsymbol{a} + \boldsymbol{b} = \boldsymbol{a}' + \boldsymbol{b}'$ ならば $\boldsymbol{a} - \boldsymbol{a}' = \boldsymbol{b}' - \boldsymbol{b}$ で，この左辺は U_1 の要素，右辺は U_2 の要素なので，$\boldsymbol{a} - \boldsymbol{a}' = \boldsymbol{b}' - \boldsymbol{b} = \mathbf{0}$ となり，(5) が成立する．

以上によって，条件 (3), (5), (6) も同値であることがわかった． □

上記では二つの部分空間の直和について，その定義を与えたが一般にいくつかの部分空間があるときにも，帰納的にその直和を定義することができる．

定義 11.2.6　$U_1, U_2, \cdots, U_r$ が V の部分空間であるとき，その和 $U_1+U_2+\cdots+U_r$ が次の条件を満たすとき，この和を**直和**といって $U_1 \oplus U_2 \oplus \cdots \oplus U_r$ と表わす．

任意の i $(1 \leqq i < r)$ について，$U_1+\cdots+U_i$ と U_{i+1} の和は直和である．すなわち，

$$(U_1+\cdots+U_i)+U_{i+1}=(U_1+\cdots+U_i)\oplus U_{i+1}$$

が成り立つ．

$U_1, U_2, \cdots, U_r$ が直和であるためには，$U_i \cap U_j = \{\mathbf{0}\}$ $(1 \leqq i < j \leqq r)$ となることは必要ではあるが十分な条件ではないことに注意しておこう．たとえば，$\mathbf{C}^2$ の部分空間 $U_1=\mathbf{L}(\begin{bmatrix}1\\0\end{bmatrix})$, $U_2=\mathbf{L}(\begin{bmatrix}0\\1\end{bmatrix})$, $U_3=\mathbf{L}(\begin{bmatrix}1\\1\end{bmatrix})$ について，$U_i \cap U_j=\{\mathbf{0}\}$ ではあるが，$(U_1+U_2)\cap U_3 \neq \{\mathbf{0}\}$ なので，$U_1+U_2+U_3$ は直和ではない．

二つの部分空間の場合と同様のことが成立する．

定理 11.2.7　V の部分空間 $U_1, \cdots, U_r$ に対して，次の条件は全部同値である．

(1) 和 $U_1+\cdots+U_r$ は直和である．すなわち，$U_1+\cdots+U_r=U_1\oplus\cdots\oplus U_r$ となる．

(2) $U_1+\cdots+U_r$ は直積 $U_1\times\cdots\times U_r$ と同型である．

(3) 任意の i $(1 \leqq i < r)$ について，$(U_1+\cdots+U_i)\cap U_{i+1}=\{\mathbf{0}\}$ となる．

(4) $\dim(U_1+\cdots+U_r)=\displaystyle\sum_{i=1}^{r}\dim U_i$

(5) 和 $U_1+\cdots+U_r$ の任意の要素について，それを $\boldsymbol{a}_1+\cdots+\boldsymbol{a}_r$ $(\boldsymbol{a}_i \in U_i, 1 \leqq i \leqq r)$ と表わす仕方は一通りである．

(6) 任意の $\boldsymbol{a}_1 \in U_1, \cdots, \boldsymbol{a}_r \in U_r$ に対して，$\boldsymbol{a}_1+\cdots+\boldsymbol{a}_r=\mathbf{0} \Longrightarrow \boldsymbol{a}_1=\cdots=\boldsymbol{a}_r=\mathbf{0}$ が成立する．

証明は r についての数学的帰納法で行えばよい．本質的には $r=2$ と同じなので省略する．

ベクトル空間 V の部分空間 $U_1, \cdots, U_r$ を選んで，V をそれらの直和として $V = U_1 \oplus \cdots \oplus U_r$ と表わすことができるとき，これを V の**直和分解**という．たとえば，$\mathbf{C}^n$ において，$U_i = \mathbf{L}(\boldsymbol{e}_i)$（ただし $\boldsymbol{e}_1, \cdots, \boldsymbol{e}_n$ は $\mathbf{C}^n$ の基本ベクトル）とすると $\mathbf{C}^n$ の直和分解 $\mathbf{C}^n = U_1 \oplus \cdots \oplus U_n$ が得られる．

11.3 直交補空間

計量ベクトル空間のときには，与えられた部分空間を使って簡単に直和分解を構成することができる．この節では複素内積をもつ複素ベクトル空間について考えるが，実ベクトル空間についても同様である．

定義 11.3.1 V が複素内積をもつ $\mathbf{C}$ 上のベクトル空間とする．V の部分空間 U が与えられたとき，U の任意のベクトルと直交するベクトルの集合を考えよう．

$$U^{\perp} = \{\boldsymbol{a} \in V \mid \text{任意の } \boldsymbol{x} \in U \text{ に対して } (\boldsymbol{a}, \boldsymbol{x}) = 0\} \tag{11.8}$$

このとき，$U^{\perp}$ も V の部分空間となるので，$U^{\perp}$ を U の**直交補空間**と呼ぶことにする．

実際，$U^{\perp}$ が部分空間になることは，$\boldsymbol{a}, \boldsymbol{b} \in U^{\perp}$, $z \in \mathbf{C}$ と $\boldsymbol{x} \in U$ に対して，

$$(\boldsymbol{a}+\boldsymbol{b}, \boldsymbol{x}) = (\boldsymbol{a}, \boldsymbol{x}) + (\boldsymbol{b}, \boldsymbol{x}) = 0, \quad (z\boldsymbol{a}, \boldsymbol{x}) = z(\boldsymbol{a}, \boldsymbol{x}) = 0$$

より，$\boldsymbol{a}+\boldsymbol{b}, z\boldsymbol{a} \in U^{\perp}$ となることからわかる．

$$\{\mathbf{0}\}^{\perp} = V, \quad V^{\perp} = \{\mathbf{0}\}$$

となることは定義から明らかであろう．

定理 11.3.2 計量ベクトル空間 V の部分空間 U があるとき，V は次のように直和分解する．

$$V = U \oplus U^{\perp} \tag{11.9}$$

証明 部分空間 U の正規直交基底 $\boldsymbol{e}_1, \boldsymbol{e}_2, \cdots, \boldsymbol{e}_r$ をとる．V のベクトル $\boldsymbol{c}$ について，それが $U^\perp$ に属するための条件は $(\boldsymbol{c}, \boldsymbol{e}_i) = 0$ $(1 \leqq i \leqq r)$ となることである．

任意の $\boldsymbol{a} \in V$ に対して，$\boldsymbol{b} = \sum_{i=1}^{r} (\boldsymbol{a}, \boldsymbol{e}_i)\boldsymbol{e}_i$ というベクトルを考えると，$\boldsymbol{b} \in U$ である．また，$\boldsymbol{e}_1, \cdots, \boldsymbol{e}_r$ が正規直交基底であることから，

$$(\boldsymbol{a} - \boldsymbol{b}, \boldsymbol{e}_i) = (\boldsymbol{a}, \boldsymbol{e}_i) - (\boldsymbol{b}, \boldsymbol{e}_i) = (\boldsymbol{a}, \boldsymbol{e}_i) - (\boldsymbol{a}, \boldsymbol{e}_i)(\boldsymbol{e}_i, \boldsymbol{e}_i) = 0$$

となるので，$\boldsymbol{a} - \boldsymbol{b} \in U^\perp$ となる．結局，

$$\boldsymbol{a} = \boldsymbol{b} + (\boldsymbol{a} - \boldsymbol{b}) \in U + U^\perp$$

となる．これより，$V = U + U^\perp$ がわかる．これが直和であることを示すためには，$U \cap U^\perp = \{\boldsymbol{0}\}$ であることをいえばよい．これは次のようにしてわかる．

$$\boldsymbol{a} \in U \cap U^\perp \implies (\boldsymbol{a}, \boldsymbol{a}) = 0 \implies \boldsymbol{a} = \boldsymbol{0}$$ □

系 11.3.3 定理と同じ記号のもとで，次の等式が成り立つ．

$$\dim V = \dim U + \dim U^\perp \tag{11.10}$$

例題 11.3.4 U が計量ベクトル空間 V の部分空間であるとき，$(U^\perp)^\perp = U$ となることを示せ．

解 任意の $\boldsymbol{a} \in U$ と $\boldsymbol{x} \in U^\perp$ に対して，

$$(\boldsymbol{a}, \boldsymbol{x}) = \overline{(\boldsymbol{x}, \boldsymbol{a})} = 0$$

であるから，$U \subseteqq (U^\perp)^\perp$ がわかる．ここで定理の系より，

$$\dim(U^\perp)^\perp = \dim V - \dim U^\perp = \dim V - (\dim V - \dim U) = \dim U$$

だから，定理 7.4.5 (4) より $U = (U^\perp)^\perp$ となる．□

例題 11.3.5 $\mathbf{C}^3$ の標準複素内積で考えて，部分空間 $U = \mathbf{L}(\boldsymbol{a})$，ただし

$$\boldsymbol{a} = \begin{bmatrix} 1 \\ i \\ 0 \end{bmatrix},$$ の直交補空間を求めよ．

解 $\boldsymbol{b} = \begin{bmatrix} x \\ y \\ z \end{bmatrix} \in \mathbf{C}^3$ が $U^\perp$ に属するための条件は，$(\boldsymbol{b}, \boldsymbol{a}) = {}^t\boldsymbol{b}\overline{\boldsymbol{a}} = 0$ である

から，$x - iy = 0$ となる．これを解いて，$x = iy$ だから，

$$\boldsymbol{b} = y\begin{bmatrix} i \\ 1 \\ 0 \end{bmatrix} + z\begin{bmatrix} 0 \\ 0 \\ 1 \end{bmatrix}, \quad \text{ただし } y \text{ と } z \text{ は自由.}$$

となる．よって，

$$U^{\perp} = \mathbf{L}(\begin{bmatrix} i \\ 1 \\ 0 \end{bmatrix}, \begin{bmatrix} 0 \\ 0 \\ 1 \end{bmatrix})$$

である．□

11.4 線形変換の安定部分空間♣

この節では，ベクトル空間は必ずしも計量ベクトル空間である必要はない．

定義 11.4.1 ベクトル空間 V 上の線形変換 $f : V \to V$ と V の部分空間 U があるとき，

$$f(U) \subseteqq U$$

が成立するとき，U を V の f **安定部分空間**[1] という．

$\{\mathbf{0}\}$ や V 自身はいつも f 安定である．U が f 安定部分空間であるときには，写像 f を U 上だけで考えて，f を U 上の線形変換とみなすことができる．f 安定であることを表現行列でいい表わすと次のようになる．

定理 11.4.2 V の基底 $\boldsymbol{e}_1, \boldsymbol{e}_2, \cdots, \boldsymbol{e}_n$ を最初の r 個が部分空間 U の基底になるようにとっておく．このとき，V 上の線形変換 f のこの基底に関する行列表現を A とすると，U が f 安定部分空間であるための必要十分条件は，

$$A = \left[\begin{array}{c|c} A_1 & * \\ \hline O & A_2 \end{array}\right] \begin{array}{l} \}\ r \\ \}\ n-r \end{array} \tag{11.11}$$

という形になることである．

証明 行列 A は，

$$[f(\boldsymbol{e}_1), f(\boldsymbol{e}_2), \cdots, f(\boldsymbol{e}_n)] = [\boldsymbol{e}_1, \boldsymbol{e}_2, \cdots, \boldsymbol{e}_n]A$$

---

[1] f-stable subspace

によって与えられることを思い出しておこう．もし A が (11.11) 式のような形ならば，$1 \leqq i \leqq r$ について，$f(\boldsymbol{e}_i)$ は $\boldsymbol{e}_1, \cdots, \boldsymbol{e}_r$ の一次結合であるということだから，

$$f(\boldsymbol{e}_i) \in U$$

となる．これは，

$$f(U) \subseteqq U$$

を意味しているので，U は f 安定部分空間である．

逆に U が f 安定であると仮定すると，$1 \leqq i \leqq r$ について $f(\boldsymbol{e}_i)$ を $\boldsymbol{e}_1, \cdots, \boldsymbol{e}_n$ の一次結合で表わしたとき，$\boldsymbol{e}_{r+1}, \cdots, \boldsymbol{e}_n$ の係数は 0 でなくてはならないので，行列 A は (11.11) 式のような形になる．□

上記の定理では一つの部分空間について考えたが，いくつかの部分空間があるときにも同様である．

定理 11.4.3　ベクトル空間 V の部分空間の列

$$W_1 \subseteqq W_2 \subseteqq \cdots \subseteqq W_{s-1} \subseteqq W_s = V$$

があるとき，V の基底 $\boldsymbol{e}_1, \boldsymbol{e}_2, \cdots, \boldsymbol{e}_n$ を次の条件を満たすようにとる．

$1 \leqq i \leqq s$ に対して，最初の r_i 個 $\boldsymbol{e}_1, \boldsymbol{e}_2, \cdots, \boldsymbol{e}_{r_i}$ は W_i の基底である．

このとき，V 上の線形変換 f について，各 W_i が全て f 安定部分空間であるための必要十分条件は，この基底に関する f の行列表現 A が次の形をしていることである [2)]．

$$A = \begin{bmatrix} A_1 & * & * & * \\ & A_2 & * & * \\ & & \ddots & * \\ O & & & A_s \end{bmatrix} \begin{matrix} \} \ r_1 \\ \} \ r_2 - r_1 \\ \vdots \\ \} \ r_s - r_{s-1} \end{matrix} \tag{11.12}$$

線形変換を解析するとき，その計算には適当な基底を選んで行列表現を考えるのが普通である．できるだけ計算が楽なように基底を選ぶとすれば，この定理のようにたくさんの安定部分空間をみつけられればよいということになる．

ベクトル空間が f 安定部分空間の直和として書ければ，f の行列表現はさらにやさしい形になる．

2) $r_1 \leqq r_2 \leqq \cdots \leqq r_s = n$ であることに注意．

定理 11.4.4 ベクトル空間 V が $V = U_1 \oplus U_2$ と直和分解されている場合を考える．ここで $\dim U_1 = r$, $\dim U_2 = n - r$ とする．また，V の基底 $\boldsymbol{e}_1, \boldsymbol{e}_2, \cdots, \boldsymbol{e}_n$ を最初の r 個が U_1 の基底に，後ろの $(n-r)$ 個が U_2 の基底になるようにとっておく．

このとき，ベクトル空間 V 上の線形変換 f について，U_1 と U_2 が f 安定部分空間ならば，f のこの基底に関する行列表現 A は次のような形になる．

$$A = \left[\begin{array}{c|c} A_1 & O \\ \hline O & A_2 \end{array}\right] \begin{array}{l} \} \ r \\ \} \ n-r \end{array} \tag{11.13}$$

また，逆に A がこの形のときには U_1, U_2 は f 安定部分空間である．

証明 定理 11.4.2 より，U_1 が f 安定であることと，行列 A を区分けして，$A = \begin{bmatrix} A_1 & B \\ O & A_2 \end{bmatrix}$ と表わせることは同値であった．これは，行列表現の定義から，

$$[f(\boldsymbol{e}_1), \cdots, f(\boldsymbol{e}_r), f(\boldsymbol{e}_{r+1}), \cdots, f(\boldsymbol{e}_n)] = [\boldsymbol{e}_1, \cdots, \boldsymbol{e}_r, \boldsymbol{e}_{r+1}, \cdots, \boldsymbol{e}_n] \begin{bmatrix} A_1 & B \\ O & A_2 \end{bmatrix}$$

と書けることを意味する．ここで，U_2 も f 安定とすると，$r+1 \leqq i \leqq n$ について，$f(\boldsymbol{e}_i) \in U_2$ なので，$f(\boldsymbol{e}_i)$ を $\boldsymbol{e}_1, \cdots, \boldsymbol{e}_n$ の一次結合で表わしたとき，最初の $\boldsymbol{e}_1, \cdots, \boldsymbol{e}_r$ の係数は 0 であるので，$B = O$ となる．逆に，$B = O$ なら U_2 が f 安定になることも同様にしてわかる．□

定理 11.4.4 のように，V が f 安定な二つの部分空間の直和に分かれていて，その行列表現が (11.13) のように書かれるときには，A_1, A_2 はそれぞれ U_1，U_2 上の線形変換を与える．

$$f_{A_1} : U_1 \to U_1, \quad f_{A_2} : U_2 \to U_2$$

この場合には，U 上の変換 f は，実際には U_1 上の f_{A_1} と U_2 上の f_{A_2} とに分けて考えられるのである．すなわち，任意の $\boldsymbol{a} \in V$ は $\boldsymbol{a} = \boldsymbol{a}_1 + \boldsymbol{a}_2$ $(\boldsymbol{a}_1 \in U_1, \boldsymbol{a}_2 \in U_2)$ と書けるので，$f(\boldsymbol{a}) = f_{A_1}(\boldsymbol{a}_1) + f_{A_2}(\boldsymbol{a}_2)$ と表される．

(11.13) が成立するとき，これを f は f_{A_1} と f_{A_2} の直和に分解されているといって，

$$f = f_{A_1} \oplus f_{A_2} \tag{11.14}$$

と書き表わす．

二つより多くの f 安定部分空間の直和に分解されているときも同様であるが，もっとも極端な場合は，$V = U_1 \oplus U_2 \oplus \cdots \oplus U_n$ と表わされ，各 U_i が 1 次元の f 安定

な部分空間で $U_i = \mathbf{L}(\boldsymbol{a}_i)$ と書かれる場合である．このときには，$f(\boldsymbol{a}_i) = c_i\boldsymbol{a}_i$ となるスカラー c_i があることになるから，基底 $\boldsymbol{a}_1, \boldsymbol{a}_2, \cdots, \boldsymbol{a}_n$ に関する f の行列表現 A は，

$$A = \begin{bmatrix} c_1 & 0 & \cdots & 0 \\ 0 & c_2 & \ddots & \vdots \\ \vdots & \ddots & \ddots & 0 \\ 0 & \cdots & 0 & c_n \end{bmatrix} \tag{11.15}$$

と対角行列で表わされる．((11.14) の記号では $f = f_{c_1} \oplus \cdots \oplus f_{c_n}$ と書いてよい.)

このように，線形変換を対角行列で表わされるように V の基底を選んで行列表現をとることを，**線形変換の対角化**という．これが次の第 III 部の中心的なテーマとなる．

演 習 問 題

1 n 次の実行列全体 $M_{n\times n}(\mathbf{R})$ は n^2 次元の $\mathbf{R}$ 上のベクトル空間である．この部分集合として，対称行列の全体 $\mathcal{S}$，交代行列の全体 $\mathcal{A}$ を考える．

$$\mathcal{S} = \{A \in M_{n\times n}(\mathbf{R}) |\ {}^tA = A\}, \quad \mathcal{A} = \{A \in M_{n\times n}(\mathbf{R}) |\ {}^tA = -A\}$$

このとき，$\mathcal{S}$ と $\mathcal{A}$ は共に $M_{n\times n}(\mathbf{R})$ の部分空間であり，$M_{n\times n}(\mathbf{R}) = \mathcal{S} \oplus \mathcal{A}$ が成立することを証明せよ．また，$\mathcal{S}$，$\mathcal{A}$ の次元はそれぞれいくらか．

2 ベクトル空間 V の 3 個の部分空間 U_1, U_2, W について，$U_1 \oplus W = U_2 \oplus W$ であるからといって必ずしも $U_1 = U_2$ とは限らない．このような例を一つあげよ．

3 ベクトル空間 V が $V = U_1 \oplus U_2$ と直和分解されているとき，V の任意のベクトル $\boldsymbol{a}$ は $\boldsymbol{a} = \boldsymbol{b}_1 + \boldsymbol{b}_2$ $(\boldsymbol{b}_1 \in U_1, \boldsymbol{b}_2 \in U_2)$ と一通りに書けることを使って，線形変換 $p_1, p_2 : V \to V$ を $p_1(\boldsymbol{a}) = \boldsymbol{b}_1, p_2(\boldsymbol{a}) = \boldsymbol{b}_2$ と定義することができる．このとき，p_1, p_2 は次の性質を満たすことを示せ．

$$p_1^2 = p_1, \quad p_2^2 = p_2, \quad p_1 + p_2 = id_V$$

4 n 次の実行列の全体のなすベクトル空間 $M_{n\times n}(\mathbf{R})$ において，例 10.1.2 (4) のように $(A, B) = \mathrm{tr}(A^tB)$ によって内積を入れて，計量ベクトル空間とみなす．このとき，演習問題 1 の $\mathcal{S}$ と $\mathcal{A}$ について，$\mathcal{S}^\perp = \mathcal{A}$ となることを示せ．また，対角行列の全体 $\mathcal{D} = \{[a_{ij}] \in M_{n\times n}(\mathbf{R}) |\ a_{ij} = 0\ (i \neq j)\}$，上三角行列の全体 $\mathcal{T} = \{[a_{ij}] \in M_{n\times n}(\mathbf{R}) |\ a_{ij} = 0\ (i > j)\}$ を考えるとき，$\mathcal{D}^\perp$，$\mathcal{T}^\perp$ はそれぞれ何か．

第 III 部

行列の対角化と標準形

第12章

固　有　値

前章の最後で述べたように，線形変換を調べる場合には安定な部分空間をうまくとって，その行列表現をなるべくやさしい形にすることが望まれる．そのために，普通はその線形変換の固有空間と呼ばれるものを調べることから始めるのが常套手段となっている．ここでは，そのような固有空間の基礎的理論を学ぶこととする．

本章では，ベクトル空間は全て複素ベクトル空間であるものする．従って，スカラーといえば複素数のことである．

12.1　固有値と固有空間

固有値

定義 12.1.1　ベクトル空間 V 上の線形変換 $f : V \to V$ が与えられたとする．このとき，スカラー $\lambda \in \mathbf{C}$ に対して，V の $\mathbf{0}$ でないベクトル $\boldsymbol{a}$ が存在して，

$$f(\boldsymbol{a}) = \lambda \boldsymbol{a} \tag{12.1}$$

となるとき，λ を f の**固有値**という．また，この $\boldsymbol{a}$ を固有値 λ に属する f の**固有ベクトル**という．

ここで，固有ベクトルは $\mathbf{0}$ でないベクトルのことであることを強調しておく．もし $\boldsymbol{a} = \mathbf{0}$ なら (12.1) 式はいつでも成立し，あまり意味のないものになってしまうからである．

$\mathbf{L}(\boldsymbol{a})$ が 1 次元の f 安定な部分空間となるようなベクトル $\boldsymbol{a}$ が固有ベクトルであるといってもよい．線形変換 f を固有ベクトル $\boldsymbol{a}$ 方向についてだけ考え

れば，それは λ 倍写像というとても単純な写像であるということでもある．

A が n 次正方行列であるときには，それが定義する線形変換 $f_A : \mathbf{C}^n \to \mathbf{C}^n$ を考えて，同様の定義をする．

定義 12.1.2　n 次行列 A とスカラー $\lambda \in \mathbf{C}$ について，$\mathbf{0}$ でないベクトル $\boldsymbol{a} \in \mathbf{C}^n$ が存在して，

$$A\boldsymbol{a} = \lambda \boldsymbol{a} \tag{12.2}$$

が成り立つとき，λ を A の**固有値**，$\boldsymbol{a}$ を固有値 λ に属する A の**固有ベクトル**という．

例 12.1.3　(1)　A が n 次の対角行列，すなわち

$$\begin{bmatrix} a_1 & 0 & \cdots & 0 \\ 0 & a_2 & \ddots & \vdots \\ \vdots & \ddots & \ddots & 0 \\ 0 & \cdots & 0 & a_n \end{bmatrix}$$

という形のとき，$\boldsymbol{e}_i$ を $\mathbf{C}^n$ の基本ベクトルとして，$A\boldsymbol{e}_i = a_i \boldsymbol{e}_i$ が成り立つので，各 $\boldsymbol{e}_i$ は固有値 a_i に属する A の固有ベクトルである．

(2)　n 次以下の複素係数多項式の集合 $\mathbf{C}[x]_{\leqq n}$ において，線形変換

$$f = x\frac{d}{dx}$$

を考える．これは，n 次以下の多項式 $p(x)$ を $xp'(x)$ に移すものである．($xp'(x)$ も n 次以下であることに注意せよ.) この f が線形写像の定義を満足することはすぐに確かめられる．このとき，$0 \leqq i \leqq n$ について，

$$f(x^i) = x\frac{dx^i}{dx} = ix^i$$

であるから，x^i は固有値 i に属する f の固有ベクトルである．□

固有空間　今，線形変換 f の固有値 λ を固定したとき，この λ に属する固有ベクトルの全体に零ベクトルをつけ加えた集合を考えてみる．

$$V_\lambda = \{\boldsymbol{a} \in V \mid f(\boldsymbol{a}) = \lambda \boldsymbol{a}\} \tag{12.3}$$

これは，V の部分空間であることが次のようにしてわかる．$\boldsymbol{a}, \boldsymbol{b} \in V_\lambda$ と $x \in \mathbf{C}$ に対して，

$$f(\boldsymbol{a}+\boldsymbol{b}) = f(\boldsymbol{a}) + f(\boldsymbol{b}) = \lambda\boldsymbol{a} + \lambda\boldsymbol{b} = \lambda(\boldsymbol{a}+\boldsymbol{b}),$$
$$f(x\boldsymbol{a}) = xf(\boldsymbol{a}) = x\lambda\boldsymbol{a} = \lambda(x\boldsymbol{a})$$

であるから，$\boldsymbol{a}+\boldsymbol{b} \in V_\lambda$, $x\boldsymbol{a} \in V_\lambda$ となる．

定義 12.1.4 (12.3) 式で定義される V の部分空間 V_λ を固有値 λ に属する f の**固有空間**という．

(12.1) 式は id_V を V 上の恒等写像[1]として，$(\lambda \cdot id_V - f)(\boldsymbol{a}) = \boldsymbol{0}$ と表わすこともできるので，

$$V_\lambda = \mathrm{Ker}(\lambda \cdot id_V - f) \tag{12.4}$$

と書くこともできる．n 次正方行列 A の場合には，V_λ は $\lambda E_n - A$ が与える $\mathbf{C}^n$ 上の線形変換の核であるといってもよい．

定理 12.1.5 n 次行列 A に対して次のことが成り立つ．

(1) λ が A の固有値であるための必要十分条件は，$\det(\lambda E_n - A) = 0$ となることである．

(2) λ が A の固有値であるとき，それに属する固有空間は，

$$V_\lambda = \{\boldsymbol{a} \in \mathbf{C}^n \mid (\lambda E_n - A)\boldsymbol{a} = \boldsymbol{0}\}$$

である．

(3) 固有値 λ に対して，$\dim V_\lambda = n - \mathrm{rank}(\lambda E_n - A)$ である．

証明 (1) $\boldsymbol{x} \in \mathbf{C}^n$ を未知ベクトルとする連立一次方程式 $(\lambda E_n - A)\boldsymbol{x} = \boldsymbol{0}$ を考える．λ が A の固有値であることは，この方程式に $\boldsymbol{0}$ でない解 $\boldsymbol{x}$ が存在することと同じである．定理 9.1.1 によれば，これは $\mathrm{rank}(\lambda E_n - A) < n$ となることと同値である．さらに定理 6.4.5 から，これは $\lambda E_n - A$ が正則行列ではないことと同じである．そして，定理 5.5.3 によれば，これは $\det(\lambda E_n - A) = 0$ ということと同値なので (1) の主張が示された．

(2) は定理の前にすでに示した．

(3) 行列 $\lambda E_n - A$ が定義する $\mathbf{C}^n$ の線形変換を g とすると，(2) より $V_\lambda = \mathrm{Ker}(g)$ である．従って，次元公式（定理 8.4.5）より，$\dim V_\lambda = n - \dim \mathrm{Im}(g)$ となるが，ここでランクの定義より $\mathrm{rank}(\lambda E_n - A) = \dim \mathrm{Im}(g)$ であるから，(3) の等式を得る．□

---

[1] id_V は $id_V(\boldsymbol{a}) = \boldsymbol{a}$ $(\boldsymbol{a} \in V)$ となる写像．

12.2　固有多項式

固有多項式　定理 12.1.5 (1) によれば，固有値は x を未知数とする方程式 $\det(xE_n - A) = 0$ の解である．$A = [a_{ij}]$ のとき，

$$\det(xE_n - A) = \begin{vmatrix} x - a_{11} & -a_{12} & \cdots & -a_{1n} \\ -a_{21} & x - a_{22} & \cdots & -a_{2n} \\ \vdots & \vdots & \ddots & \vdots \\ -a_{n1} & -a_{n2} & \cdots & x - a_{nn} \end{vmatrix} \tag{12.5}$$

となり，これは x についての多項式で，最高次の係数が 1 であるような n 次式である．実際，この行列式を $n!$ 個の和に展開して x の降べきの順に並べると，

$$(x - a_{11})(x - a_{22})\cdots(x - a_{nn}) + \text{次数が } (n-2) \text{ 以下の項} \tag{12.6}$$

となるからである．従って，$\det(xE_n - A) = 0$ の解は重複度を込めてちょうど n 個あることになる．これから，n 次行列 A の固有値は高々 n 個しかないことがわかる[2)]．

定義 12.2.1　(12.5) 式で与えられる x の n 次式を，行列 A の**固有多項式**といい，本書では $\chi_A(x)$ と表わすこととする[3)]．また，方程式 $\chi_A(x) = 0$ を A の**固有方程式**という．

固有値は固有方程式の解である．

例題 12.2.2　n 次行列 A が三角行列であるとする．すなわち，

$$A = \begin{bmatrix} a_{11} & a_{12} & \cdots & a_{1n} \\ 0 & a_{22} & \cdots & a_{2n} \\ \vdots & \ddots & \ddots & \vdots \\ 0 & \cdots & 0 & a_{nn} \end{bmatrix} \quad (\text{上三角}),$$

[2)] 重複度を込めて考えるとちょうど n 個の固有値がある．定理 12.4.1 および系 12.4.2 を参照のこと．

[3)] χ はギリシャ文字の「カイ」．

または

$$\begin{bmatrix} a_{11} & 0 & \cdots & 0 \\ a_{21} & a_{22} & \ddots & \vdots \\ \vdots & \vdots & \ddots & 0 \\ a_{n1} & a_{n2} & \cdots & a_{nn} \end{bmatrix} \quad (\text{下三角})$$

このとき，A の固有多項式，固有値を求めよ．

解　A が上三角のとき，

$$\chi_A(x) = \begin{vmatrix} x-a_{11} & -a_{12} & \cdots & -a_{1n} \\ 0 & x-a_{22} & \cdots & -a_{2n} \\ \vdots & \ddots & \ddots & \vdots \\ 0 & \cdots & 0 & x-a_{nn} \end{vmatrix}$$
$$= (x-a_{11})(x-a_{22})\cdots(x-a_{nn})$$

となるので，固有値は $a_{11}, a_{22}, \cdots, a_{nn}$ である．□

相似行列

定義 12.2.3　n 次行列 A と B に対して，n 次正則行列 P が存在して $A = P^{-1}BP$ という関係が成り立つとき，A と B は**相似**であるという．

相似であるような二つの n 次行列は，ある一つの線形変換の異なる基底による行列表現であるととらえることができるので，それらが定義する線形変換の性質は同等である．実際，線形変換 $f : \mathbf{C}^n \to \mathbf{C}^n$ が $f(\boldsymbol{a}) = A\boldsymbol{a}$ で定義されるとき，$A = P^{-1}BP$ となるような B を考えてみよう．P の n 個の列ベクトル $\boldsymbol{p}_1, \cdots, \boldsymbol{p}_n$ を $\mathbf{C}^n$ の基底としてこの f の行列表現を考えると，

$$\begin{aligned}[f(\boldsymbol{p}_1), \cdots, f(\boldsymbol{p}_n)] &= [A\boldsymbol{p}_1, \cdots, A\boldsymbol{p}_n] \\ &= AP = P[P^{-1}AP] = [\boldsymbol{p}_1, \cdots, \boldsymbol{p}_n]B \end{aligned} \tag{12.7}$$

となるから，B が f の行列表現となる[4]．

固有値や固有ベクトルは行列表現というよりは，線形写像そのものに付随して定義されるものであるから，次の定理が成立するのは当然である．

---

[4] これは系 8.3.3 の内容である．

定理 12.2.4　n 次行列 A と B が相似であるとき，それらの固有多項式は等しい．

$$\chi_A(x) = \chi_B(x) \tag{12.8}$$

特に，A と B の固有値は一致する．

証明　念のために行列を使った証明を与えておく．$A = P^{-1}BP$ のとき，次の等式から定理が出る．

$$\begin{aligned}\det(xE_n - A) &= \det(xE_n - P^{-1}BP) = \det P^{-1}(xE_n - B)P \\ &= \det(P^{-1})\det(xE_n - B)\det P \\ &= (\det P)^{-1}\det P\det(xE_n - B) \\ &= \det(xE_n - B) \quad \square\end{aligned}$$

例題 12.2.5　n 次行列 A の固有方程式 $\chi_A(x) = 0$ の（重複を込めた）n 個の解を $\lambda_1, \cdots, \lambda_n$ とするとき，次の等式が成り立つことを確かめよ．

$$\mathrm{tr}(A) = \lambda_1 + \lambda_2 + \cdots + \lambda_n, \quad \det(A) = \lambda_1\lambda_2\cdots\lambda_n \tag{12.9}$$

解　仮定から，

$$\chi_A(x) = (x - \lambda_1)(x - \lambda_2)\cdots(x - \lambda_n)$$

と因数分解できる．これより，（または根と係数の関係から）$\chi_A(x)$ における x^{n-1} の係数は $-(\lambda_1 + \lambda_2 + \cdots + \lambda_n)$ であり，$\chi_A(x)$ の定数項は $(-1)^n\lambda_1\lambda_2\cdots\lambda_n$ である．一方で，(12.6) 式からは，x^{n-1} の係数は

$$-(a_{11} + a_{22} + \cdots + a_{nn}) = -\mathrm{tr}(A)$$

となるので，まず $\mathrm{tr}(A) = \lambda_1 + \cdots + \lambda_n$ がわかる．次に，$\chi_A(x)$ の定数項は，定義から $\chi_A(0) = \det(-A) = (-1)^n\det(A)$ なので，$\det(A) = \lambda_1\cdots\lambda_n$ もわかる．□

この例題と定理 12.2.4 を合わせると，（すでに示したことであるが）次のことが簡単に証明できる．

系 12.2.6　A と B が相似な n 次行列であるとき，

$$\mathrm{tr}(A) = \mathrm{tr}(B) \text{ かつ } \det(A) = \det(B)$$

である．

12.3 ケーリー・ハミルトンの定理とフロベニウスの定理

x を変数にもつ複素数係数の m 次多項式 $p(x) = c_0x^m + c_1x^{m-1} + \cdots + c_{m-1}x + c_m$ と n 次正方行列 A があるときには，$p(x)$ の中の x のところに行列 A を代入して，(行列としての計算を行って) n 次正方行列を得る[5)]．この行列を $p(A)$ と表わす．

$$p(A) = c_0A^m + c_1A^{m-1} + \cdots + c_{m-1}A + c_mE_n \tag{12.10}$$

固有値と固有多項式に関連して，応用上もっともよく使われるのは次に述べる二つの定理であろう．

定理 12.3.1 (フロベニウスの定理)[6)] n 次行列 A について，その固有方程式の（重複を込めた n 個の）解を $\lambda_1, \lambda_2, \cdots, \lambda_n$ とする．このとき，任意の多項式 $p(x)$ に対して，n 次行列 $p(A)$ の固有方程式の解は，重複を込めて，$p(\lambda_1), p(\lambda_2), \cdots, p(\lambda_n)$ である．特に，

$$\begin{aligned} \mathrm{tr}\,(p(A)) &= p(\lambda_1) + \cdots + p(\lambda_n), \\ \det\,(p(A)) &= p(\lambda_1)\cdots p(\lambda_n) \end{aligned} \tag{12.11}$$

である．

定理 12.3.2 (ケーリー・ハミルトンの定理)[7)] n 次行列 A に対して，A をその固有多項式 $\chi_A(x)$ に代入すると零行列を得る．

$$\chi_A(A) = O \tag{12.12}$$

この二つの定理を証明する方法は数々あるが，次の三角化定理を利用するのがもっとも簡単な方法である．

---

5) 定数項は c_mE_n として計算する．

6) Georg Frobenius (1849～1917).

7) Arthur Cayley (1821～1895). William Rowan Hamilton (1805～1865).

定理 12.3.3 (**三角化定理**) 任意の n 次行列 A は上三角行列と相似である．すなわち，

$$P^{-1}AP = \begin{bmatrix} \lambda_1 & * & \cdots & * \\ 0 & \lambda_2 & \ddots & \vdots \\ \vdots & \ddots & \ddots & * \\ 0 & \cdots & 0 & \lambda_n \end{bmatrix} \tag{12.13}$$

となる正則行列 P がある．

このとき，右辺の対角成分の値 $\lambda_1, \cdots, \lambda_n$ は A の固有値である．

証明 行列のサイズ n に関する数学的帰納法で証明する．まず A の固有値の一つ λ_1 とそれに属する固有ベクトル $\boldsymbol{a}_1$ をとる．$\boldsymbol{a}_1 \neq \boldsymbol{0}$ であるから，これを延長して $\mathbf{C}^n$ の基底 $\boldsymbol{a}_1, \boldsymbol{a}_2, \cdots, \boldsymbol{a}_n$ を作ることができる．これらのベクトルを並べて n 次正則行列 Q を得る．

$$Q = [\boldsymbol{a}_1, \boldsymbol{a}_2, \cdots, \boldsymbol{a}_n]$$

この基底に関する A の線形変換の行列表現を考えると，

$$A\boldsymbol{a}_1 = \lambda_1 \boldsymbol{a}_1$$

であることから，

$$AQ = A[\boldsymbol{a}_1, \boldsymbol{a}_2, \cdots, \boldsymbol{a}_n] = [\boldsymbol{a}_1, \boldsymbol{a}_2, \cdots, \boldsymbol{a}_n] \left[\begin{array}{c|ccc} \lambda_1 & * & \cdots & * \\ \hline 0 & & & \\ \vdots & & A_1 & \\ 0 & & & \end{array}\right]$$

となる．すなわち，

$$Q^{-1}AQ = \left[\begin{array}{c|c} \lambda_1 & * \\ \hline O & A_1 \end{array}\right]$$

となる．ここで，A_1 は $(n-1)$ 次行列であるから，帰納法の仮定から $R_1^{-1}A_1R_1$ が上三角行列となるような $(n-1)$ 次正則行列 R_1 がある．n 次行列 $R = \left[\begin{array}{c|c} 1 & O \\ \hline O & R_1 \end{array}\right]$ を考えると，その逆行列は $\left[\begin{array}{c|c} 1 & O \\ \hline O & R_1^{-1} \end{array}\right]$ であることに注意して，

$$R^{-1}Q^{-1}AQR = \left[\begin{array}{c|c} 1 & O \\ \hline O & R_1^{-1} \end{array}\right] \left[\begin{array}{c|c} \lambda_1 & * \\ \hline O & A_1 \end{array}\right] \left[\begin{array}{c|c} 1 & O \\ \hline O & R_1 \end{array}\right]$$
$$= \left[\begin{array}{c|c} \lambda_1 & * \\ \hline O & R_1^{-1}A_1R_1 \end{array}\right]$$

となるから，$P = QR$ とおけば定理が成り立つことがわかる．□

[フロベニウスの定理の証明] A と相似な n 次行列 $B = P^{-1}AP$ が (12.13) 式のように上三角行列になるようにとっておく．このとき，任意の自然数 k に対して，

$$B^k = \begin{bmatrix} \lambda_1^k & * & \cdots & * \\ 0 & \lambda_2^k & \ddots & \vdots \\ \vdots & \ddots & \ddots & * \\ 0 & \cdots & 0 & \lambda_n^k \end{bmatrix}$$

となることに注意しよう．このことから，多項式 $p(x) = c_0x^m + c_1x^{m-1} + \cdots + c_{m-1}x + c_m$ について，

$$\begin{aligned} P^{-1}p(A)P &= P^{-1}(c_0A^m + c_1A^{m-1} + \cdots + c_{m-1}A + c_mE_n)P \\ &= c_0B^m + c_1B^{m-1} + \cdots + c_{m-1}B + c_mE_n \\ &= \begin{bmatrix} p(\lambda_1) & * & \cdots & * \\ 0 & p(\lambda_2) & \ddots & \vdots \\ \vdots & \ddots & \ddots & * \\ 0 & \cdots & 0 & p(\lambda_n) \end{bmatrix} \end{aligned}$$

となる．従って，例題 12.2.2 より，行列 $P^{-1}p(A)P$ の固有方程式の解は $p(\lambda_1), \cdots, p(\lambda_n)$ となる．定理 12.2.4 から，これらは $p(A)$ の固有方程式の解でもある．フロベニウスの定理の残りの部分 (12.11) 式は，例題 12.2.5 から従う．□

[ケーリー・ハミルトンの定理の証明] フロベニウスの定理の証明と同じように A と相似な上三角行列 $B = P^{-1}AP$ をとる．このとき，

$$\chi_B(B) = \chi_A(P^{-1}AP) = P^{-1}\chi_A(A)P$$

となるから，はじめから A は上三角行列として証明してよい．A が $\lambda_1, \cdots, \lambda_n$ を対角成分にもつ上三角行列の場合，$\chi_A(x) = (x - \lambda_1)\cdots(x - \lambda_n)$ の x に A を代入して，

$$\chi_A(A) = (A - \lambda_1 E_n) \cdots (A - \lambda_n E_n)$$

となる．ここで，$C_i = A - \lambda_i E_n$ とおくと，C_i は (i, i) 成分が 0 であるような上三角行列である．従って，C_1 の第 1 列は $\mathbf{0}$，C_1C_2 の第 1 列と第 2 列は $\mathbf{0}$，$C_1C_2C_3$ の第 1 列から第 3 列までは $\mathbf{0}$，というように計算して，$\chi_A(A) = C_1C_2 \cdots C_n = O$ が示される．□

例題 12.3.4 行列 $A = \begin{bmatrix} 2 & 0 & 1 \\ 0 & 2 & 0 \\ -1 & 0 & 0 \end{bmatrix}$ と自然数 n に対して，$\mathrm{tr}(A^n)$ を求めよ．

解 固有方程式は，

$$\begin{vmatrix} x-2 & 0 & -1 \\ 0 & x-2 & 0 \\ 1 & 0 & x \end{vmatrix} = x(x-2)^2 + (x-2) = (x-1)^2(x-2)$$

となるので，この解は $x = 1, 2$（1 は二重解）となる．従って，多項式 x^n にフロベニウスの定理を適用して，$\mathrm{tr}(A^n) = 1^n + 1^n + 2^n = 2 + 2^n$ となる．□

12.4 補足：代数学の基本定理♣

n 次行列の固有値を求めるためには，(12.5) 式のような n 次方程式を解かなくてはならない．この解が複素数の範囲では常に存在するというのが，代数学の基本定理と呼ばれる定理である．この事実はこの章でもすでに使ったが，第 III 部ではよく利用するので，その証明をここで簡単に与えておく．

定理 12.4.1 (代数学の基本定理) $f(x)$ を変数 x について n 次の複素係数多項式とする．

$$f(x) = c_0x^n + c_1x^{n-1} + \cdots + c_{n-1}x + c_n \quad (c_0 \neq 0) \tag{12.14}$$

このとき，$f(\lambda) = 0$ となる複素数 λ が必ず存在する．

この証明は，普通は複素関数論のリユーヴィル[8)]の定理「 $\mathbf{C}$ 上有界正則関数は定数」を使って行うのがもっとも簡明と思われるが，ここでは実解析（微分積分学）をある程度学んだレベルでも十分理解できるような証明を与えよう．

---

8) Joseph Liouville (1809～1882).

証明 （第一段階）「任意の複素数 c に対して，その n 乗根（$z^n = c$ となる z）が存在する.」

これは $f(x) = x^n - c$ という特別の場合の定理の主張でもある．複素数 c を

$$c = r(\cos\theta + i\sin\theta) \quad (r = |c|,\ \theta = \arg(c))$$

と書いたとき，

$$z = r^{1/n}\left(\frac{\cos\theta}{n} + i\frac{\sin\theta}{n}\right)$$

とおけばド・モアブルの定理から，$z^n = c$ となる．

（第二段階）「多項式 $f(x)$ が (12.14) 式のように与えられたとき，任意の実数 L に対して，正の実数 M が，$|z| > M \ \Rightarrow\ |f(z)| > L$ を満足するようにとることができる.」

これは $\lim_{|z|\to\infty} |f(z)| = \infty$ となることから明らかであろう．

（第三段階）「$\{|f(z)| \mid z \in \mathbf{C}\}$ は $\mathbf{C}$ 上で最小値をとる.」

$|f(0)| = |c_n|$ に注意する．$L = |c_n|$ として第二段階から，

$$|z| > M \implies |f(z)| > |f(0)|$$

を満たす $M > 0$ がある．これは，複素平面上で 0 を中心とした半径 M の円の外側では，$|f(z)|$ の値は $|f(0)|$ より大であるということである．よって，$|f(z)|$ の値の下限はこの円の（境界を含んだ）内側で探せばよい．これは有界閉集合なので，この上の実数値連続関数 $|f(z)|$ は最小値をとる[9]．

（第四段階）最終的に定理を証明しよう．$|f(\lambda)|$ が $|f(z)|$ の最小値を与えるとしよう．ここでは，$|f(\lambda)| = 0$ となることを示したいのだが，これが正しければ $f(\lambda) = 0$ であるから，定理の証明も終わる．証明の核心はこの部分にある．

さて，必要があるなら変数を x のかわりに

$$x' = x - \lambda$$

で取り換えた多項式を考えて，初めから $\lambda = 0$ としてかまわない．定理の仮定のように

$$f(x) = c_0x^n + c_1x^{n-1} + \cdots + c_{n-1}x + c_n \quad (c_0 \neq 0)$$

とすれば，$f(0) = c_n$ である．背理法で示すために，

$$|f(0)| = |c_n|$$

が $|f(z)|$ の最小値で，その値が 0 でないとすると矛盾が生じることをいえばよい．そこで $c_n \neq 0$ とする．$f(x)$ の係数を x の昇べきの順にみて c_n の次に 0 でない係数を c_{n-r} とする．すなわち，$f(x)$ は次のような形になる．

$$f(x) = c_n + c_{n-r}x^r + x^{r+1}g(x) \quad (\text{ただし，} c_{n-r} \neq 0,\ g(x) \text{ は多項式})$$

---

[9] たとえば西山享著「基礎課程微分積分 I」（サイエンス社）の第 4 章を参照のこと．

第一段階より，$-c_n/c_{n-r}$ の r 乗根 ω をとることができる．$0<t<1$ となる t について，$t\omega$ での値を考えると，

$$\begin{aligned} f(t\omega) &= c_n + c_{n-r}t^r\omega^r + t^{r+1}\omega^{r+1}g(t\omega) \\ &= c_n(1-t^r) + t^r(t\omega^{r+1}g(t\omega)) \end{aligned}$$

となるので，

$$|f(t\omega)| \leqq |c_n|(1-t^r) + t^r\left|t\omega^{r+1}g(t\omega)\right|$$

である．ここで，t を十分小さくとれば，

$$\left|t\omega^{r+1}g(t\omega)\right| < |c_n|$$

とできるから，このとき，上式から

$$|f(t\omega)| < |c_n|(1-t^r) + t^r|c_n| = |c_n|$$

となる．これは $|f(0)|=|c_n|$ が f の最小値であったことに矛盾する．この矛盾は $f(0)\neq 0$ としたことから生じたわけだから，$f(0)=0$ でなくてはならない．以上で証明が終了した．□

系 12.4.2 n 次多項式 $f(x)$ は複素係数の多項式として，n 個の一次式の積に因数分解する．すなわち，$f(x)$ が (12.14) 式で与えられるとき，

$$f(x) = c_0(x-\lambda_1)(x-\lambda_2)\cdots(x-\lambda_n) \qquad (\lambda_i \in \mathbf{C})$$

と分解する．

例題 12.4.3 n 次行列 $A=[a_{ij}]$ に対して，複素平面上の n 個の円板 $D_1, D_2, \cdots, D_n$ を，D_i は a_{ii} を中心とした半径 $\sum_{k\neq i}|a_{ik}|$ の円の内側として定義する[10]．

$$D_i = \left\{ z \in \mathbf{C} \;\middle|\; |z-a_{ii}| \leqq \sum_{k\neq i}|a_{ik}| \right\} \tag{12.15}$$

このとき，行列 A の n 個の固有値は全てこの円板内のどこかにある．これを証明せよ．

解 λ を A の固有値，$\boldsymbol{x} = \begin{bmatrix} x_1 \\ x_2 \\ \vdots \\ x_n \end{bmatrix} \in \mathbf{C}^n$ をそれに属する固有ベクトルとする．

---

[10] この円板をゲルシュゴリンの円板という．

すなわち，$A\boldsymbol{x} = \lambda\boldsymbol{x}$ である．$|x_i|$ のうちで最大のものを $|x_{i_0}|$ とするとき，

$$\lambda x_{i_0} = \sum_{k=1}^{n} a_{i_0 k} x_k$$

より，

$$(\lambda - a_{i_0 i_0}) x_{i_0} = \sum_{k \neq i_0} a_{i_0 k} x_k$$

となる．従って，

$$|\lambda - a_{i_0 i_0}| \leqq \sum_{k \neq i_0} |a_{i_0 k}| \left| \frac{x_k}{x_{i_0}} \right| \leqq \sum_{k \neq i_0} |a_{i_0 k}|$$

となるので，$\lambda \in D_{i_0}$ である．□

演　習　問　題

1　次の行列に対して，その固有値および固有空間を計算せよ．

(1) $\begin{bmatrix} -1 & 3 \\ -2 & 4 \end{bmatrix}$　　(2) $\begin{bmatrix} 1 & 0 & 1 \\ 0 & 1 & 0 \\ 1 & 0 & 1 \end{bmatrix}$

2　三角化定理 12.3.3 において，正則行列 P はいつでもユニタリ行列にとれることを証明せよ．

3　n 次行列 A と B に対して，$AB = BA$ が成り立つとする．$\boldsymbol{a}$ が固有値 λ に属する A の固有値ベクトルであるとき，もし $B\boldsymbol{a} \neq \boldsymbol{0}$ ならば，$B\boldsymbol{a}$ も λ に属する A の固有ベクトルとなることを示せ．

4　n 次行列 A と B に対して，

$$\chi_{AB}(x) = \chi_{BA}(x)$$

となることを示せ．特に，AB と BA は同じ固有値をもつ．

5　n 次行列 $A = [a_{ij}]$ の固有値を（重複を込めて）$\lambda_1, \cdots, \lambda_n$ とするとき，不等式

$$|\lambda_1|^2 + \cdots + |\lambda_n|^2 \leqq \sum_{i,j=1}^{n} |a_{ij}|^2$$

が成立することを示せ．

第13章

対 角 化

この章では，正方行列の対角化について学ぶ．応用上重要なのは，対称行列やエルミート行列の対角化であるが，ここではそれを含む形で正規行列の対角化可能性を証明する．

13.1 対角化可能行列

定義 13.1.1 n 次正方行列 A について，正則な n 次行列 P が存在して $P^{-1}AP$ が対角行列となるときに，この A は**対角化可能**であるという．また，このとき P を A の**対角化行列**であるという．

$$P^{-1}AP = \begin{bmatrix} \lambda_1 & 0 & \cdots & 0 \\ 0 & \lambda_2 & \ddots & \vdots \\ \vdots & \ddots & \ddots & 0 \\ 0 & \cdots & 0 & \lambda_n \end{bmatrix} \tag{13.1}$$

このときには，$\mathbf{C}^n$ の基底として P の列ベクトル $\boldsymbol{p}_1, \boldsymbol{p}_2, \cdots, \boldsymbol{p}_n$ をとって，A が $\mathbf{C}^n$ 上に定義する線形変換の行列表現を考えると，

$$\begin{aligned} A[\boldsymbol{p}_1, \boldsymbol{p}_2, \cdots, \boldsymbol{p}_n] &= AP = P(P^{-1}AP) \\ &= [\boldsymbol{p}_1, \boldsymbol{p}_2, \cdots, \boldsymbol{p}_n] \begin{bmatrix} \lambda_1 & 0 & \cdots & 0 \\ 0 & \lambda_2 & \ddots & \vdots \\ \vdots & \ddots & \ddots & \vdots \\ 0 & \cdots & 0 & \lambda_n \end{bmatrix} \end{aligned} \tag{13.2}$$

これは基底の各ベクトル $\boldsymbol{p}_i$ が固有値 λ_i に属する固有ベクトルであることを意味している．逆に，$\mathbf{C}^n$ の基底として A の固有ベクトルからなるものがとれるときには，(13.2) 式が成立するので A は対角化可能である．

定理 13.1.2 n 次行列 A に対して，次の 3 条件は同値である．

(1) A は対角化可能行列である．

(2) $\mathbf{C}^n$ の基底として A の固有ベクトルからなるものがとれる．

(3) A の異なる固有値の全部を $\lambda_1, \cdots, \lambda_r$，それぞれの固有値に属する固有空間を $V_{\lambda_1}, \cdots, V_{\lambda_r}$ とするとき，$\mathbf{C}^n = V_{\lambda_1} \oplus \cdots \oplus V_{\lambda_r}$ が成立する．

また (2) の条件が成り立つとき，A の対角化行列としては，A の固有ベクトルからなる $\mathbf{C}^n$ の基底を並べた行列をとればよい．

証明 (1) $\Leftrightarrow$ (2) は上で示した．各 V_{λ_i} は固有ベクトルで生成された部分空間であるから，(3) $\Rightarrow$ (2) は明らか．

(2) $\Rightarrow$ (3)：(2) のように A の固有ベクトルからなる $\mathbf{C}^n$ の基底をとる．この基底のベクトルの中で固有値 λ_i に属する固有ベクトルを全部とって，それらで生成される部分空間を W_i とする．$\mathbf{C}^n = W_1 \oplus \cdots \oplus W_r$ が成り立つ．一方，$W_i \subseteqq V_{\lambda_i}$ となることは定義から明らかである．特に，$\mathbf{C}^n = V_{\lambda_1} + \cdots + V_{\lambda_r}$ となることがわかる．これが直和であることを示せばよいがそれは次の定理の内容である．□

定理 13.1.3 n 次行列 A のいくつかの互いに異なる固有値 $\lambda_1, \lambda_2, \cdots, \lambda_r$ があるとする．

(1) 各 i に対して，λ_i に属する固有ベクトル $\boldsymbol{a}_i \in \mathbf{C}^n$ をとるとき，$\boldsymbol{a}_1, \boldsymbol{a}_2, \cdots, \boldsymbol{a}_r$ は一次独立である．

(2) 固有空間の和 $V_{\lambda_1} + \cdots + V_{\lambda_r}$ は直和である．

$$V_{\lambda_1} + V_{\lambda_2} + \cdots + V_{\lambda_r} = V_{\lambda_1} \oplus V_{\lambda_2} \oplus \cdots \oplus V_{\lambda_r} \tag{13.3}$$

証明 定理 11.2.7 によると，(13.3) 式が成立することを示すには，

$$\boldsymbol{b}_1 + \boldsymbol{b}_2 + \cdots + \boldsymbol{b}_r = \mathbf{0} \quad （ただし，各\ \boldsymbol{b}_i\ は\ V_{\lambda_i}\ のベクトル） \tag{13.4}$$

と仮定して $\boldsymbol{b}_1 = \cdots = \boldsymbol{b}_r = 0$ となることを示せばよい．これを r についての帰納法で証明する．$r = 1$ のときには明らかである．$r \geqq 2$ で，$r - 1$ のときにはこのことは

正しいと仮定しよう．まず，(13.4) 式の両辺に左から A をかけて，$A\boldsymbol{b}_i = \lambda_i \boldsymbol{b}_i$ に注意すれば，

$$\lambda_1 \boldsymbol{b}_1 + \lambda_2 \boldsymbol{b}_2 + \cdots + \lambda_r \boldsymbol{b}_r = \boldsymbol{0}$$

が得られる．次に，(13.4) 式にスカラー λ_r をかけて，

$$\lambda_r \boldsymbol{b}_1 + \lambda_r \boldsymbol{b}_2 + \cdots + \lambda_r \boldsymbol{b}_r = \boldsymbol{0}$$

となる．上の二つの等式を差し引いて，

$$(\lambda_1 - \lambda_r)\boldsymbol{b}_1 + (\lambda_2 - \lambda_r)\boldsymbol{b}_2 + \cdots + (\lambda_{r-1} - \lambda_r)\boldsymbol{b}_{r-1} = \boldsymbol{0}$$

となるから，帰納法の仮定から $(\lambda_1 - \lambda_r)\boldsymbol{b}_1 = \cdots = (\lambda_{r-1} - \lambda_r)\boldsymbol{b}_{r-1} = \boldsymbol{0}$ でなくてはならない．$\lambda_1 - \lambda_r, \cdots, \lambda_{r-1} - \lambda_r$ は仮定より 0 でないスカラーだから，$\boldsymbol{b}_1 = \cdots = \boldsymbol{b}_{r-1} = \boldsymbol{0}$ となる．最後に，これと (13.4) 式より $\boldsymbol{b}_r = \boldsymbol{0}$ となる．以上によって (2) が証明できた．

(1) を証明するには，$c_1\boldsymbol{a}_1 + c_2\boldsymbol{a}_2 + \cdots + c_r\boldsymbol{a}_r = \boldsymbol{0}$ を仮定して，$c_1 = \cdots = c_r = 0$ を示せばよい．$c_i\boldsymbol{a}_i \in V_{\lambda_i}$ であるから，上で証明した (13.3) 式より，このとき $c_i\boldsymbol{a}_i = \boldsymbol{0}$ が各 i について成立する．$\boldsymbol{a}_i$ は $\boldsymbol{0}$ でないベクトルであるから $c_i = 0$ が示される．□

この定理の特別な場合として次のことが示される．

系 13.1.4 n 次行列 A が相異なる n 個の固有値をもつときには，A は対角化可能行列である．

証明 A の n 個の固有値 $\lambda_1, \lambda_2, \cdots, \lambda_n$ が互いに異なるのだから，それに属する固有ベクトル $\boldsymbol{a}_1, \boldsymbol{a}_2, \cdots, \boldsymbol{a}_n$ は，前定理より $\mathbf{C}^n$ の一次独立なベクトルである．従って，これら n 個のベクトルは $\mathbf{C}^n$ の基底を構成する．すると，定理 13.1.2 より A が対角可能であることがわかる．□

例題 13.1.5 2 次行列 $A = \begin{bmatrix} a & b \\ c & d \end{bmatrix}$ が対角化可能となるための条件を求めよ．

解 A の固有方程式は，

$$\begin{vmatrix} x-a & -b \\ -c & x-d \end{vmatrix} = (x-a)(x-d) - bc = x^2 - (a+d)x + (ad - bc) = 0$$

となる．この判別式は $D = (a+d)^2 - 4(ad - bc)$ である．$D \neq 0$ のときには，A は

異なる二つの固有値をもつので，系 13.1.4 より対角化可能である．

そこで，以下では $D = 0$ の場合を考えよう．このときには，固有方程式は重解 $\lambda = (a+d)/2$ をもつ．(固有値はただ一つ．) 定理 13.1.2 によれば，A が対角化可能であるためには，この固有値 λ の固有空間 V_λ が $\mathbf{C}^2$ に一致しなくてはいけない．すなわち，$\dim V_\lambda = 2$ となることが対角化可能の条件である．前章の定理 12.1.5 によれば，$\dim V_\lambda = 2 - \mathrm{rank}(\lambda E_2 - A)$ であるから，条件は $\mathrm{rank}(\lambda E_2 - A) = 0$ と書き換えられる．これは $A = \lambda E_2$ ということである．

結局，A が対角化可能であるための必要十分条件は $D \neq 0$ または $a = d$, $b = 0$, $c = 0$ ということである．□

13.2 ユニタリ行列とエルミート行列の固有値

固有値の値や固有ベクトルの大きさなどを測るときには，数ベクトル空間に内積を入れて計量ベクトル空間として考えた方が有利であろう．

A が n 次の実行列のとき，$\mathbf{R}^n$ に標準内積 $(\boldsymbol{a}, \boldsymbol{b}) = {}^t\boldsymbol{a}\boldsymbol{b}$ を考えて，次のことが成立することをまず注意しよう．

$$(A\boldsymbol{a}, \boldsymbol{b}) = (\boldsymbol{a}, {}^tA\boldsymbol{b}) \tag{13.5}$$

実際，左辺 $= {}^t(A\boldsymbol{a})\boldsymbol{b} = {}^t\boldsymbol{a}\,{}^tA\boldsymbol{b} =$ 右辺となるからである．

同様にして，A が複素行列のときは，$\mathbf{C}^n$ に標準複素内積 $(\boldsymbol{a}, \boldsymbol{b}) = {}^t\boldsymbol{a}\overline{\boldsymbol{b}}$ を考えて，

$$(A\boldsymbol{a}, \boldsymbol{b}) = (\boldsymbol{a}, A^*\boldsymbol{b}) \tag{13.6}$$

が成り立つ．

定理 13.2.1 ユニタリ行列，特に直交行列，の固有値は一般的には複素数であるが，その絶対値は 1 である．

証明 A が n 次ユニタリ行列の場合，$A^*A = E_n$ が成り立つ．$\boldsymbol{a}$ を固有値 λ に属する A の固有ベクトルにとるとき，$A\boldsymbol{a} = \lambda\boldsymbol{a}$ であるから，(13.6) 式より，

$$\begin{aligned} |\lambda|^2||\boldsymbol{a}|| &= \lambda\overline{\lambda}(\boldsymbol{a}, \boldsymbol{a}) = (\lambda\boldsymbol{a}, \lambda\boldsymbol{a}) \\ &= (A\boldsymbol{a}, A\boldsymbol{a}) = (\boldsymbol{a}, A^*A\boldsymbol{a}) = (\boldsymbol{a}, \boldsymbol{a}) = ||\boldsymbol{a}||^2 \end{aligned}$$

となる．$||\boldsymbol{a}|| \neq 0$ なので，$|\lambda| = 1$ である．□

定理 13.2.2 エルミート行列の固有値は実数である．特に，実対称行列の固有値も実数である．

証明 $A^* = A$ が成り立つので，$A\boldsymbol{a} = \lambda\boldsymbol{a}$ $(\boldsymbol{a} \neq \boldsymbol{0})$ とすると，(13.6) 式より，

$$\lambda(\boldsymbol{a}, \boldsymbol{a}) = (A\boldsymbol{a}, \boldsymbol{a}) = (\boldsymbol{a}, A^*\boldsymbol{a}) = (\boldsymbol{a}, A\boldsymbol{a}) = (\boldsymbol{a}, \lambda\boldsymbol{a}) = \overline{\lambda}(\boldsymbol{a}, \boldsymbol{a})$$

となるので，$\lambda = \overline{\lambda}$ を得る．これは，λ が実数であることを意味する．□

13.3 正規行列♣

正規行列

定義 13.3.1 正方行列 A が

$$A^*A = AA^*$$

を満たすとき，A を**正規行列**と呼ぶ．

例 13.3.2 (1) 実対称行列，エルミート行列は正規行列である．

なぜなら，A が実対称行列またはエルミート行列なら $A^* = A$ となるので，

$$AA^* = A^*A$$

となることは当たり前．

(2) 直交行列，ユニタリ行列も正規行列である．

実際，A が直交行列またはユニタリ行列なら $A^*A = E_n$ であるので，$A^* = A^{-1}$ となる．よって，$AA^* = E_n = A^*A$ となり A は正規行列である．

(3) A が n 次正規行列，U が n 次ユニタリ行列であるとき，U^*AU も正規行列である．

なぜなら，

$$(U^*AU)(U^*AU)^* = U^*AUU^*A^*U = U^*AA^*U,$$

一方で

$$(U^*AU)^*(U^*AU) = U^*A^*UU^*AU = U^*A^*AU$$

であるので，$AA^* = A^*A$ ならば，

$$(U^*AU)(U^*AU)^* = (U^*AU)^*(U^*AU)$$

となるからである．□

例題 13.3.3 $A = \begin{bmatrix} a & 1 \\ 0 & a \end{bmatrix}$ は，任意の複素数 a に対して正規行列とはならな

いことを示せ．

解 実際に計算すればよい．$A^*A = \begin{bmatrix} \overline{a} & 0 \\ 1 & \overline{a} \end{bmatrix}\begin{bmatrix} a & 1 \\ 0 & a \end{bmatrix} = \begin{bmatrix} |a|^2 & \overline{a} \\ a & |a|^2+1 \end{bmatrix}$ である．一方で，

$$AA^* = \begin{bmatrix} a & 1 \\ 0 & a \end{bmatrix}\begin{bmatrix} \overline{a} & 0 \\ 1 & \overline{a} \end{bmatrix} = \begin{bmatrix} |a|^2+1 & \overline{a} \\ a & |a|^2 \end{bmatrix}$$

となるので，常に $A^*A \neq AA^*$ である．□

正規行列の対角化 以下では，正規行列は対角化可能であることを示したいと思う．そのための準備として次の補題を考えよう．

補題 13.3.4 A を正規行列とする．もし，$\boldsymbol{a}$ が A の固有値 λ に属する固有ベクトルであるとき，同じベクトル $\boldsymbol{a}$ は行列 A^* の固有値 $\overline{\lambda}$ に属する固有ベクトルである．

証明 A が正規のとき，「$A\boldsymbol{a} = \lambda\boldsymbol{a} \ \Rightarrow \ A^*\boldsymbol{a} = \overline{\lambda}\boldsymbol{a}$ 」となることを示せばよい．

$A\boldsymbol{a} = \lambda\boldsymbol{a}$ のとき，(13.6) 式より

$$\begin{aligned} ((A^* - \overline{\lambda}E_n)\boldsymbol{a}, A^*\boldsymbol{a}) &= (A(A^* - \overline{\lambda}E_n)\boldsymbol{a}, \boldsymbol{a}) = ((A^* - \overline{\lambda}E_n)A\boldsymbol{a}, \boldsymbol{a}) \\ &= \lambda((A^* - \overline{\lambda}E_n)\boldsymbol{a}, \boldsymbol{a}) = ((A^* - \overline{\lambda}E_n)\boldsymbol{a}, \overline{\lambda}\boldsymbol{a}) \end{aligned}$$

この両辺の差をとって

$$||(A^* - \overline{\lambda}E_n)\boldsymbol{a}||^2 = 0$$

であるから，$(A^* - \overline{\lambda}E_n)\boldsymbol{a} = \boldsymbol{0}$ となる．これは $A^*\boldsymbol{a} = \overline{\lambda}\boldsymbol{a}$ を意味する．□

定理 13.3.5 正規行列は対角化可能である．また，この対角化行列としてユニタリ行列をとることができる[1]．

証明 A を n 次の正規行列として，n の帰納法でユニタリ行列によって対角化可能であることを証明する．λ を A の固有値の一つ，$\boldsymbol{a} \in \mathbf{C}^n$ を λ に属する A の固有ベクトルとする．また，$\mathbf{C}^n$ には標準複素内積を与えて計量ベクトル空間とみる．必要なら $\boldsymbol{a}/||\boldsymbol{a}||$ を考えて，初めから $\boldsymbol{a}$ は長さ 1 のベクトルとしてよい．この $\boldsymbol{a}$ を延長して $\mathbf{C}^n$ の正規直交基底 $\boldsymbol{a}_1 = \boldsymbol{a}, \boldsymbol{a}_2, \cdots, \boldsymbol{a}_n$ をとることができる．$\mathbf{C}^n$ の部分空間 $W = \mathbf{L}(\boldsymbol{a}_2, \cdots, \boldsymbol{a}_n)$ を考えると，

$$\mathbf{C}^n = \mathbf{L}(\boldsymbol{a}) \oplus W \ \ かつ \ \ W = \mathbf{L}(\boldsymbol{a})^{\perp}$$

[1] このことをユニタリ行列によって対角化可能であるともいう．

である．

A が定義する $\mathbf{C}^n$ 上の線形変換を f_A と書くとき，$\boldsymbol{a}$ は f_A の固有ベクトルであるから，$\mathbf{L}(\boldsymbol{a})$ は f_A 安定部分空間であるが，W も f_A 安定部分空間になることを示す．

任意の $\boldsymbol{b} \in W$ に対して，

$$\begin{aligned}(A\boldsymbol{b}, \boldsymbol{a}) &= (\boldsymbol{b}, A^*\boldsymbol{a}) && \text{((13.6) 式より)} \\ &= (\boldsymbol{b}, \overline{\lambda}\boldsymbol{a}) && \text{(前補題より)} \\ &= \lambda(\boldsymbol{b}, \boldsymbol{a}) = 0 && (\boldsymbol{b} \in \mathbf{L}(\boldsymbol{a})^{\perp} \text{ より})\end{aligned}$$

となるので $A\boldsymbol{b} \in \mathbf{L}(\boldsymbol{a})^{\perp} = W$ となる．これは，W が f_A 安定部分空間であることを意味する．

これは f_A のこの基底による行列表現が直和に分解することを意味している．

$$\begin{aligned}A[\boldsymbol{a}_1, \boldsymbol{a}_2, \cdots, \boldsymbol{a}_n] &= [f_A(\boldsymbol{a}_1), f_A(\boldsymbol{a}_2), \cdots, f_A(\boldsymbol{a}_n)] \\ &= [\boldsymbol{a}_1, \boldsymbol{a}_2, \cdots, \boldsymbol{a}_n]\left[\begin{array}{c|c} \lambda & O \\ \hline O & A_1 \end{array}\right]\end{aligned} \tag{13.7}$$

ここで A_1 は $(n-1)$ 次行列である．n 次行列 $U = [\boldsymbol{a}_1, \boldsymbol{a}_2, \cdots, \boldsymbol{a}_n]$ を考えると，(13.7) 式は，

$$AU = U\left[\begin{array}{c|c} \lambda & O \\ \hline O & A_1 \end{array}\right] \tag{13.8}$$

となる．U は $\mathbf{C}^n$ の正規直交基底を並べたものであるから，U はユニタリ行列である．実際，U^*U はこの基底のグラム行列であるから単位行列となるからである．

次に (13.8) 式の A_1 も正規行列になることを注意しておこう．これは，例 13.3.2 (3) から $U^*AU = \left[\begin{array}{c|c} \lambda & O \\ \hline O & A_1 \end{array}\right]$ が正規行列になることから容易に従う．そこで A_1 には帰納法の仮定を使うことができて，$(n-1)$ 次のユニタリ行列 T_1 があって，$T_1^*A_1T_1$ を対角行列とすることができる．$T = \left[\begin{array}{c|c} 1 & O \\ \hline O & T_1 \end{array}\right]$ とおけば，T は n 次ユニタリ行列で，

$$T^*U^*AUT = \left[\begin{array}{c|c} \lambda & O \\ \hline O & T_1^*A_1T_1 \end{array}\right]$$

となる．$P = UT$ とおけば，P もユニタリ行列であり，A は P を対角化行列にもつ対角化可能行列である．□

注意 13.3.6 この定理 13.3.5 の逆も成立する．すなわち，正方行列 A がユニタリ行列で対角化可能であるならば A は正規行列である．

なぜなら，$U^{-1}AU = D$（ただし U はユニタリ行列，D は対角行列）とするとき，$D^*D = DD^*$ および $U^{-1} = U^*$ となることに注意すれば，

$$A^*A = (UDU^*)^*(UDU^*) = UD^*U^*UDU^* = UD^*DU^* = UDD^*U^*$$

である．一方で，

$$AA^* = (UDU^*)(UDU^*)^* = UDU^*UD^*U^* = UDD^*U^*$$

となるので，$AA^* = A^*A$ となるからである．

A が実対称行列であるとき，定理 13.2.2 によってその固有値は全て実数である．このことから，定理 13.3.5 が「実の範囲」で成り立つことがわかる．

定理 13.3.7 A が実対称行列のとき A は対角化可能で，その対角化行列として直交行列がとれる．

証明 定理 13.3.5 の証明中で，λ が実数であることに注意して,「ユニタリ行列 $\to$ 直交行列」,「$\mathbf{C}^n \to \mathbf{R}^n$」,「複素内積 $\to$ 実内積」というように読みかえを行えば，その証明がそのまま成立する．□

13.4 直交行列の標準形♣

ここでは，A を n 次直交行列とする．すなわち，A は実行列で ${}^tAA = E_n$ を満たす．この A を実の範囲で「標準化」することを考えよう．A の固有値が実数だとすれば，定理 13.3.7 と同様にして A を実の範囲で対角化することができるだろうが，一般には定理 13.2.1 により，A の固有値は絶対値 1 の複素数であることしかわからない．

A の固有多項式

$$\chi_A(x) = \det(xE_n - A)$$

は実係数の n 次多項式である．従って，$\chi_A(x) = 0$ の解のうちで，実数でないもの β があるときには，その複素共役 $\overline{\beta}$ も $\chi_A(x) = 0$ の解である．このことから，A の固有方程式の解の全部は，$a_1, \cdots, a_r, \beta_1, \overline{\beta_1}, \cdots, \beta_s, \overline{\beta_s}$ と表わすことができる．ただし，a_k $(1 \leqq k \leqq r)$ は実数，$\beta_j, \overline{\beta_j}$ $(1 \leqq j \leqq s)$ は共役複素数であり，$n = r + 2s$ である．これらの絶対値は 1 なので，

$$a_k = \pm 1, \quad \beta_j = \cos\theta_j + i\sin\theta_j, \quad \overline{\beta}_j = \cos\theta_j - i\sin\theta_j \tag{13.9}$$

と書くことができる．

定理 13.3.5 によると，ユニタリ行列 U でこの A を対角化できて，

$$U^*AU = \begin{bmatrix} a_1 & & & & & & & \\ & \ddots & & & & & & \\ & & a_r & & & & & \\ & & & \beta_1 & & & & \\ & & & & \overline{\beta_1} & & & \\ & & & & & \ddots & & \\ & & & & & & \beta_s & \\ & & & & & & & \overline{\beta_s} \end{bmatrix} \tag{13.10}$$

となる．このとき，U の列ベクトル $\boldsymbol{p}_1, \cdots, \boldsymbol{p}_n \in \mathbf{C}^n$ については，最初の r 個 $\boldsymbol{p}_1, \cdots, \boldsymbol{p}_r$ は実ベクトル，$\boldsymbol{p}_{r+2j-1}$ と $\boldsymbol{p}_{r+2j}$ $(1 \leqq j \leqq s)$ は複素ベクトルで，

$$\boldsymbol{p}_{r+2j} = -i\,\overline{\boldsymbol{p}_{r+2j-1}}$$

であるようにとることができる．

実際，実固有値 a_k については，固有空間 V_{a_k} の正規直交基底として実ベクトルをとることができる．これは，a_k に属する実固有空間

$$V'_{a_k} = \{\boldsymbol{x} \in \mathbf{R}^n |\ A\boldsymbol{x} = a_k \boldsymbol{x}\}$$

を考えると，

$$\dim_{\mathbf{R}} V'_{a_k} = n - \operatorname{rank}(a_k E_n - A) = \dim_{\mathbf{C}} V_{a_k}$$

となるので，V'_{a_k} の実ベクトル空間としての正規直交基底をとれば，それは実ベクトルで V_{a_k} の複素計量ベクトル空間としての正規直交基底となっているからである．さらに，虚の固有値 β_j については，V_{β_j} の正規直交基底をとるとき，その共役複素ベクトルは $V_{\overline{\beta_j}}$ の正規直交基底になるから上記のように正規直交基底 $\boldsymbol{p}_1, \cdots, \boldsymbol{p}_n$ をとることができるのである．

さて，(13.10) 式の $\begin{bmatrix} \beta_j & \\ & \overline{\beta_j} \end{bmatrix}$ の部分を考えるとき，(13.9) 式より，

$$\begin{aligned} \frac{1}{\sqrt{2}} \begin{bmatrix} 1 & i \\ i & 1 \end{bmatrix}^* \begin{bmatrix} \beta_j & \\ & \overline{\beta_j} \end{bmatrix} \frac{1}{\sqrt{2}} \begin{bmatrix} 1 & i \\ i & 1 \end{bmatrix} &= \frac{1}{2} \begin{bmatrix} \beta_j + \overline{\beta_j} & i(\beta_j - \overline{\beta_j}) \\ -i(\beta_j - \overline{\beta_j}) & \beta_j + \overline{\beta_j} \end{bmatrix} \\ &= \begin{bmatrix} \cos\theta_j & -\sin\theta_j \\ \sin\theta_j & \cos\theta_j \end{bmatrix} \end{aligned} \tag{13.11}$$

が成立する．

$$T = \frac{1}{\sqrt{2}} \begin{bmatrix} 1 & i \\ i & 1 \end{bmatrix}, \quad R_{\theta_j} = \begin{bmatrix} \cos\theta_j & -\sin\theta_j \\ \sin\theta_j & \cos\theta_j \end{bmatrix} \tag{13.12}$$

とおくと，T はユニタリ行列であり，R_{θ_j} は平面の回転を表わす直交行列である．(13.11) 式は $T^* \begin{bmatrix} \beta_j & \\ & \overline{\beta_j} \end{bmatrix} T = R_{\theta_j}$ となる．

次に

$$S = \left[\begin{array}{cccccc} 1 & & & & & \\ & \ddots & & & & \\ & & 1 & & & \\ & & & T & & \\ & & & & \ddots & \\ & & & & & T \end{array}\right] \begin{array}{l} \left.\vphantom{\begin{array}{c}1\\ \ddots\\ 1\end{array}}\right\} r \\ \left.\vphantom{\begin{array}{c}T\\ \ddots\\ T\end{array}}\right\} s \end{array} \tag{13.13}$$

とおくと，この S もユニタリ行列で (13.10) 式, (13.11) 式より，

$$S^*U^*AUS = \begin{bmatrix} a_1 & & & & & \\ & \ddots & & & & \\ & & a_r & & & \\ & & & R_{\theta_1} & & \\ & & & & \ddots & \\ & & & & & R_{\theta_s} \end{bmatrix} \tag{13.14}$$

である．また，U の列ベクトルの取り方から US が実行列になることがわかるから，これは直交行列である．結局，$Q = US$ とおいて次の定理が成立することがわかった．

定理 13.4.1 A が n 次直交行列であるとき，適当な n 次直交行列 Q をとって，

$$^tQAQ = \begin{bmatrix} a_1 & & & & & \\ & \ddots & & & & \\ & & a_r & & & \\ & & & R_{\theta_1} & & \\ & & & & \ddots & \\ & & & & & R_{\theta_s} \end{bmatrix}$$

とできる．ここで，a_i は 1 または -1，R_θ は (13.12) 式で定義される 2 次の回転行列である．

演　習　問　題

1　次の行列を対角化せよ．また，対角化行列は何か．

(1) $\begin{bmatrix} 1 & -2i \\ i & 3 \end{bmatrix}$　　(2) $\begin{bmatrix} 0 & 0 & 1 \\ 0 & 1 & 0 \\ 1 & 0 & 0 \end{bmatrix}$

2　次の対称行列を直交行列で対角化せよ．

(1) $\begin{bmatrix} 1 & 3 \\ 3 & 1 \end{bmatrix}$　　(2) $\begin{bmatrix} 1 & 0 & 2 \\ 0 & 1 & 1 \\ 2 & 1 & 1 \end{bmatrix}$

3　λ, μ をユニタリ行列 A の異なる固有値，$\boldsymbol{a}, \boldsymbol{b}$ をそれぞれ λ, μ に属する A の固有ベクトルとするとき，$\boldsymbol{a}$ と $\boldsymbol{b}$ は直交することを証明せよ．

4　A が実交代行列（すなわち実行列で ${}^tA = -A$ ）のとき，A の固有値は純虚数であることを示せ．

5　A が正規行列であるとき，$A^*, A^{-1}, {}^tA$ も正規行列であることを確かめよ．

第14章

2 次形式

この章では一般的な 2 次形式の理論について学ぶ．複素数体 $\mathbf{C}$ 上の 2 次形式はあまりに単純なので，もっぱら実数体 $\mathbf{R}$ 上の 2 次形式についての議論が中心になる．

14.1　2 次形式の定義

2 次形式　ここでは，一般に多変数 $x_1, x_2, \cdots, x_n$ についての斉次 2 次の多項式[1]を **2 次形式**と呼ぶ．すなわち，

$$q(x_1, x_2, \cdots, x_n) = \sum_{i=1}^{n} b_i x_i^2 + \sum_{1 \leqq i < j \leqq n} c_{ij} x_i x_j \tag{14.1}$$

と書けるようなものである．この場合，変数のベクトル $\boldsymbol{x} = \begin{bmatrix} x_1 \\ x_2 \\ \vdots \\ x_n \end{bmatrix}$ をとって，これを $q(\boldsymbol{x})$ と略記する．また，係数 b_i, c_{ij} として複素数を考えているときには $q(\boldsymbol{x})$ を**複素 2 次形式**，係数として実数を考えるときにはこれを**実 2 次形式**，係数が有理数のときには**有理 2 次形式**などというように呼ぶ．$q(\boldsymbol{x})$ が複素 2 次形式のときには，これを数ベクトル空間 $\mathbf{C}^n$ 上の関数とみなして考える．同様に，実 2 次形式は $\mathbf{R}^n$ 上の，有理 2 次形式は $\mathbf{Q}^n$ 上の関数とみなす．

このような 2 次形式を表わすのには $a_{ii} = b_i, a_{ij} = a_{ji} = c_{ij}/2\ (i < j)$ とお

[1] 2 次の多項式で 2 次以外の項をもたないもの．

いて，対称行列 $A=[a_{ij}]$ を考えると便利である．実際， $q(\boldsymbol{x})$ を行列の積として ${}^t\boldsymbol{x}A\boldsymbol{x}$ と表わすことができる．これを記号 $A[\boldsymbol{x}]$ で表わすことにする．

$$q(\boldsymbol{x})=A[\boldsymbol{x}]={}^t\boldsymbol{x}A\boldsymbol{x}=\sum_{i,j=1}^{n}a_{ij}x_ix_j \tag{14.2}$$

たとえば，$q(x,y,z)=x^2+3y^2+z^2+2xy+4yz-6zx$ に対しては，
$A=\begin{bmatrix}1&1&-3\\1&3&2\\-3&2&1\end{bmatrix}$ となる．

極形式　2 次形式 $q(\boldsymbol{x})$ が与えられるとき，

$$B(\boldsymbol{a},\boldsymbol{b})=\frac{1}{2}(q(\boldsymbol{a}+\boldsymbol{b})-q(\boldsymbol{a})-q(\boldsymbol{b})) \tag{14.3}$$

を考えて，これを 2 次形式 $q(\boldsymbol{x})$ に付随した**極形式**という．

補題 14.1.1　2 次形式 $q(\boldsymbol{x})$ が (14.2) 式のように与えられているとき，その極形式 $B(\boldsymbol{a},\boldsymbol{b})$ は，

$$B(\boldsymbol{a},\boldsymbol{b})={}^t\boldsymbol{a}A\boldsymbol{b}={}^t\boldsymbol{b}A\boldsymbol{a} \tag{14.4}$$

となる．さらに $B(\boldsymbol{a},\boldsymbol{b})$ は次の条件を満たす（これらは内積の条件の最初の三つである）．

(1)　$B(\boldsymbol{a},\boldsymbol{b})=B(\boldsymbol{b},\boldsymbol{a})$

(2)　$B(\boldsymbol{a}+\boldsymbol{a}',\boldsymbol{b})=B(\boldsymbol{a},\boldsymbol{b})+B(\boldsymbol{a}',\boldsymbol{b})$

(3)　$B(c\boldsymbol{a},\boldsymbol{b})=cB(\boldsymbol{a},\boldsymbol{b})$

証明

$$\begin{aligned}B(\boldsymbol{a},\boldsymbol{b})&=(1/2)\ (q(\boldsymbol{a}+\boldsymbol{b})-q(\boldsymbol{a})-q(\boldsymbol{b}))\\&=(1/2)\ ({}^t(\boldsymbol{a}+\boldsymbol{b})A(\boldsymbol{a}+\boldsymbol{b})-{}^t\boldsymbol{a}A\boldsymbol{a}-{}^t\boldsymbol{b}A\boldsymbol{b})\\&=(1/2)\ ({}^t\boldsymbol{a}A\boldsymbol{b}+{}^t\boldsymbol{b}A\boldsymbol{a})\end{aligned}$$

となる．ここで，${}^t\boldsymbol{a}A\boldsymbol{b}$ と ${}^t\boldsymbol{b}A\boldsymbol{a}$ は 1×1 行列，よってスカラーで，${}^t\boldsymbol{a}A\boldsymbol{b}={}^t({}^t\boldsymbol{a}A\boldsymbol{b})={}^t\boldsymbol{b}A\boldsymbol{a}$ となるから，上記の等式の最後は，${}^t\boldsymbol{a}A\boldsymbol{b}$（または ${}^t\boldsymbol{b}A\boldsymbol{a}$）となる．

(1), (2), (3) の等式は，この (14.4) 式から容易にわかる．□

$q(\boldsymbol{x})$ が実2次形式で，$\boldsymbol{a}, \boldsymbol{b}$ として実ベクトルを考えた場合の極形式 $B(\boldsymbol{a}, \boldsymbol{b})$ は内積に非常に近いものといえる．しかしながら，内積の最後の条件

$$\begin{aligned}&\text{任意の } \boldsymbol{a} \in \mathbf{R}^n \text{ に対して, } B(\boldsymbol{a}, \boldsymbol{a}) = q(\boldsymbol{a}) \geqq 0 \text{ で,}\\ &q(\boldsymbol{a}) = 0 \text{ となるのは } \boldsymbol{a} = \mathbf{0} \text{ となるときに限る.}\end{aligned} \tag{14.5}$$

を満たすとは限らない．この条件を満足する実2次形式 $q(\boldsymbol{x})$ を**正定値2次形式**という．$\mathbf{R}^n$ の内積を考えることと，正定値の実2次形式を考えることは同じことである．実対称行列 A が正定値2次形式を与える条件については，14.5節で調べることとする．

例題 14.1.2 2次形式 $q(\boldsymbol{x})$ が (14.2) 式で与えられているとする．$q(\boldsymbol{x})$ の極形式 $B(\boldsymbol{a}, \boldsymbol{b})$ が，条件

$$\text{任意の } \boldsymbol{a} \text{ に対して } B(\boldsymbol{a}, \boldsymbol{b}) = 0 \implies \boldsymbol{b} = \mathbf{0} \tag{14.6}$$

を満たすための必要十分条件は A が正則行列となることである．このことを証明せよ．

解 A が正則行列であることと同値な条件は,「$A\boldsymbol{b} = \mathbf{0} \ \Rightarrow \ \boldsymbol{b} = \mathbf{0}$」であったことを思い出しておく[2]．もし，任意の $\boldsymbol{a}$ に対して $B(\boldsymbol{a}, \boldsymbol{b}) = {}^t\boldsymbol{a}A\boldsymbol{b} = 0$ と仮定するとき，$\boldsymbol{a}$ として基本ベクトルを考えて，$A\boldsymbol{b} = \mathbf{0}$ とならなくてはならない．従って，条件 (14.6) は,「$A\boldsymbol{b} = \mathbf{0} \ \Rightarrow \ \boldsymbol{b} = \mathbf{0}$」ということである．これは，上に述べたように A が正則であるということと同じことである．□

14.2 2次形式の同値性

2次形式 $q(\boldsymbol{x}) = A[\boldsymbol{x}]$ があるとき，この変数 $\boldsymbol{x}$ を正則行列 P で変換して新しい変数 $\boldsymbol{x}' = P\boldsymbol{x}$ （または，$Q = P^{-1}$ として $\boldsymbol{x} = Q\boldsymbol{x}'$）を導入した場合，

$$A[\boldsymbol{x}] = {}^t\boldsymbol{x}A\boldsymbol{x} = {}^t(Q\boldsymbol{x}')A(Q\boldsymbol{x}') = {}^t\boldsymbol{x}'({}^tQAQ)\boldsymbol{x}' = ({}^tQAQ)[\boldsymbol{x}']$$

となる．この場合，二つの2次形式 $A[\boldsymbol{x}]$ と $({}^tQAQ)[\boldsymbol{x}]$ は，変数変換で移りあえるのだから同等の2次形式と考えてもよいであろう．ただし，$q(\boldsymbol{x})$ が複素2次形式のときには，どんな複素正則行列 P による変換も許してよいが，$q(\boldsymbol{x})$ が実2次形式のときには，これは $\mathbf{R}^n$ 上の関数として考えているのだから，P

[2]定理 9.3.1 参照.

あるいは Q としては実正則行列のみを考えるべきである．同様に，有理 2 次形式のときには P, Q は有理数係数の正則行列を考える．

定義 14.2.1　二つの複素 2 次形式 $q_1(\boldsymbol{x}) = A[\boldsymbol{x}]$ と $q_2(\boldsymbol{x}) = B[\boldsymbol{x}]$ が同値であるとは，適当な複素正則行列 Q が存在して

$$A = {}^tQBQ$$

となることをいう．また，二つの実 2 次形式 $q_1(\boldsymbol{x}) = A[\boldsymbol{x}]$ と $q_2(\boldsymbol{x}) = B[\boldsymbol{x}]$ が同値であるとは，適当な実正則行列 Q が存在して $A = {}^tQBQ$ となることをいう．同様に，二つの有理 2 次形式 $q_1(\boldsymbol{x}) = A[\boldsymbol{x}]$ と $q_2(\boldsymbol{x}) = B[\boldsymbol{x}]$ が同値であるとは，適当な有理数係数の正則行列 Q が存在して $A = {}^tQBQ$ となることをいう．

補題 14.2.2　二つの複素 2 次形式 $q_1(\boldsymbol{x}) = A[\boldsymbol{x}]$ と $q_2(\boldsymbol{x}) = B[\boldsymbol{x}]$ が同値であるならば，

$$\mathrm{rank}(A) = \mathrm{rank}(B)$$

である．対偶をとっていえば，$\mathrm{rank}(A) \neq \mathrm{rank}(B)$ となるときには，2 次形式 $q_1(\boldsymbol{x})$ と $q_2(\boldsymbol{x})$ は同値になり得ない．

証明　正則行列 Q によって $A = {}^tQBQ$ となるときには，定理 8.6.2 から，$\mathrm{rank}(A) = \mathrm{rank}({}^tQBQ) = \mathrm{rank}(B)$ となる．□

例 14.2.3　実 2 次形式 $q_1(x, y) = xy$ と $q_2(x, y) = x^2 - y^2$ は同値な 2 次形式である．

実際，q_1 に対応する対称行列は，$A_1 = \dfrac{1}{2}\begin{bmatrix} 0 & 1 \\ 1 & 0 \end{bmatrix}$ であり，q_2 に対応するのは，$A_2 = \begin{bmatrix} 1 & 0 \\ 0 & -1 \end{bmatrix}$ である．このとき，$Q = \begin{bmatrix} 1 & 1 \\ 1 & -1 \end{bmatrix}$ とすれば，${}^tQA_1Q = A_2$ となるからである．

このような Q をみつけるには次のように考えてもよい．$q_2(x, y) = (x + y)(x - y)$ であるから，新しく変数 $x' = x + y, y' = x - y$ を導入すれば，$q_2(x, y) = q_1(x', y')$ である．Q は，$\begin{bmatrix} x' \\ y' \end{bmatrix} = Q\begin{bmatrix} x \\ y \end{bmatrix}$ となる行列である．□

実形式の場合には，変換行列として直交行列をとって行列 A を対角化することができる．

定理 14.2.4 $q(\boldsymbol{x}) = A[\boldsymbol{x}]$ が実2次形式であるとき，$\boldsymbol{x}$ の直交変換でこの2次形式は $\alpha_1 x_1^2 + \alpha_2 x_2^2 + \cdots + \alpha_n x_n^2$ と同値である．すなわち，適当な直交行列 U をとって，次のようにすることができる．

$$ {}^tUAU = \begin{bmatrix} \alpha_1 & & & \\ & \alpha_2 & & \\ & & \ddots & \\ & & & \alpha_n \end{bmatrix} \tag{14.7} $$

証明 これは定理 13.3.7 そのものである．□

これは実2次形式の場合であったが，同じことは他の2次形式についても一般的に成立する．

定理 14.2.5 任意の2次形式 $q(\boldsymbol{x}) = A[\boldsymbol{x}]$ は，

$$\alpha_1 x_1^2 + \alpha_2 x_2^2 + \cdots + \alpha_n x_n^2$$

の形の2次形式と同値である．この2次形式 $\alpha_1 x_1^2 + \alpha_2 x_2^2 + \cdots + \alpha_n x_n^2$ を $q(\boldsymbol{x})$ の**標準形**という．

証明 K を $\mathbf{C}, \mathbf{R}, \mathbf{Q}$ のどれかとし，$A = [a_{ij}]$ と書いたとき，$a_{ij} \in K$ とする．示したいことは，K の要素を成分にもつ正則行列 P があって ${}^tPAP$ を対角行列にできるということである．

今，任意の $c \in K$ に対して，定義 6.4.1 の基本行列 $P(i, j; c)$ を考えて，A を ${}^tP(i, j; c)AP(i, j; c)$ と変換してみよう．変換後の行列は，

$$\begin{array}{l} A \text{ の第 } i \text{ 行を } c \text{ 倍して第 } j \text{ 行に加え，} \\ \text{さらに，第 } i \text{ 列を } c \text{ 倍して第 } j \text{ 列に加える} \end{array} \tag{14.8}$$

という操作によって A から得られた行列である．これもまた対称行列になる．後の証明の記述を簡単にするために，(14.8) の操作を $\Pi(i, j; c)$ と書くことにする．

以下では，この操作を繰り返して対称行列 A が対角行列にできることを示そう．それができれば定理の証明は終わる．

$A = [a_{ij}]$ を n 次対称行列として n についての数学的帰納法でこのことを示す．$n = 1$ のときは明らかだから，$n \geqq 2$ とする．A の第1行が $\mathbf{0}$ ベクトルであるとき

には，A の対称性から，$A = \left[\begin{array}{c|c} 0 & O \\ \hline O & A_1 \end{array}\right]$ となり，この A_1 は $(n-1)$ 次の対称行列であるから，ここに帰納法の仮定を使えばよい．

そこで，A の第 1 行は $\mathbf{0}$ でないとしよう．このときには，(14.8) の変形によって，$a_{11} \neq 0$ とできる．実際，最初から $a_{11} \neq 0$ のときには何もしなくてもよい．$a_{11} = 0$ のときには，第 1 行成分で 0 でないもの a_{1i} をとる．A の対称性から A の $(i,1)$ 成分も a_{1i} であることに注意して，(14.8) の操作 $\Pi(i,1;1)$ を行えば，(1,1) 成分は $2a_{1i}$ にできるからである．

そこで，$a_{11} \neq 0$ としよう．このとき，操作 $\Pi(1,2;-a_{12}/a_{11})$ を行うと A の (1,2) 成分と (2,1) 成分を 0 にできる．同様に，操作 $\Pi(1,3;-a_{13}/a_{11})$ を行うと A の (1,3) 成分と (3,1) 成分を 0 にできる．以下，繰り返して A は次の形の対称行列に変形される．

$$\left[\begin{array}{c|c} a_{11} & O \\ \hline O & A_1 \end{array}\right]$$

A_1 は $(n-1)$ 次の対称行列だから，帰納法の仮定で (14.8) の変形で対角行列にできる．これで，証明が終わった．□

複素 2 次形式の場合

定理 14.2.6　任意の複素 2 次形式 $q(\boldsymbol{x}) = A[\boldsymbol{x}]$ は，

$$r = \mathrm{rank}(A)$$

とおいて，標準形の 2 次形式 $x_1^2 + x_2^2 + \cdots + x_r^2$ に同値である．

証明　定理 14.2.5 によって，最初から $q(\boldsymbol{x}) = \alpha_1 x_1^2 + \cdots + \alpha_n x_n^2$ としてよい．また必要があれば変数の入れ換えをして，$\alpha_1 \neq 0, \cdots, \alpha_r \neq 0, \alpha_{r+1} = \cdots = \alpha_n = 0$ としてかまわない．すなわち，

$$A = \begin{bmatrix} \alpha_1 & & & & & \\ & \ddots & & & & \\ & & \alpha_r & & & \\ & & & 0 & & \\ & & & & \ddots & \\ & & & & & 0 \end{bmatrix} \tag{14.9}$$

としてよい．このとき，複素数 $\beta_i = (\alpha_i)^{-1/2}$ $(1 \leqq i \leqq r)$ をとって，

$$P = \begin{bmatrix} \beta_1 & & & & & \\ & \ddots & & & & \\ & & \beta_r & & & \\ & & & 1 & & \\ & & & & \ddots & \\ & & & & & 1 \end{bmatrix}$$

によって変換すれば，${}^tPAP = \begin{bmatrix} E_r & O \\ O & O \end{bmatrix}$ となる．最後に，定理 8.6.2 によれば，$\mathrm{rank}(A) = \mathrm{rank}({}^tPAP) = r$ となる．□

複素 2 次形式の場合には，この定理によって $\mathrm{rank}(A)$ さえ知ればその形がわかるといってよい．また，補題 14.2.2 より，異なるランクをもつときには同値にはなり得ないので，複素 2 次形式は $\mathrm{rank}(A)$ によって完全に決定される．

実 2 次形式の場合

定理 14.2.7 任意の実 2 次形式 $q(\boldsymbol{x}) = A[\boldsymbol{x}]$ は，標準形の 2 次形式

$$x_1^2 + x_2^2 + \cdots + x_r^2 - x_{r+1}^2 - \cdots - x_{r+s}^2$$

に同値である．

証明 複素 2 次形式の場合と同様に A は (14.9) 式の形としてかまわない．ただし，今回は各 α_i は実数である．また必要があれば変数の入れ換えをして，$\alpha_1 > 0, \cdots, \alpha_r > 0$, $\alpha_{r+1} < 0, \cdots, \alpha_{r+s} < 0$, $\alpha_{r+s+1} = 0, \cdots, \alpha_n = 0$ としてかまわない．このとき，

$$P = \begin{bmatrix} 1/\sqrt{a_1} & & & & & & & & \\ & \ddots & & & & & & & \\ & & 1/\sqrt{a_r} & & & & & & \\ & & & 1/\sqrt{-a_{r+1}} & & & & & \\ & & & & \ddots & & & & \\ & & & & & 1/\sqrt{-a_{r+s}} & & & \\ & & & & & & 1 & & \\ & & & & & & & \ddots & \\ & & & & & & & & 1 \end{bmatrix}$$

によって変換すれば，$^tPAP = \begin{bmatrix} E_r & & \\ & -E_s & \\ & & O \end{bmatrix}$ となる．□

実 2 次形式の場合，定理 14.2.7 のように，任意の $q(\boldsymbol{x})$ は標準形

$$x_1^2 + x_2^2 + \cdots + x_r^2 - x_{r+1}^2 - \cdots - x_{r+s}^2$$

に同値である．このとき，自然数の組 (r, s) を考えて，これをこの 2 次形式 $q(\boldsymbol{x})$ の**符号数**という．定理 14.2.7 より，符号数が同じ二つの実 2 次形式は同値であることがわかる．しかしながら，逆を考えたときに問題が生ずる．それは，符号数が異なる二つの実 2 次形式は同値でないといえるか，という問題である．それに答えるのが次の定理である．

定理 14.2.8 (シルベスターの定理)[3)] 二つの標準形の実 2 次形式 $q_1(\boldsymbol{x}) = x_1^2 + \cdots + x_r^2 - x_{r+1}^2 - \cdots - x_{r+s}^2$ と $q_2(\boldsymbol{x}) = x_1^2 + \cdots + x_{r'}^2 - x_{r'+1}^2 - \cdots - x_{r'+s'}^2$ が同値であるとすると，

$$r = r' \quad \text{かつ} \quad s = s'$$

でなくてはならない．

証明　$q_1(\boldsymbol{x})$ と $q_2(\boldsymbol{x})$ が同値であると仮定すると，定理 14.2.2 より，対応する対称行列のランクは等しいはずであるから，

$$r + s = r' + s'$$

でなくてはならない．$q_1(\boldsymbol{x})$ と $q_2(\boldsymbol{x})$ に対応する行列を A_1, A_2 ととる．

$$A_1 = \begin{bmatrix} E_r & & \\ & -E_s & \\ & & O \end{bmatrix}, \quad A_2 = \begin{bmatrix} E_{r'} & & \\ & -E_{s'} & \\ & & O \end{bmatrix}$$

$q_1(\boldsymbol{x})$ と $q_2(\boldsymbol{x})$ が同値であることから，n 次正則行列 P があって

$$A_1 = {}^tPA_2P$$

となる．

さて $r < r'$ と仮定して矛盾が生じることを示そう．$r < r'$ のとき，未知数 $y_1, \cdots, y_{r'}, x_{r+1}, \cdots, x_n$ に関する次の連立一次方程式を考える．

3) James Joseph Sylvester (1814～1897).

$$\begin{bmatrix} y_1 \\ \vdots \\ y_{r'} \\ 0 \\ \vdots \\ 0 \end{bmatrix} = P \begin{bmatrix} 0 \\ \vdots \\ 0 \\ x_{r+1} \\ \vdots \\ x_n \end{bmatrix} \tag{14.10}$$

これは，方程式の個数 $= n$，未知数の個数 $= r' + (n-r) = n + (r'-r) > n$ となるから，自明でない解をもつ．すなわち，(14.10) 式の解で

$$\boldsymbol{y} = \begin{bmatrix} y_1 \\ \vdots \\ y_{r'} \\ 0 \\ \vdots \\ 0 \end{bmatrix} \neq \boldsymbol{0} \quad \text{または} \quad \boldsymbol{x} = \begin{bmatrix} 0 \\ \vdots \\ 0 \\ x_{r+1} \\ \vdots \\ x_n \end{bmatrix} \neq \boldsymbol{0}$$

となるものがある．このとき，

$$\begin{aligned} -x_{r+1}^2 - \cdots - x_n^2 &= A_1[\boldsymbol{x}] = {}^t\boldsymbol{x}A_1\boldsymbol{x} \\ &= {}^t\boldsymbol{x}{}^tPA_2P\boldsymbol{x} = {}^t\boldsymbol{y}A_2\boldsymbol{y} = {y_1}^2 + \cdots + {y_{r'}}^2 \end{aligned}$$

となるが，左辺は $\leqq 0$ で右辺は $\geqq 0$ となり，この等式が成り立つためには，

$$\boldsymbol{x} = \boldsymbol{y} = \boldsymbol{0}$$

でなくてはならない．これは矛盾である．

結局，$r < r'$ であり得ないことがわかったのだから，$r \geqq r'$ となる．全く対称な議論により，$r' \geqq r$ ともなるので，$r = r'$ が結論される．

$$r + s = r' + s'$$

はすでにわかっているのだから，これより $s = s'$ も従う．□

有理2次形式の場合

この場合には，複素2次形式や実2次形式の場合に比べて遙かにたくさんの同値でない2次形式が存在する．その理由は，たとえ正の有理数でもその平方根はもはや有理数ではない場合があることによる．ここでは，いくつかの例をあげるにとどめる．

例題 14.2.9 有理 2 次形式

$$q_1(x,y) = x^2 + y^2 \quad と \quad q_2(x,y) = 2x^2 + y^2$$

は同値でないことを証明せよ．

解 q_1 を与える対称行列は $A_1 = \begin{bmatrix} 1 & 0 \\ 0 & 1 \end{bmatrix} = E_2$ であり， q_2 については $A_2 = \begin{bmatrix} 2 & 0 \\ 0 & 1 \end{bmatrix}$ である．もし，これらが同値であるとすると有理数係数の 2 次正則行列 P によって，$A_2 = {}^tPA_1P = {}^tPP$ となるはずである．両辺の行列式をとって，$2 = \det A_2 = (\det P)^2$，従って，$\sqrt{2} = |\det P|$ となるが，$\det P$ は有理数であるから，これは $\sqrt{2}$ が無理数であることに矛盾する．よって，$q_1(x,y)$ と $q_2(x,y)$ は同値ではない．□

例題 14.2.10 有理 2 次形式 $q_1(x) = ax^2$ と $q_2(x) = bx^2$ （ただし $a \neq 0$, $b \neq 0$）が同値であるための必要十分条件は b/a が $\mathbf{Q}$ の中で平方数となることである．これを証明せよ．

解 この場合には，$q_1(x)$ と $q_2(x)$ が同値であるための条件は， 1×1 有理正則行列（ 0 でない有理数） p があって $b = pap$ となることである．これは，$b/a = p^2$ となる有理数 p が存在することと同じである．□

14.3 正定値 2 次形式♣

14.1 節で述べたように，実 2 次形式は条件 (14.5) を満たすときには，$\mathbf{R}^n$ の内積を与えることになる．このための条件について考えてみよう．

> **定義 14.3.1** 実 2 次形式 $q(\boldsymbol{x})$ が，
>
> $$任意の\ \boldsymbol{x} \neq \mathbf{0} \in \mathbf{R}^n\ に対して，q(\boldsymbol{x}) > 0$$
>
> という条件を満たすとき，$q(\boldsymbol{x})$ を**正定値 2 次形式**という．
> また，実対称行列 A については，2 次形式 $A[\boldsymbol{x}]$ が正定値 2 次形式であるとき，A は**正定値対称行列**であるという．

ここでは，実対称行列 A が正定値行列になるための条件について考えてみよう．定理 14.2.4 によれば，直交変換によって A は対角化できて，2 次形式 $A[\boldsymbol{x}]$ は $\alpha_1 x_1^2 + \cdots + \alpha_n x_n^2$ という形にできる．この場合，$\alpha_1, \cdots, \alpha_n$ は A の固有方程式の解の全部（A の固有値）である[4)]．定理 13.2.2 よりこれらは全部実数である．もし $\alpha_i \leqq 0$ ならば，基本ベクトル $\boldsymbol{e}_i$ に対して，

$$A[\boldsymbol{e}_i] = \alpha_i \leqq 0$$

となってしまうから，A が正定値であるとすると全ての α_i は正でなくてはならない．逆に，全ての α_i が正のときには，2 次形式 $\alpha_1 x_1^2 + \cdots + \alpha_n x_n^2$ が正定値になることは明らかだから，次の定理が示された．

定理 14.3.2　対称行列 A が正定値であるための必要十分条件は，A の全ての固有値が正となることである．

固有方程式の解の全ての積は行列式に等しいのだから，

$$A \text{ が正定値} \implies \det(A) > 0 \tag{14.11}$$

が成立することがわかる．

行列の固有値を求めることはそれほどやさしくない場合が多いので，小行列式の値によって正定値かどうかを判定する次の定理はよく使われる．

定理 14.3.3　n 次対称行列 $A = [a_{ij}]$ が正定値であるための必要十分条件は，

$$A_k = \begin{bmatrix} a_{11} & \cdots & a_{1k} \\ \vdots & \ddots & \vdots \\ a_{k1} & \cdots & a_{kk} \end{bmatrix} \quad (1 \leqq k \leqq n)$$

とおいて，

$$\det(A_k) > 0 \quad (1 \leqq k \leqq n)$$

となることである（この A_k を A の**主対角行列**，$\det(A_k)$ を A の**主対角行列式**という）．

証明　まず，A が正定値であると仮定し，$1 \leqq k \leqq n$ なる k をとる．このとき，任意の $\boldsymbol{x} \in \mathbf{R}^k$ に対して，その下に 0 を $(n-k)$ 個並べて $\boldsymbol{y} = \begin{bmatrix} \boldsymbol{x} \\ \boldsymbol{0} \end{bmatrix} \in \mathbf{R}^n$ を考えると，

$$A[\boldsymbol{y}] = A_k[\boldsymbol{x}]$$

となることが定義から容易にわかる．$\boldsymbol{x} \neq \boldsymbol{0}$ のときにはこの値は常に正だから，A_k も正定値対称行列であることがわかる．従って，(14.11) より $\det(A_k) > 0$ となる．

次に，$\det(A_k) > 0$ $(1 \leqq k \leqq n)$ と仮定して，A が正定値であることを n について

---

4) 定理 12.2.4 より直交変換をしても固有値は変わらないから．

の帰納法で証明する．$n=1$ のときは明らかだから，$n \geqq 2$ とする．このとき A が正定値でないとして矛盾が生ずることを示そう．A が正定値でないので，定理 14.3.2 より A の固有値の中に正でないものがある．A は対称行列なので，直交行列 U によって ${}^tUAU = \begin{bmatrix} \alpha_1 & & \\ & \ddots & \\ & & \alpha_n \end{bmatrix}$ と対角化できる．ここで，$\det(A) > 0$ という仮定から，α_i の中に負のものが偶数個あることがわかる．そこで，$\alpha_1 < 0, \alpha_2 < 0$ としてよい．このとき，$\boldsymbol{a} = U\boldsymbol{e}_1, \boldsymbol{b} = U\boldsymbol{e}_2$（$\boldsymbol{e}_i$ は基本ベクトル）とおく．A の 2 次形式 $A[\boldsymbol{x}]$ を $q(\boldsymbol{x})$，それに付随する極形式を B と書くとき，

$$B(\boldsymbol{a}, \boldsymbol{b}) = {}^t\boldsymbol{e}_1 {}^tUAU\boldsymbol{e}_2 = {}^t\boldsymbol{e}_1 \begin{bmatrix} \alpha_1 & & \\ & \ddots & \\ & & \alpha_n \end{bmatrix} \boldsymbol{e}_2 = 0,$$

$$q(\boldsymbol{a}) = \alpha_1 < 0, \quad q(\boldsymbol{b}) = \alpha_2 < 0$$

となる．今 $\boldsymbol{a}$ と $\boldsymbol{b}$ で生成される部分空間を W とすると，任意の $\boldsymbol{x}(\neq \boldsymbol{0}) \in W$ について，$\boldsymbol{x} = x\boldsymbol{a} + y\boldsymbol{b}$ ($x \neq 0$ または $y \neq 0$) と書けるので，

$$q(\boldsymbol{x}) = x^2 q(\boldsymbol{a}) + 2xyB(\boldsymbol{a}, \boldsymbol{b}) + y^2 q(\boldsymbol{b}) < 0$$

となる．いいかえると，2 次形式 $q(\boldsymbol{x})$ は W 上で（$\boldsymbol{x} \neq \boldsymbol{0}$ のとき）負の値をとる．

さて，$V = \mathbf{L}(\boldsymbol{e}_1, \cdots, \boldsymbol{e}_{n-1}) \subsetneqq \mathbf{R}^n$ を考えると，前半の証明と同様にして $\boldsymbol{x} \in V$ については，この $q(\boldsymbol{x})$ の値は $A_{n-1}[\boldsymbol{x}]$ となる．A_{n-1} については帰納法の仮定より正定値であるとしてよい．つまり，$q(\boldsymbol{x})$ は（$\boldsymbol{x} \neq \boldsymbol{0}$ のとき）V 上で正の値をとる．

ところで，

$$\dim W + \dim V = 2 + (n-1) = n + 1 > \dim \mathbf{R}^n = n$$

であるから，和 $W + V$ は直和ではあり得ない．すなわち $W \cap V \neq \{\boldsymbol{0}\}$ であるから，W と V の両方に属する $\boldsymbol{0}$ でないベクトル $\boldsymbol{x}$ がある．$q(\boldsymbol{x})$ を考えると，これは正でも負でもあるというのだから矛盾である．□

14.4 平面 2 次曲線♣

実 2 次形式の理論の応用として，まず最初に，(x, y)-平面において一般の 2 次式によって定義される曲線 — 平面 2 次曲線 — を考えてみよう．

これは，もっとも一般的な形では，

$$a_{11}x^2 + 2a_{12}xy + a_{22}y^2 + b_1x + b_2y + c = 0 \quad (\text{ただし，} a_{ij}, b_k, c \text{ は実数.}) \tag{14.12}$$

という形で表わされる曲線である．この式は対称行列 $A = \begin{bmatrix} a_{11} & a_{12} \\ a_{12} & a_{22} \end{bmatrix}$ とベクトル $\boldsymbol{b} = \begin{bmatrix} b_1 \\ b_2 \end{bmatrix}, \boldsymbol{x} = \begin{bmatrix} x \\ y \end{bmatrix}$ を使えば，

$$A[\boldsymbol{x}] + {}^t\boldsymbol{b}\boldsymbol{x} + c = 0 \tag{14.13}$$

と書き表わされる．この式で定義される曲線の形状を調べたい．ただし，この式が直線，1 点あるいは空集合を表わすときには，これを「退化した場合」と称して除外することにする．

(14.12) 式において，$\boldsymbol{x}$ に直交変換を施してもベクトルの長さや角度を変えないのだから，この変換で曲線の図形的状況は変わらない．定理 14.2.4 によって，直交変換によって 2 次形式 $A[\boldsymbol{x}]$ は $a_1x^2 + a_2y^2$ という形にできる．結局，一般性を失うことなく (14.12) 式は，

$$a_1x^2 + a_2y^2 + b_1x + b_2y + c = 0 \tag{14.14}$$

としてよい．

いくつかの場合に分けて考える．

(1) $a_1a_2 \neq 0$ の場合（a_1 も a_2 も共に 0 でない場合）

この場合には，ベクトルの平行移動によって，$x' = x + b_1/2a_1, y' = y + b_2/2a_2$ と変換すると，(14.14) 式を x', y' で表わしたとき，その 1 次の項を 0 にできる．そこで，最初から (14.14) 式は

$$a_1x^2 + a_2y^2 = d$$

という形としてよい．ここで $d = 0$ とすると，この式は $a_1x^2 + a_2y^2 = 0$ となり，これが表わす図形は，a_1, a_2 の正負によって，1 点，2 直線のいずれかとなるが，いずれにしても退化した場合である．

そこで以下では $d \neq 0$ としよう．そのときには上式を d で割って，$d = 1$ の場合に帰着する．

$$a_1x^2 + a_2y^2 = 1 \tag{14.15}$$

ここでさらにいくつかの場合に分かれる．

(i) $a_1 > 0, a_2 > 0$ の場合：$\alpha = 1/\sqrt{a_1}, \beta = 1/\sqrt{a_2}$ とおいて，(14.15) 式は，楕円 $x^2/\alpha^2 + y^2/\beta^2 = 1$ となる．

(ii) $a_1 > 0, a_2 < 0$ の場合：$\alpha = 1/\sqrt{a_1}, \beta = 1/\sqrt{-a_2}$ とおいて，(14.15) 式は，双曲線 $x^2/\alpha^2 - y^2/\beta^2 = 1$ となる．

$a_1 < 0, a_2 > 0$ の場合も同様である．

(iii) $a_1 < 0, a_2 < 0$ の場合：(14.15) 式を満たす点は空集合である．

(2)　$a_1 \neq 0, a_2 = 0$ の場合
この場合には，平行移動 $x' = x + b_1/2a_1$ によって変換すると，(14.14) 式を x', y で表わして，

$$a_1 x^2 + by + c = 0$$

という形にできる．$b = 0$ のときには，これは退化した場合になるので考えなくてよい．そこで，$b \neq 0$ として，この両辺を b で割って，

$$y = ax^2 + d$$

という形になる．これは放物線である．

結局，平面 2 次曲線は，退化した場合を除けば，楕円，双曲線，放物線のいずれかであることがわかる．

14.5　空間 2 次曲面♣

空間 2 次曲面は，(x, y, z) を座標にもつ $\mathbf{R}^3$ において一般の 2 次式

$$a_{11}x^2 + 2a_{12}xy + a_{22}y^2 + 2a_{23}yz + a_{33}z^2 + 2a_{13}zx + b_1 x + b_2 y + b_3 z + c = 0 \tag{14.16}$$

によって定義される曲面である．2 次曲線の場合と同じように，この式が平面，直線，1 点あるいは空集合を表わすときには，これを「退化した場合」と称して除外することにする．

また，2 次曲線のときと同様に定理 14.2.4 によって，直交変換によって次の式に変形できる．

$$a_1 x^2 + a_2 y^2 + a_3 z^2 + b_1 x + b_2 y + b_3 z + c = 0 \tag{14.17}$$

以下ではこの式のもとで考える．

(1)　$a_1 a_2 a_3 \neq 0$ の場合（a_1, a_2, a_3 いずれも 0 でない場合）
この場合には，$x' = x + b_1/2a_1$，$y' = y + b_2/2a_2$，$z' = z + b_3/2a_3$ と変換して，(14.17) 式の 1 次の項を 0 にできる．そこで，最初から (14.17) 式は

$$a_1 x^2 + a_2 y^2 + a_3 z^2 = d$$

という形としてよい．

(i) $d \neq 0$ のときには，上式を d で割って a_i の正負によって場合を分けて，退化した場合を除けば，次のいずれかになる．

$$\frac{x^2}{\alpha^2} + \frac{y^2}{\beta^2} + \frac{z^2}{\gamma^2} = 1 \quad \text{（楕円面）}$$

$$\frac{x^2}{\alpha^2} + \frac{y^2}{\beta^2} - \frac{z^2}{\gamma^2} = 1 \quad \text{（1 葉双曲面）}$$

$$\frac{x^2}{\alpha^2} - \frac{y^2}{\beta^2} - \frac{z^2}{\gamma^2} = 1 \quad \text{（2 葉双曲面）}$$

(ii) $d = 0$ のときには，a_1 の正負によって分けて，退化した場合を除けば基本的に次の式になる．

$$\frac{x^2}{\alpha^2} + \frac{y^2}{\beta^2} - \frac{z^2}{\gamma^2} = 0 \quad \text{（楕円錐面）}$$

(2) a_1, a_2, a_3 のうち二つは 0 でなく，一つが 0 である場合

一般性を失うことなく，$a_1 \neq 0, a_2 \neq 0, a_3 = 0$ としてよい．この場合には，$x' = x + b_1/2a_1$，$y' = y + b_2/2a_2$ と変換して，(14.17) 式の x と y の係数を 0 にできる．そこで，最初から (14.17) 式は $a_1x^2 + a_2y^2 + b_3z = d$ という形としてよい．$b_3 = d = 0$ のときには，これは退化した場合になるので，$b_3 \neq 0$ または $d \neq 0$ のときを考えればよい．

(i) $b_3 = 0$ で $d \neq 0$ の場合：上式を d で割って a_i の正負によって場合を分けて，退化した場合を除けば，次のいずれかになる．

$$\frac{x^2}{\alpha^2} + \frac{y^2}{\beta^2} = 1 \quad \text{（楕円柱面）}$$

$$\frac{x^2}{\alpha^2} - \frac{y^2}{\beta^2} = 1 \quad \text{（双曲柱面）}$$

(ii) $b_3 \neq 0$ の場合：新たに $z' = z - \frac{d}{b_3}$ という変換を考えて，$d = 0$ の場合に帰着する．すると，その式を b_3 で割って a_i の正負によって場合を分けて，退化した場合を除けば，次のいずれかになる．

$$\frac{x^2}{\alpha^2} + \frac{y^2}{\beta^2} \pm z = 0 \quad \text{（楕円的放物面）}$$

$$\frac{x^2}{\alpha^2} - \frac{y^2}{\beta^2} \pm z = 0 \quad \text{（双曲的放物面）}$$

(3)　a_1, a_2, a_3 のうち一つは 0 でなく，二つが 0 である場合
一般性を失うことなく，$a_1 \neq 0$，$a_2 = 0$，$a_3 = 0$ としてよい．この場合には，$x' = x + b_1/2a_1$ と変換して，(14.17) 式の x の係数を 0 にできる．そこで，最初から (14.17) 式は $a_1x^2 + b_2y + b_3z = d$ という形としてよい．$b_2 = b_3 = 0$ のときには，これは退化した場合になるので，$b_2 \neq 0$ または $b_3 \neq 0$ としてよい．そこで新たな変数 $y' = \frac{b_2y+b_3z-d}{\sqrt{b_2^2+b_3^2}}$ を導入すれば，これは a_1 の正負によって，

$$\frac{x^2}{\alpha^2} \pm y = 0 \quad \text{（放物柱面）}$$

となる．

このように，空間 2 次曲面は退化した場合を除けば，楕円面，1 葉双曲面，2 葉双曲面，楕円的放物面，双曲的放物面，楕円錐面，楕円柱面，双曲柱面，放物柱面のいずれかであることがわかる．

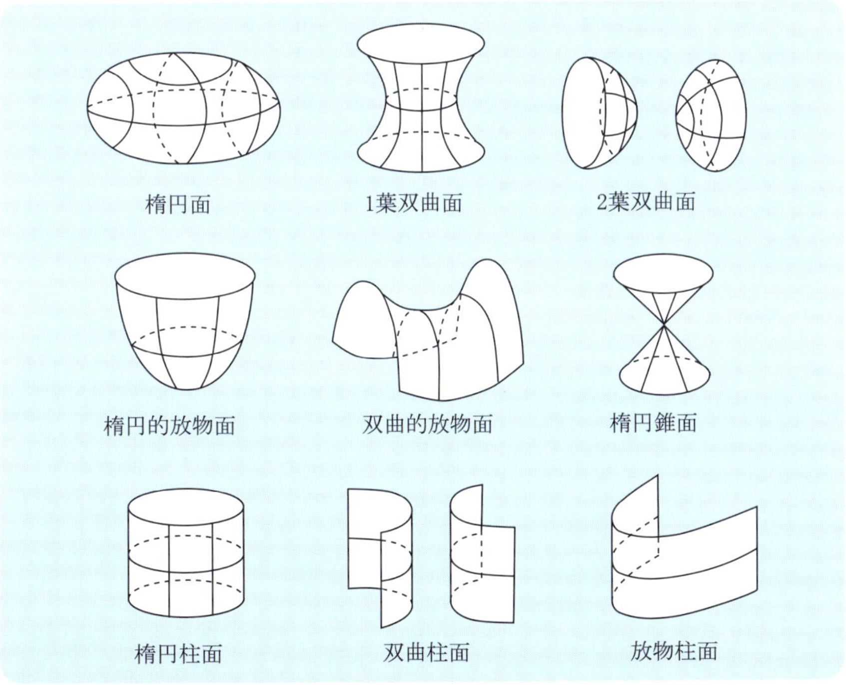

演習問題

1　次の2次曲線は何か.

(1)　$x^2+2xy-y^2+4y=12$　　(2)　$2x^2-xy+2y^2+4y=12$

(3)　$x^2+2xy+y^2+4y=12$

2　次の2次曲面は何か.

(1)　$xy+yz+zx=1$　　(2)　$x^2+y^2+z^2+xy+yz+zx=1$

(3)　$x^2+y^2+z^2+2xy+2yz+2zx+x=1$

3　次の実2次形式の符号数を計算せよ.

(1)　$xy+yz+zx$　　(2)　$x^2+y^2+z^2+xy+yz+zx$

(3)　$x^2+y^2+z^2+2xy+2yz+2zx$

4　空間2次曲面は，ある点Pがあって曲面がこの点を中心として点対称な図形になっているとき，有心2次曲面であるという．また，点対称になっていないときには無心2次曲面であるという．14.5節の2次曲面の分類において，有心2次曲面となるのはどれか.

5　次の対称行列の正定値性を吟味せよ.

(1)　$\begin{bmatrix} 1 & 0 & 1 \\ 0 & 1 & 0 \\ 1 & 0 & 1 \end{bmatrix}$　　(2)　$\begin{bmatrix} 1 & 1 & 1 \\ 1 & 2 & 3 \\ 1 & 3 & 6 \end{bmatrix}$

第15章

最小多項式

この章では，正方行列に付随する不変量として最小多項式を定義して，その基本的性質について学ぶ．これは行列の標準形を考えるときの基本となるものである．

15.1 最小多項式の定義

A が n 次正方行列であるとき，複素数係数の多項式 $p(x) = c_0x^m + c_1x^{m-1} + \cdots + c_m$ に A を代入することができて，n 次行列 $p(A) = c_0A^m + c_1A^{m-1} + \cdots + c_mE_n$ が定まることは前に述べた[1]．

n 次行列 A に対して，多項式の集合 $I(A)$ を，

$$I(A) = \{p(x) \mid p(x) \text{ は複素係数の多項式で } p(A) = O\} \tag{15.1}$$

と定義する．

零多項式 0 はいつも $I(A)$ に属するので，$I(A)$ は空集合ではない．また，ケーリー・ハミルトンの定理によると，固有多項式 $\chi_A(x)$ も $I(A)$ の要素である．

補題 15.1.1 多項式の集合 $I(A)$ は次の性質を満たす[2]．

(1) $f(x),\ g(x) \in I(A) \implies f(x) + g(x) \in I(A)$

(2) $f(x) \in I(A) \implies$ 任意の多項式 $h(x)$ について $h(x)f(x) \in I(A)$

---

[1] 12.3 節．

[2] 一般に，この性質を満たす多項式の集合をイデアルと呼ぶ．

証明 (1) $f(A) = g(A) = O$ より，$f(A) + g(A) = O$ となるから明らか.

(2) $f(A) = O$ なら $h(A)f(A) = O$ となるから明らか. □

一般に最高次の係数が 1 であるような多項式を**モニック多項式**と呼ぶ[3)]．固有多項式はいつもモニック多項式である.

定義 15.1.2 n 次行列 A に対して，$I(A)$ に属するモニック多項式のうちで次数が最小のものを $\mu_A(x)$ と表わし，これを A の**最小多項式**という.

この定義によって $\mu_A(x)$ がただ一つに定まることを示しておこう.

上で注意したように，固有多項式 $\chi_A(x)$ は $I(A)$ に属するモニック多項式であるから，確かに $I(A)$ の中にはモニック多項式が少なくとも一つは存在する．よって，$I(A)$ のモニック多項式の次数の最小値 m が存在する.

今，$f(x)$, $g(x)$ が共に $I(A)$ に属するモニック多項式で，どちらも次数が m であるとしよう．このときに，$f(x) = g(x)$ を示したいわけである．$f(x)$, $g(x)$ の次数は相等しく，最高次の係数が共に 1 であるから，$r(x) = f(x) - g(x)$ とおくと，$r(x)$ の次数 $< m$ となる．補題 15.1.1 より，$r(x) \in I(A)$ となる．もし $r(x)$ が 0 でないとすると，$r(x)$ の最高次の係数を c とおいて，$(1/c)r(x)$ は $I(A)$ に属するモニック多項式である．ところが $(1/c)r(x)$ の次数は m より小さいから，m のとり方に矛盾する．これは $r(x)$ を 0 でないとしたからで，結局 $r(x) = 0$ でなくてはならない．従って，$f(x) = g(x)$ となる．以上の議論で，最小多項式 $\mu_A(x)$ はいつでも存在して唯一つであることがわかる.

また，同じ議論で次のこともわかる.

補題 15.1.3 A を n 次正方行列とするとき，多項式の集合 $I(A)$ は，A の最小多項式 $\mu_A(x)$ によって割り切れる多項式の全体と一致する.

証明 補題 15.1.1 より，$\mu_A(x)$ の倍数は $I(A)$ の要素である.

逆に，任意の $f(x) \in I(A)$ に対して，これを $\mu_A(x)$ で割って余りを考える.

$$f(x) = \mu_A(x)q(x) + r(x) \quad (\text{ただし } r(x) \text{ の次数} < \mu_A(x) \text{ の次数})$$

$f(x), \mu_A(x) \in I(A)$ であるから，補題 15.1.1 より $r(x) = f(x) - \mu_A(x)q(x) \in I(A)$

[3)] monic polynomial. 0 はモニック多項式でない．特に，モニック多項式は 0 でない.

である．

$$r(x) \text{ の次数} < \mu_A(x) \text{ の次数}$$

であるから上記の議論と同様にして $r(x)=0$ がわかる．よって，$f(x)$ は $\mu_A(x)$ で割り切れる．□

系 15.1.4　A が n 次正方行列であるとき，固有多項式 $\chi_A(x)$ は最小多項式 $\mu_A(x)$ で割り切れる．特に，最小多項式の次数は n 以下である．

この系を使って最小多項式を求められる場合もある．

例題 15.1.5　次の行列 A の最小多項式を求めよ．

$$A=\begin{bmatrix} a & 0 & 1 \\ 0 & a & 0 \\ 0 & 0 & a \end{bmatrix}$$

解　A の固有多項式は

$$\chi_A(x)=\det(xE_3-A)=(x-a)^3$$

である．上の系によると，最小多項式 $\mu_A(x)$ はこれの約数であるようなモニック多項式だから，1，$x-a$，$(x-a)^2$，$(x-a)^3$ のいずれかである．実際に A を代入してみると，

$$A-aE_3 \neq O, \quad (A-aE_3)^2=O$$

となるから，$I(A)$ の最小次数のモニック多項式として $\mu_A(x)=(x-a)^2$ となる．□

定理 15.1.6　λ を n 次行列 A の固有値とするとき，A の最小多項式 $\mu_A(x)$ は $(x-\lambda)$ によって割り切れる．特に，$\mu_A(x)=0$ の解の全体は A の固有値の集合と一致する．

証明　$\mu_A(x)$ を $(x-\lambda)$ で割って，$\mu_A(x)=q(x)(x-\lambda)+c$ と表わす．$c=\mu_A(\lambda)$ である．今，$c\neq 0$ と仮定すると，この等式に A を代入して，

$$O=\mu_A(A)=q(A)(A-\lambda E_n)+cE_n$$

となるから，$(1/c)q(A)(\lambda E_n-A)=E_n$ となる．これは，行列 λE_n-A が逆行列をもつことを意味する．一方で，定理 12.1.5 (1) より λE_n-A は正則行列であり得ないので矛盾である．これは，$c\neq 0$ と仮定したからで，$c=0$ と結論できる．□

例題 15.1.7 次の行列 A の最小多項式を求めよ．

$$A = \begin{bmatrix} a & 1 & 0 \\ 0 & a & 0 \\ 0 & 0 & b \end{bmatrix}$$

解 A の固有多項式は

$$\chi_A(x) = (x-a)^2(x-b)$$

である．$a \neq b$ のときには，最小多項式 $\mu_A(x)$ はこれの約数であるようなモニック多項式であり，$x-a, x-b$ のどちらでも割り切れるのだから，$\mu_A(x)$ は $(x-a)(x-b)$, $(x-a)^2(x-b)$ のいずれかである．実際に A を代入してみて，

$$(A-aE_3)(A-bE_3) = \begin{bmatrix} 0 & a-b & 0 \\ 0 & 0 & 0 \\ 0 & 0 & 0 \end{bmatrix} \neq O,$$

$$(A-aE_3)^2(A-bE_3) = O$$

となるから，

$$\mu_A(x) = (x-a)^2(x-b) = \chi_A(x)$$

である．

$a=b$ のときには $\mu_A(x)$ は $\chi_A(x) = (x-a)^3$ の約数で，$x-a$ で割り切れる．実際に代入して，

$$A - aE_3 \neq O, \quad (A-aE_3)^2 = O$$

となるから，$\mu_A(x) = (x-a)^2$ である．□

例題 15.1.8 A が n 次対角行列で，その対角成分が $a_1, a_2, \cdots, a_n$ であるとき，A の最小多項式を求めよ．

解 $a_1, a_2, \cdots, a_n$ の中の異なる値を $\alpha_1, \cdots, \alpha_r$ とする[4]．これらは A の固有値であるから，定理 15.1.6 より $\mu_A(x)$ は，$(x-\alpha_1)\cdots(x-\alpha_r)$ の倍数である．実際に代入して，

$$(A-\alpha_1 E_n)\cdots(A-\alpha_r E_n) = O$$

となることがわかるから，

$$\mu_A(x) = (x-\alpha_1)\cdots(x-\alpha_r)$$

である．□

---

[4] $\{a_1, a_2, \cdots, a_n\}$ の中には重複して同じ値が出てくるかもしれない．

15.2　対角化可能性の判定条件

与えられた行列が対角化可能かどうかをその最小多項式で判定することができる．そのための準備として，まず，次のことを注意しておく．

定理 15.2.1　A と B が互いに相似であるような n 次行列とするとき，

$$\mu_A(x) = \mu_B(x)$$

である．

証明　n 次正則行列 P によって，$B = P^{-1}AP$ と表わされるとする．このとき，A の最小多項式 $\mu_A(x)$ に B を代入して，

$$\mu_A(B) = \mu_A(P^{-1}AP) = P^{-1}\mu_A(A)P = O$$

となるから，

$$\mu_A(x) \in I(B)$$

である．すると系 15.1.4 より，$\mu_A(x)$ は $\mu_B(x)$ の倍数であることがわかる．

また，対称な議論によって $\mu_B(x)$ は $\mu_A(x)$ の倍数でもある．$\mu_A(x)$ も $\mu_B(x)$ もモニック多項式だから，このことから $\mu_A(x) = \mu_B(x)$ となる．□

定理 15.2.2　n 次行列 A が対角化可能であるための必要十分条件は，方程式

$$\mu_A(x) = 0$$

が重解をもたないことである．

証明　最初に A が対角化可能であると仮定しよう．A は対角行列 B と相似であり，前定理によって $\mu_A(x) = \mu_B(x)$ となる．このことから，初めから A を対角行列と仮定して $\mu_A(x) = 0$ が重解をもたないことを示せばよい．しかし，例題 15.1.8 によると

$$\mu_A(x) = (x - \alpha_1) \cdots (x - \alpha_r)$$

（ただし $\alpha_1, \cdots, \alpha_r$ は A の異なる固有値の全部）

となるから，$\mu_A(x) = 0$ は重解をもたない．

次に $\mu_A(x) = 0$ が重解をもたないと仮定しよう．このとき，

$$\mu_A(x) = (x - \alpha_1) \cdots (x - \alpha_r)$$

（ただし，$\alpha_i \neq \alpha_j$ $(i \neq j)$）

と表わされる．ここで多項式 $\phi_i(x)$ $(1 \leqq i \leqq r)$ を次のように定義する．

$$\phi_i(x) = \frac{\displaystyle\prod_{k=1, k\neq i}^{r} (x - \alpha_k)}{\displaystyle\prod_{k=1, k\neq i}^{r} (\alpha_i - \alpha_k)}$$

各 $\phi_i(x)$ は $(r-1)$ 次の多項式で，

$$\phi_i(\alpha_i) = 1, \quad \phi_i(\alpha_k) = 0 \quad (k \neq i)$$

を満たす．そこで， $\sum_{i=1}^{r} \phi_i(x)$ を考えると，これは高々 $(r-1)$ 次の多項式で，$x = \alpha_k$ $(1 \leqq k \leqq r)$ において値 1 をとる．これより，高々 $(r-1)$ 次の方程式 $\sum_{i=1}^{r} \phi_i(x) = 1$ が r 個の解をもつわけだから，等式 $\sum_{i=1}^{r} \phi_i(x) = 1$ は恒等式でなくてはならない．従って， A を代入して，

$$\sum_{i=1}^{r} \phi_i(A) = E_n \tag{15.2}$$

が成立する．一方，$(x-\alpha_i)\phi_i(x)$ は $\mu_A(x)$ の倍数であるから，$(A-\alpha_i E_n)\phi_i(A) = O$ である．特に，

$$A\phi_i(A) = \alpha_i \phi_i(A) \tag{15.3}$$

である．これから，任意のベクトル $\boldsymbol{x} \in \mathbf{C}^n$ に対して，$\phi_i(A)\boldsymbol{x}$ は A の固有空間 V_{α_i} に属するベクトルであることがわかる．なぜなら，(15.3) 式より，

$$A\phi_i(A)\boldsymbol{x} = \alpha_i \phi_i(A)\boldsymbol{x}$$

となるからである．さて，(15.2) 式より，$\boldsymbol{x} = \sum_{i=1}^{n} \phi_i(A)\boldsymbol{x}$ となるから，任意の $\mathbf{C}^n$ のベクトルは V_{α_i} のベクトルの和として表わされることになる．すなわち，

$$\mathbf{C}^n = V_{\alpha_1} + \cdots + V_{\alpha_r}$$

である．α_i らは相異なる固有値であるから，定理 13.1.3 (2) よりこの和は直和である．従って，$\mathbf{C}^n$ が A の固有空間の直和として表わされたので，定理 13.1.2 より A は対角化可能である．□

15.3　2 次行列の標準形

ここでは，定理 15.2.2 を使って 2 次行列を分類してみよう．O とは異なる 2 次の正方行列 A に対して，その最小多項式 $\mu_A(x)$ は高々2 次のモニック多項

式だから，次の 3 種類に分類される．

$$x-\alpha,\quad (x-\alpha)(x-\beta)\quad (\text{ただし }\alpha\neq\beta),\quad (x-\alpha)^2$$

ここで最初の二つの場合には，$\mu_A(x)=0$ は重解をもたないから，定理 15.2.2 より，A は対角化可能である．そして，それぞれの場合に，A は

$$\alpha E_2\quad\text{または}\quad\begin{bmatrix}\alpha & \\ & \beta\end{bmatrix}$$

と相似になる．

問題なのは 3 番目の場合である．この場合，定理 15.2.2 によれば，A は決して対角行列と相似にはならない．そこで，対角行列でなくても構わないから，なるべく簡単な形の行列と A が相似にならないか考えてみよう．

このとき，

$$A-\alpha E_2\neq O\quad\text{かつ}\quad (A-\alpha E_2)^2=O$$

であるから，$N=A-\alpha E_2$ とおいて $N\neq O$, $N^2=O$ である．まずは，このような N について考えてみよう．

この N の最小多項式は $\mu_N(x)=x^2$ となるから，N の固有値は 0 だけである．0 に属する固有空間 V_0 は 1 次元以上の $\mathbf{C}^2$ の部分空間であるが，これが 2 次元とすると $\mathbf{C}^2=V_0$ となり定理 13.1.2 より N は対角化可能となってしまう．従って，V_0 は 1 次元の部分空間である[5]．一方，N は O でない行列なので $N\boldsymbol{x}\neq\mathbf{0}$ となるベクトル $\boldsymbol{x}\in\mathbf{C}^2$ がある．このとき，$\boldsymbol{x}\notin V_0$ で，

$$N(N\boldsymbol{x})=N^2\boldsymbol{x}=\mathbf{0}$$

だから

$$N\boldsymbol{x}\in V_0$$

である．結局，$N\boldsymbol{x}$ は V_0 を張り，

$$\boldsymbol{x}\notin V_0=\mathbf{L}(N\boldsymbol{x})$$

だから，$N\boldsymbol{x},\boldsymbol{x}$ は一次独立であることがわかる．すなわち，$N\boldsymbol{x},\boldsymbol{x}$ は $\mathbf{C}^2$ の基底である．この基底で N による線形写像の行列表現を考えると，

---

[5] もし N が対角化可能ならば，この後の議論から A も対角化可能となってしまう．

$$N[N\boldsymbol{x}, \boldsymbol{x}] = [N\boldsymbol{x}, \boldsymbol{x}]\begin{bmatrix} 0 & 1 \\ 0 & 0 \end{bmatrix}$$

となる．$P = [N\boldsymbol{x}, \boldsymbol{x}]$ とおけば，

$$P^{-1}NP = \begin{bmatrix} 0 & 1 \\ 0 & 0 \end{bmatrix}$$

である．最後に， $A = \alpha E_2 + N$ であったから，

$$P^{-1}AP = P^{-1}(\alpha E_2 + N)P = \alpha E_2 + \begin{bmatrix} 0 & 1 \\ 0 & 0 \end{bmatrix} = \begin{bmatrix} \alpha & 1 \\ 0 & \alpha \end{bmatrix}$$

となる．以上をまとめて次の定理を得る．

定理 15.3.1　A が 2 次行列で，$\mu_A(x)$ がその最小多項式であるとき，

(1) $\mu_A(x)$ が 1 次式で， $\mu_A(x) = 0$ の解が α であるとき，A は対角行列 αE_2 と等しい．

(2) $\mu_A(x)$ が 2 次式で，$\mu_A(x) = 0$ が異なる 2 解 α, β をもつとき，A は対角行列 $\begin{bmatrix} \alpha & \\ & \beta \end{bmatrix}$ と相似である．

(3) $\mu_A(x)$ が 2 次式で，$\mu_A(x) = 0$ が重解 α をもつとき，A は行列 $\begin{bmatrix} \alpha & 1 \\ 0 & \alpha \end{bmatrix}$ と相似である．

ここに現われた行列（対角行列と $\begin{bmatrix} \alpha & 1 \\ 0 & \alpha \end{bmatrix}$ ）を **2 次の標準形行列**という．

15.4　3 次行列の標準形

前節の 2 次行列と同じことを 3 次行列の場合に考えてみると，実は次のような結果を得る．

定理 15.4.1　A を3次の正方行列とするとき，その最小多項式 $\mu_A(x)$ によって，A は次のように分類される．

(1)　1次式の場合，$\mu_A(x) = x - \alpha$ とすると，A は対角行列 αE_3 と等しい．

(2)　2次式の場合，

(2-a)　$\mu_A(x) = (x - \alpha)(x - \beta)$（異なる2解をもつ）ならば，$A$ は

$$\text{対角行列} \begin{bmatrix} \alpha & & \\ & \alpha & \\ & & \beta \end{bmatrix} \text{または} \begin{bmatrix} \alpha & & \\ & \beta & \\ & & \beta \end{bmatrix} \text{と相似である．}$$

(2-b)　$\mu_A(x) = (x - \alpha)^2$（重解をもつ）ならば，$A$ は行列

$$\begin{bmatrix} \alpha & 1 & \\ & \alpha & \\ & & \alpha \end{bmatrix} \text{と相似である．}$$

(3)　3次式の場合，

(3-a)　$\mu_A(x) = (x - \alpha)(x - \beta)(x - \gamma)$（異なる3解をもつ）ならば，

$$A \text{は対角行列} \begin{bmatrix} \alpha & & \\ & \beta & \\ & & \gamma \end{bmatrix} \text{と相似である．}$$

(3-b)　$\mu_A(x) = (x - \alpha)^2(x - \beta)$（一つが重解であるような2解をもつ）ならば，$A$ は行列 $\begin{bmatrix} \alpha & 1 & \\ & \alpha & \\ & & \beta \end{bmatrix}$ と相似である．

(3-c)　$\mu_A(x) = (x - \alpha)^3$（3重解をもつ）ならば，$A$ は行列

$$\begin{bmatrix} \alpha & 1 & \\ & \alpha & 1 \\ & & \alpha \end{bmatrix} \text{と相似である．}$$

この定理の分類に現われた行列を **3 次の標準形行列**という．

この定理の証明については，次の章においてもっと一般的な見地から与えることにする[6]．

演　習　問　題

1 次の行列の最小多項式を求めよ．また，標準形は何か．

(1) $\begin{bmatrix} \cos\theta & -\sin\theta \\ \sin\theta & \cos\theta \end{bmatrix}$ (2) $\begin{bmatrix} 0 & 2 & 1 \\ 0 & 0 & 2 \\ 0 & 0 & 0 \end{bmatrix}$

2 正方行列 A が $A^2 = A$ を満たすとき，**べき等行列**であるという．べき等行列の固有値は 0 または 1 であることを示せ．

3 A と B が正方行列で $C = \begin{bmatrix} A & O \\ O & B \end{bmatrix}$ のとき，C の最小多項式 $\mu_C(x)$ は $\mu_A(x)$ と $\mu_B(x)$ の最小公倍多項式であることを証明せよ．

4 A が正則行列で，$\mu_A(x) = x^r + c_1 x^{r-1} + \cdots + c_{r-1}x + c_r$ であるとき，A^{-1} の最小多項式 $\mu_{A^{-1}}(x)$ は何か．

[6] 次章の系 A.8.3 とそれに続く文章をみよ．

付　章

ジョルダン標準形♣

前章の 15.3 節，15.4 節で述べた 2 次および 3 次の正方行列の標準形を一般の n 次正方行列について考えるのが，この章の目的である．他の教科書と異なり，ここではフィッティングの補題と中山の補題という二つの補題を準備してジョルダンの定理の証明を行う．

A.1 ジョルダンの定理

前章の 15.3，15.4 節にならって標準形の行列を次のように定義しよう．

定義 A.1.1　自然数 r と複素数 α に対して，次のような r 次行列を考える．

$$J_r(\alpha) = \begin{bmatrix} \alpha & 1 & & & \\ & \alpha & 1 & & \\ & & \ddots & \ddots & \\ & & & \alpha & 1 \\ & & & & \alpha \end{bmatrix} \tag{A.1}$$

この行列 $J_r(\alpha)$ を固有値 α の r 次の**ジョルダン・セル**[1)(次頁脚注)]と呼ぶ．
また，いくつかのジョルダン・セルを対角線に並べた n 次行列

$$\begin{bmatrix} J_{r_1}(\alpha_1) & & & \\ & J_{r_2}(\alpha_2) & & \\ & & \ddots & \\ & & & J_{r_m}(\alpha_m) \end{bmatrix} \tag{A.2}$$

$$（ただし\ n = r_1 + r_2 + \cdots + r_m\ ）$$

を n 次の（**ジョルダン**）**標準形行列**という．

定理 15.3.1 や定理 15.4.1 で与えた行列は標準形の行列である．この章では次の定理を証明することを目標とする．

定理 A.1.2 (ジョルダンの定理) 任意の n 次行列はある標準形行列と相似である．

これの完全な証明は A.7 節で行う．しばらくは，この証明に必要な事柄について説明をして，証明を順次簡単な場合に帰着することを考えよう．

A.2 一般固有空間

n 次行列 A に対して，固有値 λ に属する固有空間 V_λ は

$$(A - \lambda E_n)\boldsymbol{x} = \mathbf{0}$$

となるベクトル $\boldsymbol{x}$ の集合であった．いいかえると，

$$V_\lambda = \mathrm{Ker}(f_A - \lambda \cdot id)$$

である．これを一般化して，次のように定義する．

定義 A.2.1 n 次行列 A とその固有値 λ に対して，

$$W_\lambda = \{\boldsymbol{x} \in \mathbf{C}^n \mid (A - \lambda E_n)^n \boldsymbol{x} = \mathbf{0}\} = \mathrm{Ker}(f_A - \lambda \cdot id)^n \tag{A.3}$$

とおいて，これを固有値 λ に属する A の**一般固有空間**という．

もちろん，固有空間 V_λ は一般固有空間 W_λ の部分空間である．

$$V_\lambda \subsetneqq W_\lambda \tag{A.4}$$

例 A.2.2 $A = \begin{bmatrix} a & 1 \\ 0 & a \end{bmatrix}$ のとき，A の固有値は a のみである．a に属する固有空間は

$$V_a = \mathbf{L}(\boldsymbol{e}_1) \quad (\boldsymbol{e}_1 \text{は基本ベクトル})$$

であり，これは 1 次元である．一方，$(A - aE_2)^2 = O$ なので

$$W_a = \mathbf{C}^2$$

となり．これは 2 次元である．□

---

[1] Jordan cell. これを「ジョルダン細胞」と訳す教科書も多いが，この場合の cell は「小さく区分された小部屋」の意味で，生物の細胞とは何ら関係はない.「細胞」という言葉を当てはめるには抵抗があったので,「セル」という言葉をそのまま使った．なおジョルダンは Camille Jordan (1838〜1922).

補題 A.2.3　行列 A の一般固有空間 W_λ は f_A 安定な部分空間である．

証明　まず，$A(A-\lambda E_n)=(A-\lambda E_n)A$ となることに注意しよう．すると，任意の $\boldsymbol{x}\in W_\lambda$ に対して，

$$(A-\lambda E_n)^n A\boldsymbol{x}=A(A-\lambda E_n)^n\boldsymbol{x}=\boldsymbol{0}$$

となるから，$f_A(\boldsymbol{x})=A\boldsymbol{x}\in W_\lambda$ となる．これから，定義によって W_λ は f_A 安定部分空間である．□

A.3　フィッティングの補題

この節を通して，V はいつもベクトル空間，f は V 上の線形変換を表わすものとする．この状況を以下では,「V は f 安定空間である」ということにする．

定義 A.3.1　自然数 m に対して，f^m で f の m 回の合成写像を表わす．

$$f^m=f\cdot f\cdots f\quad (m\ 回)$$

ここで，$f^m=0$ となるような自然数 m があるとき，f を**べき零線形変換**であるという．

n 次行列 A については，それが定義する $\mathbf{C}^n$ 上の線形変換 f_A がべき零であるとき，A を**べき零行列**であるという．いい換えると，$A^m=O$ となる自然数 m が存在する場合である．

例題 A.3.2　n 次行列 A がべき零行列であるための必要十分条件は

$$A^n=O$$

となることである．これを証明せよ．特に，f が V 上のべき零線形変換で，

$$\dim V=n$$

のとき，$f^n=0$ である．

解　$A^n=O$ なら A がべき零であることは明らか．$A^m=O$ となる自然数 m があるとき，多項式 x^m に A を代入して O になるのだから，A の最小多項式 $\mu_A(x)$ は x^m の約数である．従って，

$$\mu_A(x)=x^r$$

という形である．最小多項式の次数 r は A のサイズ n 以下であるから，多項式 x^n は $\mu_A(x)$ の倍数である．よって，A を代入して $A^n=O$ となる．□

定理 A.3.3 (フィッティングの補題)[2] f が有限次元ベクトル空間 V 上の線形変換であるとき，V の f 安定部分空間 V_0 と V_1 が存在して，$V = V_0 \oplus V_1$，かつ，f を V_0 上に制限した線形写像 $f|_{V_0}$ はべき零線形変換であり，V_1 上に制限した $f|_{V_1}$ は同型写像であるようにできる．

証明 V の部分空間の列

$$V \supseteqq \mathrm{Im}(f) \supseteqq \mathrm{Im}(f^2) \supseteqq \cdots \supseteqq \mathrm{Im}(f^i) \supseteqq \mathrm{Im}(f^{i+1}) \supseteqq \cdots,$$
$$\{\mathbf{0}\} \subseteqq \mathrm{Ker}(f) \subseteqq \mathrm{Ker}(f^2) \subseteqq \cdots \subseteqq \mathrm{Ker}(f^i) \subseteqq \mathrm{Ker}(f^{i+1}) \subseteqq \cdots \subseteqq V$$

がある．各 $\mathrm{Im}(f^i), \mathrm{Ker}(f^i)$ は V の部分空間である．V は有限次元であるので，自然数 m を十分大きくとれば，

$$\mathrm{Im}(f^m) = \mathrm{Im}(f^{m+1}) = \mathrm{Im}(f^{m+2}) = \cdots,$$
$$\mathrm{Ker}(f^m) = \mathrm{Ker}(f^{m+1}) = \mathrm{Ker}(f^{m+2}) = \cdots$$

が成立するようにすることができる．このとき $V_0 = \mathrm{Ker}(f^m), V_1 = \mathrm{Im}(f^m)$ とおく．

$$\boldsymbol{x} \in V_0 \implies f^m(\boldsymbol{x}) = \mathbf{0} \implies f^m(f(\boldsymbol{x})) = f^{m+1}(\boldsymbol{x}) = \mathbf{0} \implies f(\boldsymbol{x}) \in V_0$$
$$\boldsymbol{x} \in V_1 \implies \boldsymbol{x} = f^m(\boldsymbol{y})\ (\boldsymbol{y} \in V) \implies f(\boldsymbol{x}) = f^{m+1}(\boldsymbol{y}) = f^m(f(\boldsymbol{y}))$$
$$\implies f(\boldsymbol{x}) \in V_1$$

となるから，V_0 と V_1 は共に f 安定部分空間である．また，$\boldsymbol{x} \in V_0$ のとき，

$$(f|_{V_0})^m(\boldsymbol{x}) = f^m(\boldsymbol{x}) = \mathbf{0}$$

であるから，$f|_{V_0}$ はべき零である．

任意の $\boldsymbol{x} \in V$ に対して，$f^m(\boldsymbol{x}) \in \mathrm{Im}(f^m) = \mathrm{Im}(f^{2m})$ であるから，$f^m(\boldsymbol{x}) = f^{2m}(\boldsymbol{y})$ となる $\boldsymbol{y} \in V$ がある．

$$\boldsymbol{x} = (\boldsymbol{x} - f^m(\boldsymbol{y})) + f^m(\boldsymbol{y})$$

と書くとき，

$$f^m(\boldsymbol{x} - f^m(\boldsymbol{y})) = f^m(\boldsymbol{x}) - f^{2m}(\boldsymbol{y}) = \mathbf{0}$$

だから，$\boldsymbol{x} - f^m(\boldsymbol{y}) \in V_0$，また $f^m(\boldsymbol{y}) \in V_1$ である．これが任意の $\boldsymbol{x}$ について成り立つから，$V = V_0 + V_1$ である．

この和が直和であることを示すためには $V_0 \cap V_1 = \{\mathbf{0}\}$ をいえばよい．$\boldsymbol{x} \in V_0 \cap V_1$ とするとき，$\boldsymbol{x} \in V_1$ だから $\boldsymbol{x} = f^m(\boldsymbol{y})$ となる $\boldsymbol{y} \in V$ がある．すると $f^m(\boldsymbol{y}) \in V_0$ なので，

$$f^{2m}(\boldsymbol{y}) = f^m(f^m(\boldsymbol{y})) = \mathbf{0}$$

---

[2] H. Fitting.

となるが，$\boldsymbol{y} \in \mathrm{Ker}(f^{2m}) = \mathrm{Ker}(f^m)$ に注意すれば，

$$\boldsymbol{x} = f^m(\boldsymbol{y}) = \boldsymbol{0}$$

がわかる．これより，$V_0 \cap V_1 = \{\boldsymbol{0}\}$ が示されたので，$V = V_0 \oplus V_1$ であることがわかった．

最後に，$f|_{V_1} : V_1 \to V_1$ について考えると，この核 $\mathrm{Ker}(f|_{V_1})$ の要素は V_1 のベクトル $\boldsymbol{x}$ で $f(\boldsymbol{x}) = \boldsymbol{0}$ となるものであるから，特に

$$\boldsymbol{x} \in V_1 \cap \mathrm{Ker}(f) \subseteqq V_1 \cap V_0 = \{\boldsymbol{0}\}$$

となる．従って，$\boldsymbol{x} = \boldsymbol{0}$ である．よって，$\mathrm{Ker}(f|_{V_1}) = \{\boldsymbol{0}\}$ がわかる．これは，$f|_{V_1}$ が V_1 上の正則変換，すなわち同型写像となることを示している．□

注意 A.3.4 W が V の部分空間であるとする．このとき，任意の複素数 α に対して，W が f 安定部分空間であることと W が $(f - \alpha \cdot id_V)$ 安定部分空間であることは同値である．

実際，これは $\boldsymbol{x} \in W$ について，「$f(\boldsymbol{x}) \in W \iff f(\boldsymbol{x}) - \alpha\boldsymbol{x} \in W$」となることから明らかであろう．

A.4 直既約分解

定義 A.4.1 V が f 安定空間として**直既約**であるとは，条件：

「$V = W_1 \oplus W_2$ (ただし W_1, W_2 は f 安定部分空間)

$\Longrightarrow$ $W_1 = \{\boldsymbol{0}\}$ または $W_2 = \{\boldsymbol{0}\}$ となる」

が成り立つことである．

いいかえると，V が f 安定空間として直既約であるとは，V が f 安定部分空間の（非自明な）直和としては表わせないということである．

今，V が f 安定空間として直既約でないとき，定義によって $V = V_1 \oplus V_2$ と f 安定部分空間の直和として書くことができる．ここで，たとえば V_1 が $f|_{V_1}$ 安定空間として直既約でないとすると，さらに

$$V_1 = V_{11} \oplus V_{12}$$

と安定部分空間の直和として書ける．この操作を続けた場合，

$$\dim V > \dim V_1 > \dim V_{11} > \cdots \geqq 0$$

なので，最終的にはもうこれ以上直和に分解しないというところまで分解できることがわかる．この議論によって，次のことが示される．

定理 A.4.2　任意の f 安定空間は，直既約な f 安定部分空間の直和に分解する．

n 次行列 A については，$\mathbf{C}^n$ 上の線形変換 f_A を考えて，$\mathbf{C}^n$ をこの定理のように f_A 安定空間として直既約な空間の直和に，

$$\mathbf{C}^n = V_1 \oplus \cdots \oplus V_s$$

と分解する．このとき，V_i の基底の n 次元数ベクトル $\boldsymbol{a}_{i1}, \cdots, \boldsymbol{a}_{ir_i}$ を並べた行列 $P_i = [\boldsymbol{a}_{i1}, \cdots, \boldsymbol{a}_{ir_i}]$ を考えると，V_i が f_A 安定部分空間であることから，f_A を V_i 上に制限した線形変換のこの基底に関する行列表現を考えて，

$$(f_A)|_{V_i}[\boldsymbol{a}_{i1}, \cdots, \boldsymbol{a}_{ir_i}] = [\boldsymbol{a}_{i1}, \cdots, \boldsymbol{a}_{ir_i}]A_i \tag{A.5}$$

となる．ただし，A_i は r_i 次正方行列である．従って，$P = [P_1, P_2, \cdots, P_s]$ とおくと，これは n 次正則行列であり，

$$AP = P\begin{bmatrix} A_1 & & & \\ & A_2 & & \\ & & \ddots & \\ & & & A_s \end{bmatrix} \tag{A.6}$$

となることがわかる．これは，行列 A が $\begin{bmatrix} A_1 & & \\ & \ddots & \\ & & A_s \end{bmatrix}$ と相似であることを意味している．各 A_i は線形写像 $(f_A)|_{V_i}$ の行列表現であり，V_i は $(f_A)|_{V_i}$ 安定空間として直既約であるので，ジョルダンの定理を示すためには，最初から V が f_A 安定空間として直既約の場合に A がジョルダン・セルと相似であることを示せばよいことになる．

さて，V が直既約であるとき，フィッティングの補題のように V を $V_0 \oplus V_1$ と表わしたときには，直既約性の定義から，実際には，$V = V_0$ または $V = V_1$ となる．特に，次のことがわかる．

定理 A.4.3　V が f 安定空間として直既約であるとき，f はべき零または同型のどちらかである．

系 A.4.4　V が f 安定空間として直既約であるならば，f のある固有値 α があって，V 自身が α に属する一般固有空間に一致する．

証明　α として f の固有値をとる．注意 16.3.4 によると，V は $(f - \alpha \cdot id_V)$ 安定空間として直既約である．固有値の定義より，$\mathrm{Ker}(f - \alpha \cdot id_V) \neq \{\mathbf{0}\}$ であるから，

$f - \alpha \cdot id_V$ は V 上の同型写像ではあり得ない．従って，定理より，これはべき零である．すなわち，例題 16.3.2 によれば

$$(f - \alpha \cdot id_V)^n = 0 \ (\text{ただし}\ n = \dim V)$$

となる．□

A.5 中山の補題

この節でも V は f 安定空間であるとする（すなわち f は V 上の線形変換とする）．

定義 A.5.1 V の有限個のベクトルの集合 $S = \{\boldsymbol{x}_1, \cdots, \boldsymbol{x}_s\}$ について，十分大きな自然数 N をとるとき，ベクトルの集合

$$S' = \{f^i(\boldsymbol{x}_j) \mid 0 \leqq i \leqq N, 1 \leqq j \leqq s\}$$

がベクトル空間として V を生成するとき[3]，この S を V の **$\boldsymbol{f}$ 安定空間としての生成系**であるという．あるいは省略して，S を V の **$\boldsymbol{f}$ 生成系**であるともいう．

S として V のベクトル空間としての生成系（たとえば基底）をとるとき，S は f 生成系でもある．しかし，一般にはベクトル空間としての V の生成系ではなくても，f 生成系となることはある．

例 A.5.2 $A = \begin{bmatrix} 0 & 1 \\ 0 & 0 \end{bmatrix}$ とおいて $f = f_A$ を $\mathbf{C}^2$ 上の線形変換とするとき，$\{\boldsymbol{e}_2\}$（ただし $\boldsymbol{e}_2$ は基本ベクトル）は $\mathbf{C}^2$ の f 生成系となる．実際，二つのベクトル $\boldsymbol{e}_1 = f(\boldsymbol{e}_2), \boldsymbol{e}_2$ が $\mathbf{C}^2$ をベクトル空間として生成するからである．さらに，$B = \begin{bmatrix} 0 & 0 \\ 1 & 0 \end{bmatrix}$，$g = f_B$ とおくと，$\{\boldsymbol{e}_1\}$ が $\mathbf{C}^2$ の g 生成系となる．□

定義 A.5.3 V の有限個のベクトルの集合 $S = \{\boldsymbol{x}_1, \cdots, \boldsymbol{x}_s\}$ が，V の f 生成系であって，かつ S からどのベクトル $\boldsymbol{x}_i$ を除いても f 生成系にはならないとき，この S を V の **$\boldsymbol{f}$ 安定空間としての極小生成系**，あるいは**極小 $\boldsymbol{f}$ 生成系**であるという．

たとえば例 A.5.2 で，$\{\boldsymbol{e}_2\}$ は $\mathbf{C}^2$ の極小 f 生成系であり，$\{\boldsymbol{e}_1\}$ は極小 g 生成系である．

上述のように f 生成系はいつも存在する．それが，もし極小 f 生成系でなければ，どれか一つのベクトルを除いても f 生成系になるはずである．除いたものがまた極小

---

[3] ここでは $f^0(\boldsymbol{x}_j) = \boldsymbol{x}_j$ と理解する．

f 生成系でなければ，さらに一つのベクトルを除いても f 生成系である．この操作を繰り返していつか極小 f 生成系に達することができる．特に，極小 f 生成系はいつでも存在することがわかる．

次の定理は中山の補題[4)]として知られているものの特別な場合である．

定理 A.5.4 (中山の補題) f が V 上のべき零線形変換であるとき，V のベクトル $\boldsymbol{a}_1,\cdots,\boldsymbol{a}_r$ が V の f 生成系であるための必要十分条件は，

$$V = \mathbf{L}(\boldsymbol{a}_1,\cdots,\boldsymbol{a}_r) + \mathrm{Im}(f) \qquad \text{(A.7)}$$

が成立することである．

証明 $\boldsymbol{a}_1,\cdots,\boldsymbol{a}_r$ が V の f 生成系であるとき，

$$V = \mathbf{L}(\boldsymbol{a}_1,\cdots,\boldsymbol{a}_r, f(\boldsymbol{a}_1),\cdots,f(\boldsymbol{a}_r), f^2(\boldsymbol{a}_1),\cdots,f^2(\boldsymbol{a}_r),\cdots)$$

となるが，$\mathbf{L}(f(\boldsymbol{a}_1),\cdots,f(\boldsymbol{a}_r),f^2(\boldsymbol{a}_1),\cdots,f^2(\boldsymbol{a}_r),\cdots) \subsetneqq \mathrm{Im}(f)$ であるから，(A.7) 式が成立する．

逆に，(A.7) 式が成り立つとき，任意の $\boldsymbol{x} \in V$ は，$\boldsymbol{x} = \sum_{i=1}^r c_{0i}\boldsymbol{a}_i + f(\boldsymbol{x}_1)$ $(c_{0i} \in \mathbf{C}, \boldsymbol{x}_1 \in V)$ と表わすことができる．ここで，$\boldsymbol{x}_1$ に再び (A.7) 式を使って，$\boldsymbol{x}_1 = \sum_{i=1}^r c_{1i}\boldsymbol{a}_i + f(\boldsymbol{x}_2)$ $(c_{1i} \in \mathbf{C}, \boldsymbol{x}_2 \in V)$ と表わせる．これを合わせて，

$$\boldsymbol{x} = \sum_{i=1}^r c_{0i}\boldsymbol{a}_i + \sum_{i=1}^r c_{1i}f(\boldsymbol{a}_i) + f^2(\boldsymbol{x}_2)$$

となる．以下これを繰り返して，帰納的に，

$$\boldsymbol{x} = \sum_{i=1}^r c_{0i}\boldsymbol{a}_i + \sum_{i=1}^r c_{1i}f(\boldsymbol{a}_i) + \cdots + \sum_{i=1}^r c_{si}f^s(\boldsymbol{a}_i) + f^{s+1}(\boldsymbol{x}_{s+1})$$

となることを示すことができる．f はべき零であるから，s が（$\boldsymbol{x}$ に依存しない）十分大きな数のときには，$f^{s+1} = 0$ となるので，この式から，$\boldsymbol{a}_1,\cdots,\boldsymbol{a}_r$ が V の f 生成系であることがわかる．□

系 A.5.5 f が V 上のべき零線形変換であるとき，f 安定空間 V の極小 f 生成系のベクトルの個数はいつも一定で，それは $\dim V - \mathrm{rank}\, f$ に等しい．

証明 $s = \dim V - \mathrm{rank}\, f$ とおく．次元公式より $s = \dim \mathrm{Ker}(f)$ となることに注意しておこう．$\boldsymbol{a}_1,\cdots,\boldsymbol{a}_r$ が V の極小 f 生成系であるとき，$r = s$ を示したい．このときには，(A.7) 式が成り立つが，ここで $\boldsymbol{a}_1,\cdots,\boldsymbol{a}_r$ が一次従属であるとすると，

[4)] 中山正，元名古屋大学教授 (1912〜1964).

このうちのどれかをとり除いても (A.7) 式が成り立つので，極小生成系であることに反する．従って，$\boldsymbol{a}_1, \cdots, \boldsymbol{a}_r$ は一次独立でなければならない．すると，(A.7) 式より，

$$r = \dim \mathbf{L}(\boldsymbol{a}_1, \cdots, \boldsymbol{a}_r) \geqq \dim V - \dim \mathrm{Im}(f) = s$$

となる．ここで，$r > s$ と仮定すると，

$$\dim \mathbf{L}(\boldsymbol{a}_1, \cdots, \boldsymbol{a}_r) + \dim \mathrm{Im}(f) > \dim V$$

であるから，(A.7) 式の和は直和ではあり得ないので，$\mathbf{L}(\boldsymbol{a}_1, \cdots, \boldsymbol{a}_r) \cap \mathrm{Im}(f) \neq \{\mathbf{0}\}$ となる．そこで，

$$\mathbf{0} \neq f(\boldsymbol{y}) = \sum_{i=1}^{r} c_i \boldsymbol{a}_i \quad (c_i \in \mathbf{C})$$

となる $\boldsymbol{y} \in V$ をとることができる．左辺は $\mathbf{0}$ でないので，右辺の c_i の中には 0 でないものがある．$c_k \neq 0$ とするとき，

$$\boldsymbol{a}_k = \frac{1}{c_k}\left(f(\boldsymbol{y}) - \sum_{i \neq k} c_i \boldsymbol{a}_i \right)$$

となるので，この $\boldsymbol{a}_k$ をとり除いても (A.7) 式が成り立つ．これは，$\boldsymbol{a}_1, \cdots, \boldsymbol{a}_r$ が極小 f 生成系であるという仮定に矛盾するので，$r = s$ でなくてはならない．□

系 A.5.6　f が V 上のべき零線形変換であるとき，V のベクトル $\boldsymbol{a}_1, \cdots, \boldsymbol{a}_r$ が V の極小 f 生成系であるための必要十分条件は，$\boldsymbol{a}_1, \cdots, \boldsymbol{a}_r$ が一次独立で，

$$V = \mathbf{L}(\boldsymbol{a}_1, \cdots, \boldsymbol{a}_r) \oplus \mathrm{Im}(f) \tag{A.8}$$

が成立することである．

証明　$\boldsymbol{a}_1, \cdots, \boldsymbol{a}_r$ が一次独立で，(A.8) 式が成立するとき，中山の補題より $\boldsymbol{a}_1, \cdots, \boldsymbol{a}_r$ は f 生成系であり，そのベクトルの個数 r は，

$$r = \dim \mathbf{L}(\boldsymbol{a}_1, \cdots, \boldsymbol{a}_r) = \dim V - \dim \mathrm{Im}(f)$$

となるので，前系よりこれは極小生成系でなくてはならない．

逆に $\boldsymbol{a}_1, \cdots, \boldsymbol{a}_r$ が極小 f 生成系と仮定する．(A.7) の等式 $V = \mathbf{L}(\boldsymbol{a}_1, \cdots, \boldsymbol{a}_r) + \mathrm{Im}(f)$ より，一般的には

$$\dim \mathbf{L}(\boldsymbol{a}_1, \cdots, \boldsymbol{a}_r) \geqq \dim V - \dim \mathrm{Im}(f)$$

である．一方，前系から $\dim \mathbf{L}(\boldsymbol{a}_1, \cdots, \boldsymbol{a}_r) \leqq r = \dim V - \dim \mathrm{Im}(f)$ であるから，これらは全部等式で，

$$\dim \mathbf{L}(\boldsymbol{a}_1, \cdots, \boldsymbol{a}_r) = r = \dim V - \dim \mathrm{Im}(f)$$

となる．これから，$\boldsymbol{a}_1, \cdots, \boldsymbol{a}_r$ が一次独立なことと，(A.8) 式がわかる．□

A.6 べき零変換

ジョルダンの定理を示すための本質的な部分は次の定理にある．

定理 A.6.1 V 上の線形変換 f はべき零であると仮定する．このとき，V が f 安定空間として直既約であるならば，ただ一つのベクトルからなる V の極小 f 生成系が存在する．

証明 任意の $\boldsymbol{x} \in V$ に対して，$f^m(\boldsymbol{x}) = \boldsymbol{0}$ となる最小の自然数 m を $m(\boldsymbol{x})$ と書くことにする．f はべき零変換なので，この値は確かに定まる．今，集合 $\{m(\boldsymbol{x}) | \boldsymbol{x} \in V, \boldsymbol{x} \notin \mathrm{Im}(f)\}$ を考えると，これは自然数の集合なので最小値 ν が存在する．この最小値を与えるベクトル $\boldsymbol{a}$ をとる．

$$\nu = m(\boldsymbol{a}), \quad \boldsymbol{a} \in V, \quad \boldsymbol{a} \notin \mathrm{Im}(f)$$

中山の補題 A.5.4 の証明やその系 A.5.6 から，この $\boldsymbol{a}$ を含む V の極小 f 生成系 $\boldsymbol{a}, \boldsymbol{b}_1, \cdots, \boldsymbol{b}_r$ を作ることができる．$\boldsymbol{a}$ と $\boldsymbol{b}_1, \cdots, \boldsymbol{b}_r$ でそれぞれ生成される f 安定空間を考えよう．

$$W_1 = \mathbf{L}(\boldsymbol{a}, f(\boldsymbol{a}), f^2(\boldsymbol{a}), \cdots, f^{\nu-1}(\boldsymbol{a}))$$
$$W_2 = \mathbf{L}(\boldsymbol{b}_1, \cdots, \boldsymbol{b}_r, f(\boldsymbol{b}_1), \cdots, f(\boldsymbol{b}_r), f^2(\boldsymbol{b}_1), \cdots, f^2(\boldsymbol{b}_r), \cdots)$$

このとき，実は次の等式が成立することを証明しよう．

$$V = W_1 \oplus W_2 \tag{A.9}$$

もしこれが示されれば，V が f 安定空間として直既約であることと $W_1 \neq \{\boldsymbol{0}\}$ であることから，$W_2 = \{\boldsymbol{0}\}$ となり，実は $r = 0$，すなわち V の極小 f 生成系として $\boldsymbol{a}$ がとれることになるので，定理の証明が終わる．

(A.9) 式を証明しよう．中山の補題と $\boldsymbol{a}, \boldsymbol{b}_1, \cdots, \boldsymbol{b}_r$ が f 生成系であることから，$V = W_1 + W_2$ となることは明らかである．問題はこれが直和になる，すなわち $W_1 \cap W_2 = \{\boldsymbol{0}\}$ となることを示すことにある．そこで，$W_1 \cap W_2 \neq \{\boldsymbol{0}\}$ として矛盾が出ることを示そう．このとき，$W_1 \cap W_2$ の $\boldsymbol{0}$ でないベクトルをとることができる．それは，次のように表わされる．

$$c_0\boldsymbol{a} + c_1 f(\boldsymbol{a}) + c_2 f^2(\boldsymbol{a}) + \cdots + c_{\nu-1} f^{\nu-1}(\boldsymbol{a}) = \sum_{i,j} d_{ij} f^i(\boldsymbol{b}_j) \neq \boldsymbol{0}, \quad (c_k, d_{ij} \in \mathbf{C}) \tag{A.10}$$

今 $c_i \neq 0$ または $d_{ij} \neq 0$ となる最小の i をとって，それを s と書くことにする．$c_0, \cdots, c_{\nu-1}$ の中には 0 でないものがあるはずだから，少なくとも $s < \nu$ である．(A.10) 式の右辺を左辺に移項して考えると，全ての項に f^s がかかっているわけだから，

$$\boldsymbol{x} = c_s\boldsymbol{a} + c_{s+1}f(\boldsymbol{a}) + \cdots + c_{\nu-1}f^{\nu-1-s}(\boldsymbol{a}) - \sum_{j=1}^{r}(d_{sj}\boldsymbol{b}_j + d_{s+1j}f(\boldsymbol{b}_j) + \cdots)$$

とおいて，$f^s(\boldsymbol{x}) = \mathbf{0}$ となる．ここで，c_s, d_{sj} の中には 0 でないものがあることと，$\boldsymbol{a}, \boldsymbol{b}_1, \cdots, \boldsymbol{b}_r$ が極小 f 生成系であることから，系 A.5.6 を使って，$\boldsymbol{x} \notin \mathrm{Im}(f)$ であることがわかる．$f^s(\boldsymbol{x}) = \mathbf{0}$ かつ $s < \nu$ であったから，これは ν の最小性に矛盾する．これで証明が終わった．□

A.7 ジョルダンの定理の証明

ジョルダンの定理 A.1.2 を証明するために，以下では A は n 次行列とする．$V = \mathbf{C}^n$ とおいて，行列 A が V 上で定義する線形変換 f_A を簡単のために f で表わす．

定理 A.4.2 より，V は f 安定空間として直既約な空間に直和分解され，A は (A.6) 式のようになる．そこで，各々の小行列 A_i について，それらが標準形のものと相似であることをいえばよいので，以下では f は V 上の線形変換で，V は f 安定空間として直既約の場合を考える．

系 A.4.4 によれば，この V は f のある固有値 α に属する一般固有空間でもある．従って，V 上の線形変換 $g = f - \alpha \cdot id_V$ を考えるとき，g は V 上のべき零変換である．さらに，注意 A.3.4 より，V は g 安定空間としても直既約である．この g の適当な行列表現が（固有値 0 の）ジョルダン・セル $J_n(0)$ になることがいえれば，$f = g + \alpha \cdot id_V$ の行列表現は，$J_n(0) + \alpha E_n = J_n(\alpha)$ となるので，ジョルダンの定理の証明が終わる．そこで，以下では f 安定空間 V において，f がべき零線形変換で，かつ V が直既約であるとき，f の行列表現が適当なジョルダン・セルになることを証明する．

前節の定理 A.6.1 によると，この場合，たった一つのベクトルからなる V の f 生成系がある．それを $\boldsymbol{a}$ とすると，V はベクトル空間として $\boldsymbol{a}, f(\boldsymbol{a}), f^2(\boldsymbol{a}), \cdots, f^m(\boldsymbol{a})$ で生成される．ここで，m は $f^m(\boldsymbol{a}) \neq \mathbf{0}$ かつ $f^{m+1}(\boldsymbol{a}) = \mathbf{0}$ となる数である．

このベクトル $\boldsymbol{a}, f(\boldsymbol{a}), f^2(\boldsymbol{a}), \cdots, f^m(\boldsymbol{a})$ が一次独立であることに注意しよう．これを示すために，

$$c_0\boldsymbol{a} + c_1f(\boldsymbol{a}) + c_2f^2(\boldsymbol{a}) + \cdots + c_mf^m(\boldsymbol{a}) = \mathbf{0} \quad (c_i \in \mathbf{C})$$

とする．$i > m$ のときには $f^i(\boldsymbol{a}) = \mathbf{0}$ であるから，この両辺を f^m で移して，$c_0f^m(\boldsymbol{a}) = \mathbf{0}$ となる．$f^m(\boldsymbol{a}) \neq \mathbf{0}$ であったから，これより $c_0 = 0$ である．すると，次には f^{m-1} で移して，$c_1f^m(\boldsymbol{a}) = \mathbf{0}$ となるから，$c_1 = 0$ となる．以下これを繰り返して，$c_0 = c_1 = c_2 = \cdots = c_m = 0$ がわかる．これより，一次独立性が示された．

このことから，$f^m(\boldsymbol{a}), f^{m-1}(\boldsymbol{a}), \cdots, f(\boldsymbol{a}), \boldsymbol{a}$ は V の基底となることがわかる．そこで，この基底による f の行列表現を考えると，

$$f(f^m(\boldsymbol{a}), f^{m-1}(\boldsymbol{a}), \cdots, f(\boldsymbol{a}), \boldsymbol{a})$$
$$= (f^m(\boldsymbol{a}), f^{m-1}(\boldsymbol{a}), \cdots, f(\boldsymbol{a}), \boldsymbol{a}) \begin{bmatrix} 0 & 1 & & & \\ & 0 & 1 & & \\ & & \ddots & \ddots & \\ & & & 0 & 1 \\ & & & & 0 \end{bmatrix}$$

となる．これは f の行列表現がジョルダン・セル $J_n(0)$（ただし $n = m+1$）であることを意味しているので，これでジョルダンの定理 A.1.2 の証明が終わった． □

A.8 標準形の一意性

最後に標準形の一意性について述べよう．これは，ジョルダンの定理によって，任意の行列は標準形の行列と相似であることがわかったが，この標準形はある意味で一意的であるというものである．

今，標準形行列

$$A = \begin{bmatrix} J_{r_1}(\alpha_1) & & & \\ & J_{r_2}(\alpha_2) & & \\ & & \ddots & \\ & & & J_{r_m}(\alpha_m) \end{bmatrix}$$

を正則行列 $P = \begin{bmatrix} O & E_{r_1} & & & \\ E_{r_2} & O & & & \\ & & E_{r_3} & & \\ & & & \ddots & \\ & & & & E_{r_m} \end{bmatrix}$ で変換すると，$P^{-1} = \begin{bmatrix} O & E_{r_2} & & & \\ E_{r_1} & O & & & \\ & & E_{r_3} & & \\ & & & \ddots & \\ & & & & E_{r_m} \end{bmatrix}$ より，

$$P^{-1}AP = \begin{bmatrix} J_{r_2}(\alpha_2) & & & \\ & J_{r_1}(\alpha_1) & & \\ & & \ddots & \\ & & & J_{r_m}(\alpha_m) \end{bmatrix}$$

となる．これと同様に，一般にジョルダン・セルを並べ換えて A から得られる標準形の行列は A と相似である．

実際には，この逆も成立する．

定理 A.8.1 二つの n 次の標準形行列

$$
\begin{aligned}
A &= \begin{bmatrix} J_{r_1}(\alpha_1) & & & \\ & J_{r_2}(\alpha_2) & & \\ & & \ddots & \\ & & & J_{r_m}(\alpha_m) \end{bmatrix}, \\
B &= \begin{bmatrix} J_{s_1}(\beta_1) & & & \\ & J_{s_2}(\beta_2) & & \\ & & \ddots & \\ & & & J_{s_l}(\beta_l) \end{bmatrix}
\end{aligned}
\tag{A.11}
$$

があるとき, A と B が互いに相似であるための必要十分条件は, $m = l$ で, ジョルダン・セル $J_{r_1}(\alpha_1), J_{r_2}(\alpha_2), \cdots, J_{r_m}(\alpha_m)$ を並べ換えて，$J_{s_1}(\beta_1), J_{s_2}(\beta_2), \cdots, J_{s_l}(\beta_l)$ が得られることである．

この証明に必要な順列組み合わせの結果を先に証明しておこう．

補題 A.8.2 単調非増加な二つの有限自然数列 $\{r_1 \geqq r_2 \geqq \cdots \geqq r_m\}$ と $\{s_1 \geqq s_2 \geqq \cdots \geqq s_l\}$ があるとする．このとき，これらから新しい数列 $\{\rho_k|\ k = 0, 1, 2, \cdots\}$ と $\{\sigma_k|\ k = 0, 1, 2, \cdots\}$ を次のように定義する．

$$
\rho_k = \sum_{r_i \geqq k} (r_i - k), \quad \sigma_k = \sum_{s_i \geqq k} (s_i - k)
$$

（$\sum_{r_i \geqq k}$ は $r_i \geqq k$ となる全ての r_i を動くときの和を意味している.）もし，数列 $\{\rho_k\}$ と $\{\sigma_k\}$ が完全に一致すれば，数列 $\{r_i\}$ と $\{s_i\}$ も完全に一致する．すなわち，$m = l$ で

$$
r_i = s_i \quad (1 \leqq i \leqq m)
$$

となる．

証明 このような問題を考えるときには，何か目にみえるものに話を移行して考えると，エレガントに解けることがある．この補題の場合には，通常ヤング[5] 図形と呼ばれるものを考えるのが便利である．これは，数列 $\{r_1 \geqq r_2 \geqq \cdots \geqq r_m\}$ に対して，同

[5] Alfred Young (1873～1940).

じ大きさの正方形の箱を，第 1 行に r_1 個，第 2 行に r_2 個，$\cdots$，第 m 行に r_m 個というように，左端をそろえて並べてできる図形である．たとえば，数列 $\{5, 3, 2, 1, 1\}$ に対しては次のようになる．

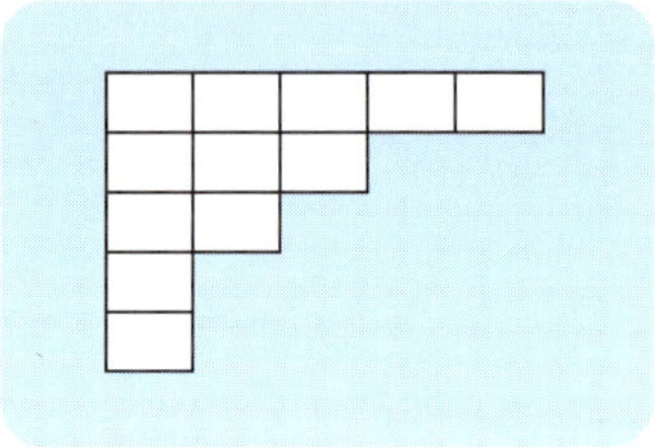

(A.12)

この例の場合，対応する数列 $\{\rho_k\}$ は，

$$\rho_0 = 12, \quad \rho_1 = 7, \quad \rho_2 = 4, \quad \rho_3 = 2, \quad \rho_4 = 1, \quad \rho_k = 0 \quad (k \geqq 5)$$

となる．ここで，ρ_0 は全部の箱の数，ρ_1 は第 2 列より右の箱の数，ρ_2 は第 3 列より右の箱の数，$\cdots$ となっている．一般の場合も，$\{r_i\}$ に対応するヤング図形を考えたとき，ρ_k はその第 $(k+1)$ 列より右にある箱の個数となる．

逆に $\{\rho_k\}$ が与えられたときには，それからヤング図形が復元できる．上の例では，$\{\rho_k\} = \{12, 7, 4, 2, 1, 0, \cdots\}$ に対して，第 1 列には $12 - 7 = 5$ 個の箱を，第 2 列には $7 - 4 = 3$ 個の箱を，第 3 列には $4 - 2 = 2$ 個の箱を，第 4 列に $2 - 1 = 1$ 個の箱を，第 5 列に 1 個の箱を上部をそろえて配置すれば，(A.12) の図形が再び得られる．このようにして，$\{\rho_k\}$ から $\{r_i\}$ を得ることができるので，補題が正しいことがわかる．□

[定理 A.8.1 の証明]　二つの標準形の行列が (A.11) のように与えられていて，A と B は互いに相似であると仮定する．この場合，固有値，固有空間や一般固有空間の次元は A と B で共通となる．線形写像 $f_A, f_B : \mathbf{C}^n \to \mathbf{C}^n$ を固有値 α に属する一般固有空間 W_α に制限した線形写像 $(f_A)|_{W_\alpha}, (f_B)|_{W_\alpha}$ もまた相似である．これは，A のジョルダン・セルのうち $\alpha_i = \alpha$ となる $J_{r_i}(\alpha_i)$ を対角線に並べた行列と，B のジョルダン・セルのうち $\beta_i = \alpha$ となる $J_{s_i}(\beta_i)$ を並べた行列が，同じサイズでかつ相似になることを意味している．このときに，ジョルダン・セルを並べ換えて A と B のこの部分が一致することを示せばよいので，はじめから全ての α_i と β_j は等しい値 α であるとしてよい．このときには，さらに A のかわりに $A - \alpha E_n$，B のかわりに $B - \alpha E_n$ を考えて，$\alpha = 0$ としてかまわない．要するに，

$$A = \begin{bmatrix} J_{r_1}(0) & & & \\ & J_{r_2}(0) & & \\ & & \ddots & \\ & & & J_{r_m}(0) \end{bmatrix},$$
$$B = \begin{bmatrix} J_{s_1}(0) & & & \\ & J_{s_2}(0) & & \\ & & \ddots & \\ & & & J_{s_l}(0) \end{bmatrix} \qquad \text{(A.13)}$$

という場合に定理を示せばよい．ジョルダン・セルを並べ換えた場合に得られる行列は相似な行列であったから，必要があれば並べ換えて，$r_1 \geqq r_2 \geqq \cdots \geqq r_m$, $s_1 \geqq s_2 \geqq \cdots \geqq s_l$ としてよい．証明したいことは，(A.13) において A と B が相似のとき，数列 $\{r_i\}$ と $\{s_j\}$ が一致するということである．

一般にジョルダン・セル $J_r(0)$ について，

$$\operatorname{rank}(J_r(0)) = r-1, \ \ \operatorname{rank}\left(J_r(0)^2\right) = r-2, \ \cdots,$$
$$\operatorname{rank}(J_r(0)^k) = r-k, \ \cdots, \ \operatorname{rank}(J_r(0)^r) = 0$$

となることは，直接計算によって確かめられる．特に，

$$\operatorname{rank}(J_{r_i}(0)^k) = \begin{cases} r_i - k & (r_i \geqq k) \\ 0 & (r_i < k) \end{cases}$$

となる．このことから，(A.13) において，

$$\operatorname{rank}(A^k) = \sum_{i=1}^{m} \operatorname{rank}(J_{r_i}(0)^k) = \sum_{r_i \geqq k} (r_i - k)$$

となる．同様にして，

$$\operatorname{rank}(B^k) = \sum_{s_j \geqq k} (s_j - k)$$

である．A と B が相似のとき，A^k と B^k も相似で，それらのランクは等しくなるから，

$$\sum_{r_i \geqq k} (r_i - k) = \sum_{s_j \geqq k} (s_j - k)$$

でなくてはならない．前補題によると，これから

$$\{r_i\} = \{s_j\}$$

となるから，証明が終わる．□

系 A.8.3　任意の正方行列の標準形は，ジョルダン・セルの並べ換えを除けば一通りに定まる．

いいかえれば，ジョルダン・セルを並べ換えても一致しないような標準形をもつ二つの行列は決して相似にはならないということである．

たとえば，3 次行列の標準形はジョルダン・セルの並べ換えを除けば，

$$\begin{bmatrix} J_1(\alpha) & & \\ & J_1(\beta) & \\ & & J_1(\gamma) \end{bmatrix}, \quad \begin{bmatrix} J_2(\alpha) & \\ & J_1(\beta) \end{bmatrix}, \quad J_3(\alpha)$$

の 3 種類であり，これらは互いに相似にはならない．これらの最小多項式を考えれば，定理 15.4.1 が成立することが容易にわかる．

演　習　問　題

1　行列 $\begin{bmatrix} 1 & 1 & 1 & 1 \\ 0 & 1 & t & 1 \\ 0 & 0 & 1 & 1 \\ 0 & 0 & 0 & 1 \end{bmatrix}$ の最小多項式と標準形を求めよ．

2　ジョルダン・セル $J_r(\alpha)$ に対して，$J_r(\alpha)^m$ $(m \geqq 1)$ を計算せよ．

3　n 次行列 A の最小多項式が

$$\mu_A(x) = (x-\alpha_1)^{r_1}\cdots(x-\alpha_m)^{r_m}, \text{ ただし } \alpha_i \neq \alpha_j \ (i \neq j)$$

と書かれているとする．このとき，次のことを確かめよ．

(1)　A の標準形は $J_{r_i}(\alpha_i)$ というジョルダン・セルを必ず含む．

(2)　$n = r_1 + \cdots + r_m$ のとき，A の標準形は，$\begin{bmatrix} J_{r_1}(\alpha_1) & & \\ & \ddots & \\ & & J_{r_m}(\alpha_m) \end{bmatrix}$ である．

4　直既約な f 安定空間 V において，f がべき零であると仮定する．このとき，次のことを証明せよ．

(1)　$\dim \mathrm{Ker}(f) = 1$ が成立する．

(2)　$\mathrm{Im}(f)$ もまた f 安定空間として直既約である．

演習問題の略解

1 章

2 有限集合 A については，その真部分集合の要素の個数は A の要素の個数より真に小さいことに注意すればよい．$f:\mathbf{R}\to\mathbf{R}$ を $f(x)=e^x$ とすれば，f は単射だが全射でない．

4 $ad=bc$ となることと，この二つのベクトルの一方が他方のスカラー倍となることは同値である．

6 $a=1$ または -2.

2 章

2 $A^{n-1}\neq O, A^n=O$ となる．

4 ${}^tA{}^t(A^{-1})={}^t(A^{-1}A)={}^tE_n=E_n$ より．

5 (4) は $\mathrm{tr}(P^{-1}(AP))=\mathrm{tr}((AP)P^{-1})=\mathrm{tr}A$ より．

6 $A=\begin{bmatrix}1&0&0\\0&1&0\end{bmatrix}$

7 $(A_1A_2\cdots A_m)(A_m^{-1}A_{m-1}^{-1}\cdots A_1^{-1})=E_n$ となることを示せ．

3 章

2 $\boldsymbol{c}$ と $\boldsymbol{a}\times\boldsymbol{b}$ のなす角を θ とすると，$(\text{体積})^2=(|\boldsymbol{a}\times\boldsymbol{b}||\boldsymbol{c}|\cos\theta)^2=|(\boldsymbol{a}\times\boldsymbol{b},\boldsymbol{c})|^2=|\det A|^2$.

3 $\begin{bmatrix}1&1\\1&-1\end{bmatrix}\begin{bmatrix}1&0\\1&-1\end{bmatrix}\begin{bmatrix}1&-1\\1&1\end{bmatrix}=\begin{bmatrix}1&-3\\1&1\end{bmatrix}$ より，$w=\dfrac{x-3}{x+1}$.

5 $\det A=-1$, $\mathrm{Cof}(A)=\begin{bmatrix}-2&-1&1\\0&0&-1\\-1&-1&0\end{bmatrix}$, $A^{-1}=\begin{bmatrix}2&1&-1\\0&0&1\\1&1&0\end{bmatrix}$.

4 章

1 たとえば，$\sigma = (1\ 3)(1\ 2)(1\ 5)(1\ 6)(1\ 4)(1\ 2)$，よって $\operatorname{sgn}\sigma = +1$.

2 全ての組 (i, j) で反転することに注意すればよい．

3 係数は $\operatorname{sgn}\begin{pmatrix} 1 & 2 & 3 & 4 & 5 \\ 4 & 1 & 5 & 2 & 3 \end{pmatrix} = -1$.

5 章

1 (1) 2 (2) 0

2 (1) $(x+y+z)(x-y)(x-z)(y-z)$ (2) $(x-c)^3(x+3c)$ (3) 0

4

$$\begin{vmatrix} a & b & c \\ c & a & b \\ b & c & a \end{vmatrix}\begin{vmatrix} x & y & z \\ z & x & y \\ y & z & x \end{vmatrix}$$

$$= \begin{vmatrix} ax+bz+cy & ay+bx+cz & az+by+cx \\ cx+az+by & cy+ax+bz & cz+ay+bx \\ bx+cz+ay & by+cx+az & bz+cy+ax \end{vmatrix}$$

より，$X = ax+bz+cy, Y = ay+bx+cz, Z = az+by+cx$ とおけばよい．

5 $c_0 + c_1 x_i + \cdots + c_{n-1}x_i^{n-1} = y_i$ $(1 \leqq i \leqq n)$ を満たすように c_i が定まればよい．これは，$A = \begin{bmatrix} 1 & x_1 & \cdots & x_1^{n-1} \\ \vdots & \vdots & \ddots & \vdots \\ 1 & x_n & \cdots & x_n^{n-1} \end{bmatrix}$ とおいて，$A\begin{bmatrix} c_0 \\ \vdots \\ c_{n-1} \end{bmatrix} = \begin{bmatrix} y_1 \\ \vdots \\ y_n \end{bmatrix}$ を満たすようにとればよいが，$\det A$ はヴァンデルモンドから 0 でないので，$\begin{bmatrix} c_0 \\ \vdots \\ c_{n-1} \end{bmatrix} = A^{-1}\begin{bmatrix} y_1 \\ \vdots \\ y_n \end{bmatrix}$ となり c_i は必ず一通りに定まる．

6 章

1 (1) $x = 1,\ y = 2,\ z = 3$

(2) $x = \dfrac{1}{6}(-4w+10),\ y = \dfrac{1}{6}(5w+1),\ z = \dfrac{1}{6}(-7w+13)$

2 (1) $\dfrac{1}{4}\begin{bmatrix} -1 & 1 & 1 \\ 1 & -2 & 1 \\ 1 & 1 & -1 \end{bmatrix}$ (2) $\dfrac{1}{4}\begin{bmatrix} -1 & 1 & 1 & 1 \\ 1 & -1 & 1 & 1 \\ 1 & 1 & -1 & 1 \\ 1 & 1 & 1 & -1 \end{bmatrix}$

3 (1) 2 (2) 2

4 (1) $\begin{bmatrix} -3 & 2 & 0 \\ 2 & -1 & 0 \\ 0 & 0 & 0 \end{bmatrix}$ (2) $\begin{bmatrix} -1 & 0 & 2 & -1 \\ 0 & 0 & 2 & -1 \end{bmatrix}$

7 章

1 部分空間となるのは C のみ.

2 次元は，(1) 3 (2) 2

3 基底として，たとえば $\{x^i(x-1) \mid 0 \leqq i \leqq n-1\}$ がとれる．次元は n.

4 $\dfrac{1}{2}\begin{bmatrix} 0 & 1 & 1 \\ 1 & 0 & 1 \\ 1 & 1 & 0 \end{bmatrix}$

8 章

1 (1) 3 (2) $x=1$ のとき 1，$x=-1/2$ のとき 2，それ以外では 3.

(3) $a=b=c$ のとき 1，a,b,c のうち二つが等しいとき 2，$a+b+c=0$ のときも 2，それ以外では 3.

2 $\begin{bmatrix} 0 & 1 & & & \\ & 0 & 2 & & \\ & & \ddots & \ddots & \\ & & & \ddots & n \\ & & & & 0 \end{bmatrix}$，ランクは n.

3 $\begin{bmatrix} 1 & 0 & 1 & 0 \\ 0 & 1 & 0 & 1 \\ 0 & 0 & 1 & 0 \\ 0 & 0 & 0 & 1 \end{bmatrix}$，ランクは 4.

5 最小値は 0，最大値は 2.

9 章

1 $\mathrm{rank}(A)=3$ なので $\mathrm{rank}(A|\boldsymbol{b})=3$ となる条件を求めて $a=9$．このとき解は $\boldsymbol{x}=\begin{bmatrix}6\\1\\0\\-1\end{bmatrix}+c\begin{bmatrix}-5\\3\\2\\0\end{bmatrix}$ （c は任意）.

2 解が存在する必要十分条件は $a+c=b+d$.

10 章

1 たとえば，$\dfrac{1}{2}\begin{bmatrix}1\\1\\-1\\-1\end{bmatrix}$， $\dfrac{1}{\sqrt{2}}\begin{bmatrix}1\\-1\\0\\0\end{bmatrix}$， $\dfrac{1}{\sqrt{2}}\begin{bmatrix}0\\0\\1\\-1\end{bmatrix}$

2 たとえば，$\dfrac{1}{\sqrt{2}}E_2$，$\dfrac{1}{\sqrt{2}}\begin{bmatrix}0&1\\-1&0\end{bmatrix}$，$\dfrac{1}{\sqrt{2}}\begin{bmatrix}0&1\\1&0\end{bmatrix}$，$\dfrac{1}{\sqrt{2}}\begin{bmatrix}1&0\\0&-1\end{bmatrix}$

3 $a=\pm\sqrt{2/3}$, $b=c=\mp\sqrt{1/6}$

4 たとえば，$\begin{bmatrix}i/\sqrt{3}&1/\sqrt{3}&1/\sqrt{3}\\1/\sqrt{2}&i/\sqrt{2}&0\\i/\sqrt{6}&1/\sqrt{6}&-2/\sqrt{6}\end{bmatrix}$

6 $A=(1/2)(A+{}^tA)+(1/2)(A-{}^tA)$ より.

11 章

1 $\dim\mathcal{S}=n(n+1)/2$, $\dim\mathcal{A}=n(n-1)/2$

2 たとえば，$\mathbf{C}^2$ の部分空間 $U_1=\mathbf{L}(\begin{bmatrix}1\\0\end{bmatrix})$, $U_2=\mathbf{L}(\begin{bmatrix}0\\1\end{bmatrix})$, $W=\mathbf{L}(\begin{bmatrix}1\\1\end{bmatrix})$ とすればよい.

4 $\mathcal{D}^\perp=\{[a_{ij}]|\ a_{ii}=0\ (1\leqq i\leqq n)\}$, $\mathcal{T}^\perp=\{[a_{ij}]|\ a_{ij}=0\ (i\leqq j)\}$

12 章

1 (1) 固有値は 1,2，固有空間は $V_1 = \mathbf{L}(\begin{bmatrix} 3 \\ 2 \end{bmatrix})$，$V_2 = \mathbf{L}(\begin{bmatrix} 1 \\ 1 \end{bmatrix})$.

(2) 固有値は 0,1,2，固有空間は $V_0 = \mathbf{L}(\begin{bmatrix} 1 \\ 0 \\ -1 \end{bmatrix})$，$V_1 = \mathbf{L}(\begin{bmatrix} 0 \\ 1 \\ 0 \end{bmatrix})$，$V_2 = \mathbf{L}(\begin{bmatrix} 1 \\ 0 \\ 1 \end{bmatrix})$.

3 $A(B\boldsymbol{a}) = BA\boldsymbol{a} = B(\lambda\boldsymbol{a}) = \lambda(B\boldsymbol{a})$ より.

4 $Y = [y_{ij}]$ が変数を成分にもつ行列のとき，$\det Y \neq 0$ だから $Y(AY)Y^{-1} = YA$ より，AY と YA は相似である．よって，$\chi_{AY}(x) = \chi_{YA}(x)$ となる．ここで，y_{ij} に b_{ij} を代入して，$\chi_{AB}(x) = \chi_{BA}(x)$ となる.

13 章

1 (1)
$$\begin{bmatrix} 1-\sqrt{3} & 1+\sqrt{3} \\ -i & -i \end{bmatrix}^{-1} \begin{bmatrix} 1 & -2i \\ i & 3 \end{bmatrix} \begin{bmatrix} 1-\sqrt{3} & 1+\sqrt{3} \\ -i & -i \end{bmatrix} = \begin{bmatrix} 2+\sqrt{3} & \\ & 2-\sqrt{3} \end{bmatrix}$$

(2)
$$\begin{bmatrix} 1 & 0 & 1 \\ 0 & 1 & 0 \\ 1 & 0 & -1 \end{bmatrix}^{-1} \begin{bmatrix} 0 & 0 & 1 \\ 0 & 1 & 0 \\ 1 & 0 & 0 \end{bmatrix} \begin{bmatrix} 1 & 0 & 1 \\ 0 & 1 & 0 \\ 1 & 0 & -1 \end{bmatrix} = \begin{bmatrix} 1 & & \\ & 1 & \\ & & -1 \end{bmatrix}$$

2 (1)
$${}^t\begin{bmatrix} 1/\sqrt{2} & 1/\sqrt{2} \\ 1/\sqrt{2} & -1/\sqrt{2} \end{bmatrix} \begin{bmatrix} 1 & 3 \\ 3 & 1 \end{bmatrix} \begin{bmatrix} 1/\sqrt{2} & 1/\sqrt{2} \\ 1/\sqrt{2} & -1/\sqrt{2} \end{bmatrix} = \begin{bmatrix} 4 & \\ & -2 \end{bmatrix}$$

(2)
$${}^t\begin{bmatrix} -1/\sqrt{5} & 2/\sqrt{10} & -2/\sqrt{10} \\ 2/\sqrt{5} & 1/\sqrt{10} & -1/\sqrt{10} \\ 0 & 1/\sqrt{2} & 1/\sqrt{2} \end{bmatrix} \begin{bmatrix} 1 & 0 & 2 \\ 0 & 1 & 1 \\ 2 & 1 & 1 \end{bmatrix}$$
$$\times \begin{bmatrix} -1/\sqrt{5} & 2/\sqrt{10} & -2/\sqrt{10} \\ 2/\sqrt{5} & 1/\sqrt{10} & -1/\sqrt{10} \\ 0 & 1/\sqrt{2} & 1/\sqrt{2} \end{bmatrix} = \begin{bmatrix} 1 & & \\ & 1+\sqrt{5} & \\ & & 1-\sqrt{5} \end{bmatrix}$$

3 標準複素内積で，$\lambda(\boldsymbol{a}, \boldsymbol{b}) = (A\boldsymbol{a}, \boldsymbol{b}) = (\boldsymbol{a}, A^*\boldsymbol{b}) = (\boldsymbol{a}, \overline{\mu}\boldsymbol{b}) = \mu(\boldsymbol{a}, \boldsymbol{b})$ となる．$\lambda \neq \mu$ より $(\boldsymbol{a}, \boldsymbol{b}) = 0$.

4 $\boldsymbol{a}$ が λ に属する固有ベクトルであるとき，標準複素内積で $\lambda(\boldsymbol{a},\boldsymbol{a})=(A\boldsymbol{a},\boldsymbol{a})=(\boldsymbol{a},A^*\boldsymbol{a})=(\boldsymbol{a},{}^tA\boldsymbol{a})=(\boldsymbol{a},-A\boldsymbol{a})=(\boldsymbol{a},-\lambda\boldsymbol{a})=(-\overline{\lambda})(\boldsymbol{a},\boldsymbol{a})$ より，$\lambda=-\overline{\lambda}$.

14 章

1 (1) 双曲線　(2) 楕円　(3) 放物線

2 (1) 2 葉双曲面　(2) 楕円面　(3) 放物柱面

3 (1) $(1,2)$　(2) $(3,0)$　(3) $(1,0)$

4 有心 2 次曲面は，楕円面，1 葉双曲面，2 葉双曲面，楕円錐面，楕円柱面，双曲柱面.

5 (1) 正定値でない　(2) 正定値である

15 章

1 (1) 最小多項式は，$\cos\theta=1 \Rightarrow x-1$, $\cos\theta=-1 \Rightarrow x+1$, それ以外 $\Rightarrow x^2-2\cos\theta+1$，標準形は $\begin{bmatrix}\cos\theta+i\sin\theta & \\ & \cos\theta-i\sin\theta\end{bmatrix}$.

(2) 最小多項式は x^3，標準形は $\begin{bmatrix}0 & 1 & \\ & 0 & 1 \\ & & 0\end{bmatrix}$.

4 $c_r\neq 0$ に注意して，$\mu_{A^{-1}}(x)=x^r+(c_{r-1}/c_r)x^{r-1}+\cdots+(c_1/c_r)x+(1/c_r)$.

16 章

1 最小多項式は $t\neq 0$ なら $(x-1)^4$，$t=0$ なら $(x-1)^3$，標準形は，$t\neq 0$ のとき $J_4(1)$，$t=0$ のとき $\begin{bmatrix}J_3(1) & \\ & J_1(1)\end{bmatrix}$.

2 $J_r(\alpha)^m$ の (i,j) 成分は，$i>j$ のとき 0，$i\leqq j$ のとき $s=j-i$ とおいて ${}_m\mathrm{C}_s\alpha^{m-s}$ である.

あとがき

本書を書くにあたっては，次の線形代数の教科書を参考にした．余裕のある読者はこれらの本も参考にするとよい．

(1) 伊藤正之，鈴木紀明共著「数学基礎 線形代数」，培風館 (1998)
(2) 岩井斉良著「基礎課程 線形代数」，学術図書出版社 (1995)
(3) 笠原晧司著「線形代数学」，サイエンスライブラリ数学 25，サイエンス社 (1982)
(4) 佐武一郎著「線型代数学」，数学選書 1，裳華房 (1958)
(5) 永田雅宜（代表著者）「理系のための線型代数の基礎」，紀伊国屋書店 (1987)
(6) Serge Lang 著「Linear Algebra」，Addison Wesley Publication Company (1966)

(1) にある非常に多くの例は本書でも随所で参考にさせてもらった．本書で述べた一般逆行列については (2) に負うところが多い．(3), (5) は典型的な理系の数学教科書の体裁をとっており，本書も形の上でそれを真似た．(4) は線形代数の名著である．本書で足りない部分については，(4) または (6) で補って欲しい．

本書での人名等については，

(7) 日本数学会編集「数学辞典 第 3 版」， 岩波書店 (1985)

を参考にした．

ジョルダン標準形の定理を証明するには，普通は f 安定空間の基底を上手にとって f を表現するというやり方をとるようだが，本書では，この部分をフィッティングの補題と中山の補題を利用してやや可換代数的な証明をしてみた．中山の補題は可換代数においてごく常識的な補題であるが，フィッティングの補題については次の本の記述を参考にした．

(8) R.S.Pierce 著「Associative Algebra」，Graduate Texts in Math., Springer Verlag (1982)

これは代数の入門的教科書としても非常によく書けている．本書で代数に興味をもつことができた読者でさらに先を知りたいと思う人はこの本を参考にするとよい．

吉野雄二

索　引

た　行

な　行

は　行

ま　行

や　行

ら　行

わ　行

著者略歴

吉野雄二（よしの ゆうじ）

1977年　名古屋大学理学部卒業
　　　　京都大学総合人間学部助教授，
　　　　岡山大学理学部教授を経て，
現　在　岡山大学名誉教授　理学博士

主要著書

Cohen-Macaulay Modules over Cohen-Macaulay rings
(Cambridge University Press) など

数学基礎コース＝**K1**

基礎課程 線形代数

2000年3月25日 ©　　初版発行
2021年6月25日　　初版第11刷発行

著　者　吉野雄二　　　発行者　森平敏孝
　　　　　　　　　　　印刷者　篠倉奈緒美
　　　　　　　　　　　製本者　小西惠介

発行所　**株式会社　サイエンス社**

〒151–0051　東京都渋谷区千駄ヶ谷1丁目3番25号
営業　☎ (03) 5474–8500（代）　振替 00170–7–2387
編集　☎ (03) 5474–8600（代）
FAX　☎ (03) 5474–8900

印刷　（株）ディグ　　　製本　（株）ブックアート

《検印省略》

ISBN4–7819–0945–0

PRINTED IN JAPAN

サイエンス社のホームページのご案内
http://www.saiensu.co.jp
ご意見・ご要望は
rikei@saiensu.co.jp　まで．